Python 中的图像处理

罗子江　杨秀璋　伍子夜　朱轩民　著

科 学 出 版 社

北　京

内 容 简 介

本书主要研究Python中的图像处理。全书贯穿各种图像处理算法与案例进行介绍，是一本典型的实战指南。本书从实战出发，详细介绍了Python中的图像处理，包含了丰富的算法及案例，每个步骤都结合代码、公式和图表进行叙述。本书采用Python编程语言和OpenCV库编写，给想快速了解图像处理、从事计算机视觉领域和研究Python图像识别方向的读者提供便利，能够迅速上手。本书构思合理，采用通俗易懂、由浅入深的方式叙述，也符合国家大数据发展战略，是一本入门级的Python图像处理教材。

本书既可以作为初学者学习基于Python的图像处理的实战指南，又可以作为想从事计算机视觉、图形处理、图像识别、模式识别等领域工作的面试宝典，还可以作为“数字图像处理”“计算机图形学”“模式识别”等课程的教材。

图书在版编目（CIP）数据

Python 中的图像处理 / 罗子江等著. —北京：科学出版社，2020.12（2021.11 重印）

ISBN 978-7-03-066659-8

Ⅰ. ①P… Ⅱ. ①罗… Ⅲ. ①软件工具－程序设计 Ⅳ. ①TP311.561

中国版本图书馆 CIP 数据核字（2020）第 214821 号

责任编辑：孟 锐 / 责任校对：彭 映
责任印制：罗 科 / 封面设计：义和文创

科 学 出 版 社 出版
北京东黄城根北街 16 号
邮政编码：100717
http://www.sciencep.com
成都锦瑞印刷有限责任公司印刷
科学出版社发行 各地新华书店经销
*
2020 年 12 月第 一 版 开本：787×1092 1/16
2021 年 11 月第二次印刷 印张：25
字数：598 000

定价：168.00 元

（如有印装质量问题，我社负责调换）

前　　言

随着大数据、人工智能、图像识别的迅速发展，图像处理和计算机视觉也变得越来越热门。Python 作为当下“最火热”的编程语言，具有语法清晰、代码友好、易读易学、面向对象、可跨平台等特点，同时拥有强大的第三方库，那么 Python 是否可以应用到图像处理中呢？它又是否能让读者迅速上手呢？

本书采用 Python 语言和 OpenCV 库编写而成，包含了各种丰富实用的图像处理算法和案例，可以帮助初学者迅速进入 Python 图像处理、计算机视觉和图像识别的世界。全书内容主要包括四篇：基础知识、图像运算、图像增强和高阶图像处理。具体内容如下。

第一篇是基础知识。首先介绍 Python 安装配置、基础语法、数据类型、基本语句、基本操作；然后介绍数字图像处理基础，包括像素及常见图像分类、图像信号数字化处理、OpenCV 安装配置、OpenCV 初识及常见数据类型、Numpy 和 Matplotlib 库介绍、几何图形绘制等；最后介绍 Python 图像处理入门，涉及 OpenCV 读取显示图像、OpenCV 读取修改像素、OpenCV 创建复制保存图像、获取图像属性及通道、图像算术与逻辑运算、图像融合处理、获取图像 ROI 区域、图像类型转换等。

第二篇是图像运算。首先介绍图像几何运算，包括图像平移变换、图像缩放变换、图像旋转变换、图像镜像变换、图像仿射变换和图像透视变换；其次介绍图像量化及采样处理，涉及图像量化处理（K-Means 聚类量化处理）、图像采样处理（局部马赛克处理）、图像金字塔（图像向下取样、图像向上取样）；然后介绍图像的点运算处理，包括图像灰度化处理（灰度线性变换和灰度非线性变换）、图像阈值化处理（固定阈值化处理和自适应阈值化处理）；最后介绍图像形态学处理，涉及图像腐蚀、图像膨胀、图像开运算、图像闭运算、图像梯度运算、图像顶帽运算和图像底帽运算。

第三篇是图像增强。首先介绍直方图统计，包括 Matplotlib 绘制直方图、OpenCV 绘制直方图、掩模直方图、图像灰度变换直方图对比、图像 H-S 直方图、直方图判断黑夜白天等；其次介绍图像增强，涉及直方图均衡化、局部直方图均衡化和自动色彩均衡化；然后介绍各种图像平滑的算法，包括均值滤波、方框滤波、高斯滤波、中值滤波和双边滤波等；最后介绍图像锐化及边缘检测，常见的算法包括 Roberts 算子、Prewitt 算子、Sobel 算子、Laplacian 算子、Scharr 算子、Canny 算子和 LOG 算子。

第四篇是高阶图像处理。首先介绍图像特效处理，包括毛玻璃特效、浮雕特效、油漆特效、素描特效、怀旧特效、光照特效、流年特效、水波特效、卡通特效、滤镜特效、直方图均衡化特效和模糊特效；其次介绍图像分割算法相关知识，涉及基于阈值的图像分割、基于边缘检测的图像分割、基于纹理背景的图像分割、基于 K-Means 聚类的区域分割、基于均值漂移算法的图像分割、基于分水岭算法的图像分割、图像漫水填充分割、文字区域定位及提取案例；再次介绍 Python 傅里叶变换与霍夫变换，包括 Numpy 库和 OpenCV

库实现图像的傅里叶变换、高通滤波和低通滤波、图像霍夫变换（图像霍夫线变换、图像霍夫圆变换）等；最后是图像分类知识，采用朴素贝叶斯算法、KNN 算法和神经网络分别实现了图像分类的效果。

本书结合图像处理应用于互联网实际产品和课堂教学两方面，通过 Python 语言和 OpenCV 库详细地介绍图像处理的各种算法和案例。全书各个章节都包含了详细的代码、注释、图表和公式，采用通俗易懂的叙述，由浅入深地介绍 Python 中的图像处理知识。本书的优点主要包括以下几个方面。

（1）本书详细介绍基于 Python 的图像处理知识，每个步骤都结合实战案例进行相关叙述。

（2）在计算机视觉和图像处理领域缺少这样一本基于 Python 语言，并且详细系统地介绍各种算法、案例、应用及特效的书籍，本书很好地填写了这一空白。

（3）本书构思合理，行文规范，风格鲜明，排版优美，具有良好的注释及代码编写习惯，采用图文并茂的方式叙述，一定程度上为 Python 图像处理的初学者提供了良好的阅读感受和学习兴趣。

（4）本书符合国家大数据发展战略，为后续大数据、人工智能、深度学习、智慧城市、万物智联等技术的发展，提供了一定的支撑作用，并为培养相关人才提供便利，尤其是给想学习图像处理或从事计算机视觉、Python 人工智能等领域的读者提供便利。

（5）本书既可以作为“数字图像处理”“计算机图形学”“模式识别”等课程的教材，普及图像处理、图像分类、图像识别和 Python 基础相关的知识，提升学生的编程能力和工程思维；也可以作为学生研究图像处理、计算机视觉、人工智能基础的实战指南。

建议读者在阅读本书的时候，先了解基础知识，再认真实现每部分的代码，通过实际操作复现各种图像处理的算法和案例，并应用于之后的研究领域或从事的工作中。在这个过程中您会遇到各种困难和问题，建议读者学会独立解决，尤其是初学者或刚进大学的学子，这种解决问题的能力才是您一生的珍宝。最后，希望本书的出版对您有所帮助，感谢对本书有帮助的老师、朋友、同事、学生和博友，也感谢科学出版社编辑的认真校稿。如果书籍中存在疏漏或不足之处，请您海涵并批评指正，同时也希望能和广大的图像处理、计算机视觉、人工智能等领域的读者和研究者进行学术交流。

感谢 2020 贵州财经大学校级科研基金项目(基于大数据技术的高准确率人脸识别系统，项目编号 2020XJC03)的大力支持！

作　者

2020 年 12 月

目　录

第一篇　基础知识

第二篇 图 像 运 算

第三篇　图 像 增 强

第四篇　高阶图像处理

第一篇　基 础 知 识

第1章 绪　　论

图像处理是通过计算机对图像进行分析以达到所需结果的技术。常见的方法包括图像变换、图像运算、图像增强、图像分割、图像复原、图像分类等，广泛应用于制造业、生物医学、商品防伪、文物修复、图像校验、模式识别、计算机视觉、人工智能、多媒体通信、军事训练等领域。随着大数据和人工智能的发展，Python 语言也变得越来越火热，其清晰的语法、丰富和强大的功能，让 Python 迅速应用于各个领域。本书主要通过 Python 语言来实现各种图像处理算法及案例，有效地辅助读者学习图像处理知识，并运用于自己的科研、工作或学习中。

1.1 数字图像处理

数字图像处理（digital image processing）又称为计算机图像处理（computer image processing），旨在将图像信号转换成数字信号并利用计算机对其进行处理的过程。数字图像处理应用领域如图 1-1 所示，涉及通信、生物医学、物理化学、经济等。

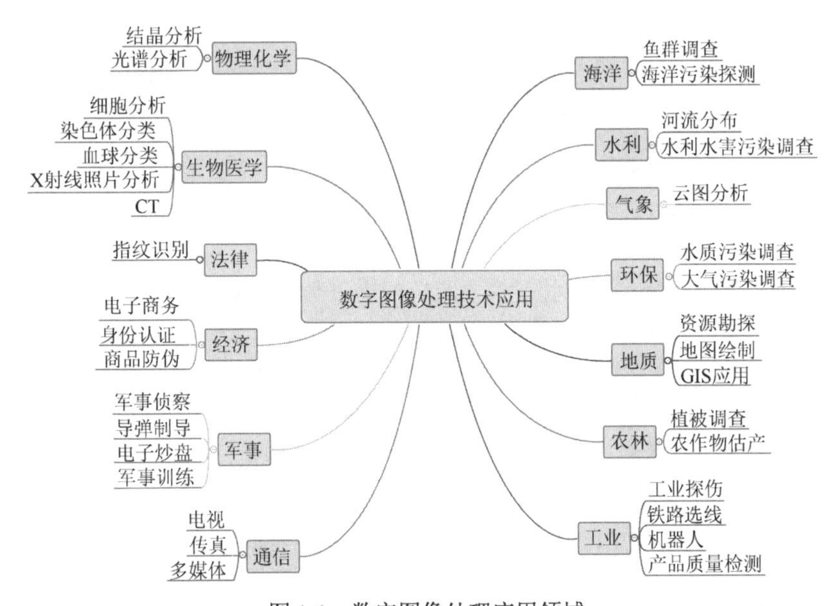

图 1-1　数字图像处理应用领域

CT 为 X 射线计算机断层摄影，是 computer tomography 的缩写。GIS 为地理信息系统，是 geographic information system 的缩写。

数字图像处理最早出现于 20 世纪 50 年代，当时的电子计算机已经发展到一定水平，人们开始利用计算机来处理图形和图像信息。数字图像处理作为一门学科大约形成于 20 世纪

60 年代初期。早期的图像处理的目的是改善图像的质量，常用的处理方法包括图像增强、复原、编码、压缩等。1979 年，无损伤诊断技术获得了诺贝尔奖，说明它对人类作出了划时代的贡献。与此同时，图像处理技术在许多应用领域受到广泛重视并取得重大开拓性成就，包括航空航天、生物医学工程、工业检测、机器人视觉、公安司法、军事制导、文化艺术等领域，使图像处理成为一门引人注目、前景远大的新型学科[1]。随着图像处理技术的深入发展，从 20 世纪 70 年代中期开始，计算机技术和人工智能、思维科学研究迅速发展，数字图像处理向更高、更深层次发展。人们已开始研究如何用计算机系统解释图像，实现用类似人类视觉系统理解外部世界，称为图像理解或计算机视觉。如今，这项研究取得了不少重要的研究成果。数字图像处理在国民经济的许多领域已经得到了广泛的应用。农林部门通过遥感图像了解植物生长情况，进行估产，监视病虫害发展及治理。水利部门通过遥感图像分析、获取水害灾情的变化。气象部门用遥感图像分析气象云图，提高预报的准确程度。国防及测绘部门使用航测或卫星获得地域地貌及地面设施等资料。机械工业部门使用图像处理技术自动进行金相图分析识别。医疗部门采用各种数字图像技术对各种疾病进行自动诊断。通信领域传真通信、可视电话、会议电视、多媒体通信，以及宽带综合业务数字网和高清晰度电视都采用了数字图像处理技术。本书主要讲解的图像处理方法包括图像几何运算、图像量化采样、图像点运算、图像形态学处理、图像增强、图像平滑、图像锐化、图像特效、图像分割、傅里叶变换与霍夫变换、图像分类等[1-3]。

1.2　Python 语言

随着大数据、深度学习、人工智能、图像识别的迅速发展，图像处理和计算机视觉也变得越来越热门。由于 Python 语言具有语法清晰、代码友好、易读性好等特点，同时拥有强大的第三方库支持，包括网络爬取、信息传输、数据分析、图像处理、绘图可视化等库函数，本书选择 Python 作为图像处理的编程语言。

Python 是 Guido van Rossum 在 1989 年开发的一门语言，它既是解释性编程语言，又是面向对象的语言，其操作性和可移植性高，广泛应用于数据挖掘、图像处理、人工智能领域。Python 具有语言清晰、容易学习、高效率的数据结构、丰富且功能强大的第三方库等优势，是一种能在多种功能、多种平台上撰写脚本及快速开发的理想语言。相比于 C#，Python 跨平台、支持开源，是一门解释型语言，可以运行在 Linux、Windows 等平台，而 C#则相反，平台受限、不支持开源、需要编译等；相比于 Java，Python 更简洁，学习难度也相对容易很多，而 Java 过于庞大复杂；相比于 C 和 C ++，Python 语法简单易懂，是一种脚本语言，而 C 和 C ++ 通常要和底层硬件打交道，语法也比较晦涩难懂[4,5]。图 1-2 为 Python 的图标。

图 1-2　Python 的图标

本书主要通过 Python 调用 OpenCV、Matplotlib、Numpy、Sklearn 等第三方库实现图像处理，其优雅清晰的语法结构减少了读者的负担，大大增强了程序的质量。全书采用 Python2.7.8 版本实现，并贯穿整本书的所有代码，这是因为 Python2.7.8 是比较经典的一个版本，其兼容性较高，各方面的资料和文章也比较完善。该版本适用于多种图像处理，调用 OpenCV 库，也适用于各种数据分析库，如 Sklearn、Matplotlib 等，所以本书选择 Python2.7.8 版本，同时结合官方的 Python 解释器进行详细介绍，也希望读者喜欢。Python3.x 版本已经发布，它具有一些更便捷的功能，但大部分功能和语法与 Python2.7.8 都是一致的，作者也推荐大家结合 Python3.x 进行学习，或尝试将本书的代码修改为 Python3.x 版本[3]。

1.3 OpenCV

OpenCV（open source computer vision）直译为开源计算机视觉库，是一个开放源代码的图像及视频分析库，是进行图像处理的一款必备工具。自 1999 年问世以来，它已经被图像处理和计算机视觉领域的学者与开发人员视为首选工具。OpenCV 可以运行在 Linux、Windows、Android 和 Mac 操作系统上。它是一个由 C/C ++ 语言编写而成的轻量级并且高效的库，同时提供了 Python、Ruby、MATLAB 等语言的接口，实现了图像处理和计算机视觉方面的很多通用算法[4,5]。

图 1-3 是 OpenCV 的图标，其设计目标是执行速度更快，更加关注实时应用。采用优化的 C/C + + 代码编写而成，能够充分利用多核处理器的优势，构建一个简单易用的计算机视觉框架。OpenCV 广泛应用于产品检测、医学成像、立体视觉、图像识别、图像增强、图像恢复等领域。本书主要通过 Python 语言结合 OpenCV 库实现图像处理相关的算法及案例，并强化读者的印象。

图 1-3 OpenCV 的图标

1.4 章节安排

本书为满足广大读者的需求，结合 Python 语言实现了各种图像处理，主要包括四篇内容，如图 1-4 所示。

1. 第一篇 基础知识

本篇主要介绍基础知识，包括第 2 章 Python 基础、第 3 章数字图像处理基础、第 4 章 Python 图像处理入门。第一篇重点介绍 Python 基础语法、数据类型、基本语句、基本操作、像素及常见图像分类、图像信号数字化处理、OpenCV 安装配置、OpenCV 初识及常见数据类型、Numpy 和 Matplotlib 库介绍、几何图形绘制、OpenCV 读取显示图像、OpenCV 读取修改像素、OpenCV 创建复制保存图像、获取图像属性及通道、图像算术与逻辑运算、图像融合处理、获取图像 ROI 区域、图像类型转换等。

2. 第二篇 图像运算

本篇为本书的核心知识，主要介绍 Python 图像运算，包括第 5 章 Python 图像几何变换、第 6 章 Python 图像量化及采样处理、第 7 章 Python 图像的点运算处理、第 8 章 Python 图像形态学处理。图像几何变换涉及图像平移变换、缩放变换、旋转变换、镜像变换、仿射变换、透视变换。图像量化及采样处理，涉及图像量化处理（K-Means 聚类量化处理）、图像采样处理（局部马赛克处理）、图像金字塔（图像向下取样、图像向上取样）。图像的点运算处理涉及图像灰度化处理（灰度线性变换、灰度非线性变换）、图像阈值化处理（固定阈值化处理、自适应阈值化处理）。图像形态学处理涉及图像腐蚀、膨胀、开运算、闭运算、梯度运算、顶帽运算和底帽运算。

3. 第三篇 图像增强

图像增强是指按照某种特定的需求，突出图像中有用的信息，去除或者削弱无用的信息。本篇包括第 9 章 Python 直方图统计、第 10 章 Python 图像增强、第 11 章 Python 图像平滑、第 12 章 Python 图像锐化及边缘检测。其中，图像直方图涉及 Matplotlib 绘制直方图、OpenCV 绘制直方图、掩模直方图、图像灰度变换直方图对比、图像 H-S 直方图、直方图判断黑夜白天。图像增强涉及直方图均衡化、局部直方图均衡化、自动色彩均衡化。图像平滑涉及均值滤波、方框滤波、高斯滤波、中值滤波、双边滤波。图像锐化及边缘检测涉及 Roberts 算子、Prewitt 算子、Sobel 算子、Laplacian 算子、Scharr 算子、Canny 算子、LOG 算子。

4. 第四篇 高阶图像处理

本篇主要包括第 13 章 Python 图像特效处理、第 14 章 Python 图像分割、第 15 章 Python 傅里叶变换与霍夫变换、第 16 章 Python 图像分类。其中，图像特效处理涉及图像毛玻璃特效、浮雕特效、油漆特效、素描特效、怀旧特效、光照特效、流年特效、水波特效、卡通特效、滤镜特效、直方图均衡化特效、模糊特效。图像分割涉及基于阈值的图像分割、基于边缘检测

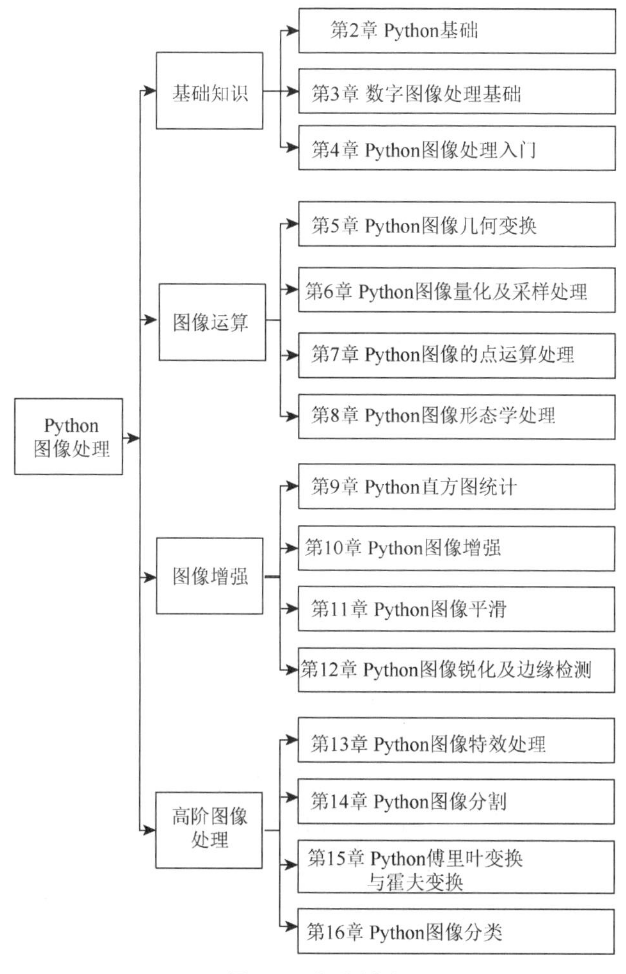

图 1-4 章节划分

的图像分割、基于纹理背景的图像分割、基于 K-Means 聚类的区域分割、基于均值漂移算法的图像分割、基于分水岭算法的图像分割、图像漫水填充分割、文字区域定位及提取案例。傅里叶变换与霍夫变换涉及图像傅里叶变换操作、基于傅里叶变换的高通滤波和低通滤波、图像霍夫变换（图像霍夫线变换操作、图像霍夫圆变换操作）。图像分类涉及基于朴素贝叶斯算法的图像分类、基于 KNN 算法的图像分类、基于神经网络算法的图像分类。

参 考 文 献

[1] 冈萨雷斯. 数字图像处理[M]. 3 版. 北京：电子工业出版社，2013.

[2] 阮秋琦. 数字图像处理学[M]. 3 版. 北京：电子工业出版社，2008.

[3] 杨秀璋，颜娜. Python 网络数据爬取及分析从入门到精通（分析篇）[M]. 北京：北京航天航空大学出版社，2018.

[4] 毛星云，冷雪飞. OpenCV3 编程入门[M]. 北京：电子工业出版社，2015.

[5] LAGANIERE R. OpenCV2 计算机视觉编程手册[M]. 张静，译. 北京：科学出版社，2013.

第 2 章　Python 基础

随着大数据、人工智能的迅速发展，Python 语言变得越来越流行，成为近年最火爆的编程语言，其语法清晰、简单易学、丰富的第三方包，让 Python 应用于各行各业，本章主要介绍 Python 的基础语法和基本语句，为后续的图像处理打下良好的基础。

2.1　Python 简介

Python 是 Guido van Rossum 在 1989 年开发的一个脚本新解释语言，作为 ABC 语言的一种继承。Python 作为一门语言清晰、容易学习、功能强大的编程语言，既可以作为面向对象语言应用于各领域，也可以作为脚本编程语言处理特定的功能[1]。Python 语言含有高效率的数据结构，与其他的面向对象编程语言一样，具有参数、列表表达式、函数、流程控制（循环与分支）、类、对象等功能。优雅的语法以及解释性的本质，使 Python 成为一种能在多种功能、多种平台上撰写脚本及快速开发的理想语言。Python 的具体优势如下。

（1）语法清晰，代码友好，易读性好。

（2）应用广泛，具有大量的第三方库支持，包括机器学习、人工智能等。

（3）Python 可移植性强，易于操作各种存储数据的文本文件和数据库。

（4）Python 是一门面向对象的语言，支持开源思想。

在讲述 Python 编程之前，首先需要安装 Python 软件，本章主要介绍在 Windows 系统下的 Python 编程环境的安装过程，常用的安装包括 Anaconda、PyCharm、IPython 等。这里直接下载 Python 官网页面中的编程软件。本书所采用的版本为经典的 Python2.7.8，同时推荐读者尝试修改为 Python3.x 版本，它们的基本语法都是一致的，图 2-1 展示了官网的下载页面，本书选择 Python2.7.8 版本进行安装。

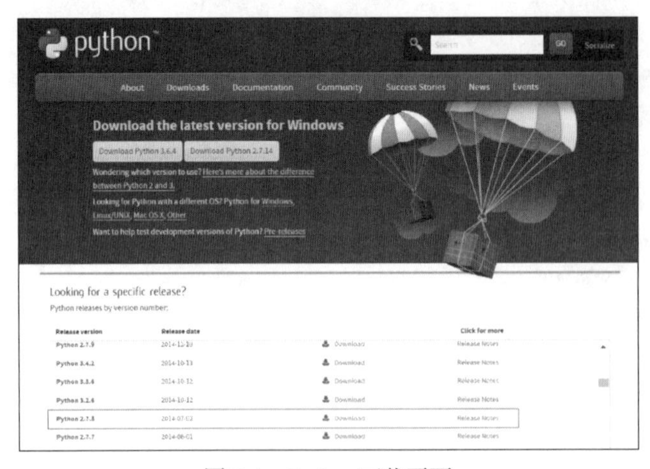

图 2-1　Python 下载页面

下载 Windows x64 MSI Installer（2.7.8）版本，双击 python-2.7.8.msi 软件进行安装，如图 2-2 所示。

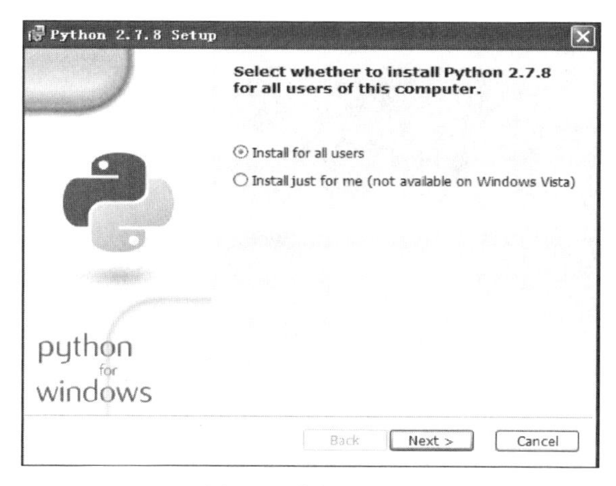

图 2-2　安装 Python

接下来按照 Python 安装向导，单击 Next 按钮选择默认设置，如图 2-3 所示。继续选择下一步，直到安装完成，单击 Finish 按钮，如图 2-4 所示。安装成功后，需要在“开始”菜单中选择“程序”，找到安装成功的 Python 软件，如图 2-5 所示，打开解释器编写 Python 代码。

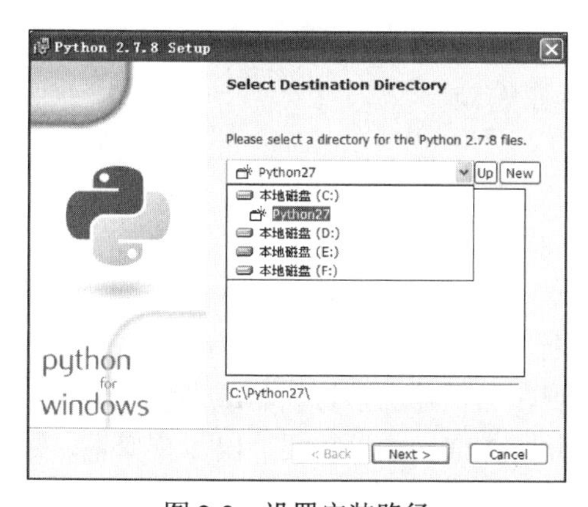

图 2-3　设置安装路径

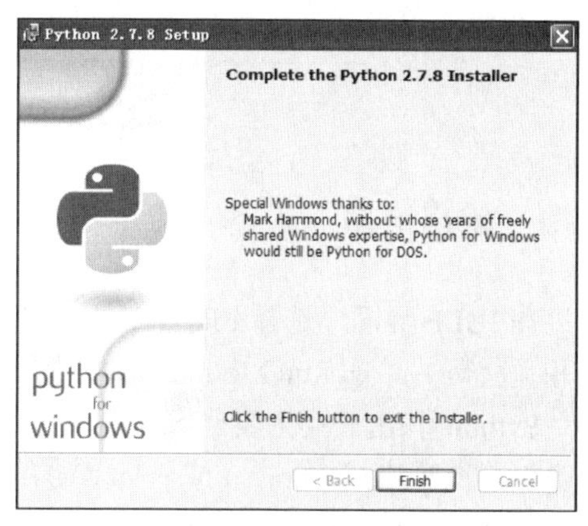

图 2-4　安装成功

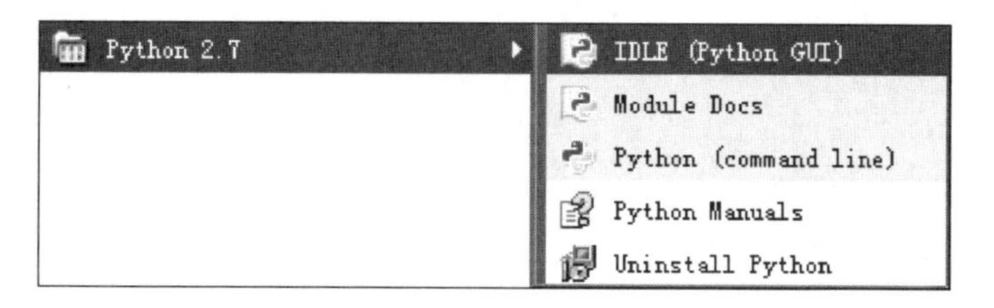

图 2-5　Python 解释器

打开 Python（command line）软件，输入第一行 Python 代码 Hello World，输出结果如图 2-6 所示。

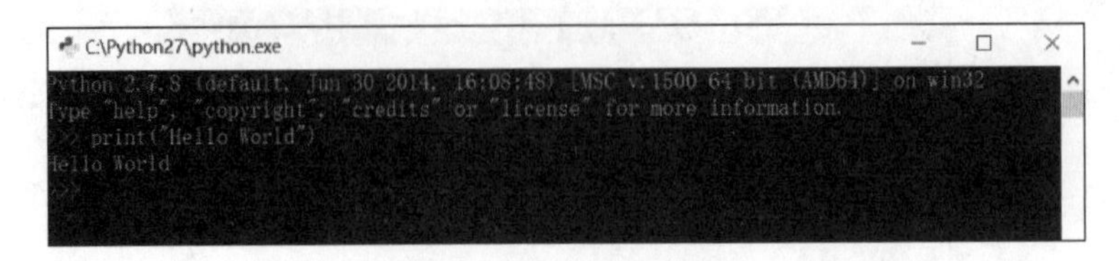

图 2-6　Hello World 程序

2.2　基 础 语 法

Python 为读者提供了集成开发环境(python integrated development environment，IDLE）编写脚本文件，单击图 2-5 中 IDLE（Python GUI），在弹出的界面中输入 print（“Hello World”）代码，运行结果如图 2-7 所示。

```
Python 2.7.8 Shell
File Edit Shell Debug Options Windows Help
Python 2.7.8 (default, Jun 30 2014, 16:08:48) [MSC v.1500 64 bit (AMD64)] on win32
Type "copyright", "credits" or "license()" for more information.
>>> print("Hello World")
Hello World
>>>|
Ln: 5 Col: 4
```

图 2-7　Python 集成开发环境

2.2.1　输出语句

在 IDLE 界面中选择 File|New File 新建文件，并另存为 py 文件，如 first.py，然后编写相关代码并单击 Run Module F5 按钮，即可运行 Python 脚本文件。

Python 输出语句主要通过 print（）函数实现，包括输出字符信息或变量。print（）函数包括两种格式：print a 或 print（a），输出变量 a 的值。如果需要输出多个变量，则使用逗号连接，如 print a，b，c。下面的代码为 print（）函数输出各类型的变量。

Image_Processing_02_01.py

```
#-*-coding:utf-8-*-
Print(2)
Print("Hello World")
print "Hello World"

x=2
```

```
y=4
z=x+y
print(x)
print(y)
print z
print x,y,z
```

其中，代码#-*-coding：utf-8-*-声明中文编码方式，输出结果如图 2-8 所示。

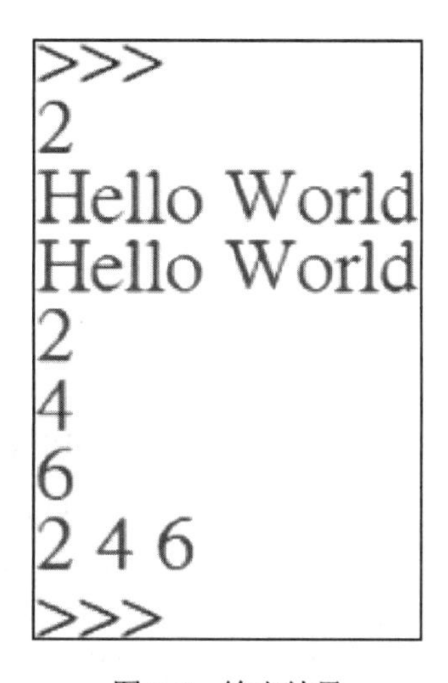

图 2-8 输出结果

Python 通过 format（）函数实现格式化输出数据，其输出格式为：

```
Print(format(val,format_modifier))
```

其中，参数 val 表示值，format_modifier 表示格式字段，示例如下。

Image_Processing_02_02.py

```
#-*-coding: utf-8-*-
x=format(12.34567,'6.2f')
print x
y=format(12.34567,'6.0f')
print y
z=format(0.34567,'.2%')
print z
```

输出结果如图 2-9 所示，其中 6.2f 表示输出六位数值的浮点数，小数点后精确到两位，输出值的最后一位采用四舍五入方式计算，最终输出的结果为 12.35；.2%表示输出百分数，保留两位有效数字，其输出结果为 34.57%。如果想输出整数直接使用.0f 即可。

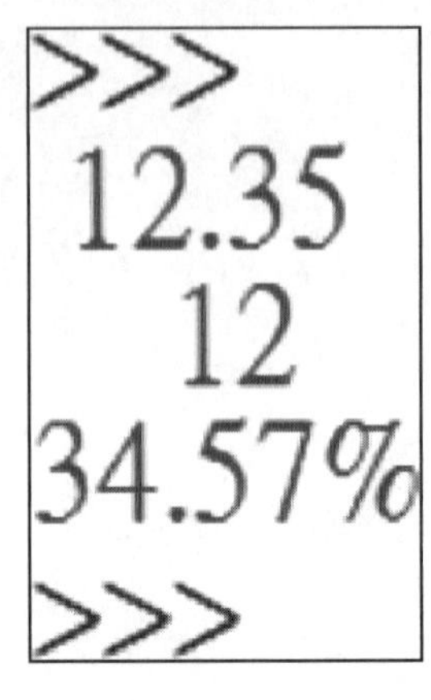

图 2-9　输出结果

2.2.2　注释

在 Python 中，通过缩进来标明代码的层次关系。一个缩进等于四个空格，它是 Python 语言中标明程序框架的唯一手段。同一个语句块中每条语句都是缩进的，并且缩进量相同，当回退或已经闭合语句块时，需要回退至上一层的缩进量，表示当前块结束。

注释是用于说明代码信息的，注释代码是不执行的。Python 注释包括两种。

（1）行注释：采用#开头进行单行注释，如“#定义一个变量”。

（2）块注释：多行说明的注释采用三个单引号（'''）或三个双引号（"""）作为开头和结尾，如使用 Python 集成开发环境 Spyder 新建文件时，通常有一段注释说明。

Image_Processing_02_03.py

```
#-*-coding:utf-8-*-
'''
Created on May 1,2019
@author:yxz
'''

#输出字符串
print("Hello World")
print "I Love Python"

#输出变量
x=2
y=4
z=x+y
print x,y,z
```

2.2.3　变量及赋值

变量是程序中值可以发生改变的元素，是内存中命名的存储位置，变量代表或引用某值的名字，如希望用 N 代表 3，name 代表 hello 等。其命名规则如下。

（1）变量名是由大小写字符、数字和下划线（_）组合而成的。

（2）变量名的第一个字符必须是字母或下划线（_）。

（3）Python 中的变量是区分大小写的，如 TEST 和 test 是两个变量。

（4）在 Python 中对变量进行赋值时，使用单引号和双引号是一样的效果。

注意，Python 中已经使用的一些关键词不能用于声明变量，常用的关键词如 break、def、class、with、return 等。另外，不同于 C、C ++ 或 Java 等语言，Python 语言中的变量不需要声明，就可以直接使用赋值运算符对其进行赋值操作，根据所赋的值来决定其数据类型，如图 2-10 所示，未声明输出其类型。

```
>>> a = 10
>>> print a,type(a)
10 <type 'int'>
>>> b = 1.3
>>> print b,type(b)
1.3 <type 'float'>
>>> c = "hello world"
>>> print c,type(c)
hello world <type 'str'>
>>>
```

图 2-10　未声明直接赋值

Python 中的赋值语句是使用等号（=）给变量直接赋值，如 a = 10。如果需要同时给多个变量进行赋值，表达式如下。

<变量1>,<变量2>,...,<变量n>=<表达式1>,<表达式2>,...,<表达式n>

它先运算右侧 N 个表达式，然后同时将表达式结果赋给左侧变量。

举例如下。

```
>>>a,b,c=10,20,(10+20)/2
>>>print a,b,c
10 20 15
>>>
```

2.2.4　输入语句

Python 语言的输入语句主要包括 input（）或 raw_input（）两个函数。

1. input（ ）

input（）函数从控制台获取用户输入的值，格式为

```
＜变量＞=input(＜提示性文字＞)
```

获取的输入结果为用户输入的字符串或值，并保存在变量中。输入字符串和整数实例如下，其中 type（）函数用于查找变量的类型。

Image_Processing_02_04.py

```
#-*-coding:utf-8-*-
str1=input("input:")
print str1

height=input("input:")
print height, type(height)

score=input("input:")
print score,type(score)
```

输出结果如图 2-11 所示，包括字符串 I LOVE PYTHON，身高为 172 整数，分数为 89.5 小数。

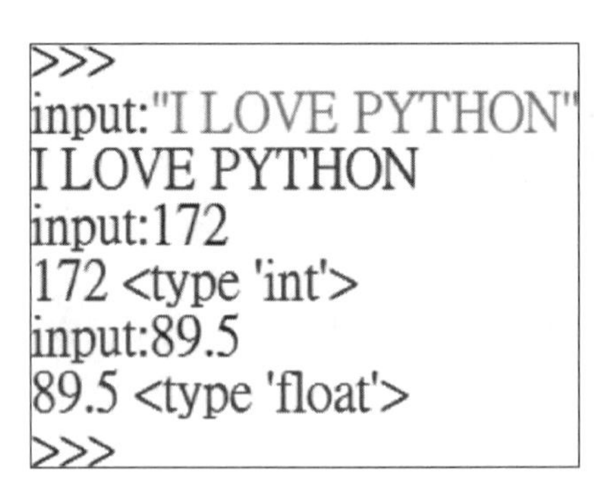

图 2-11　输出结果及类型

2. raw_input（ ）

raw_input（）函数也是输入操作，它的结果将返回 string 字符串。输入以换行符结束，

常见格式为

```
s=raw_input([prompt])
```

参数[prompt]可选，用于提示用户输入。示例代码如下。

Image_Processing_02_05.py

```
#-*-coding:utf-8-*-
height=input("input:")
print height, type(height)

age=raw_input("input:")
print age,type(age)
```

输出结果如图 2-12 所示，调用 input（）函数输出的结果为整型，即整数 172；而调用 raw_input（）函数输出的类型为字符型，即字符串 28。这也是这两个函数的主要区别。

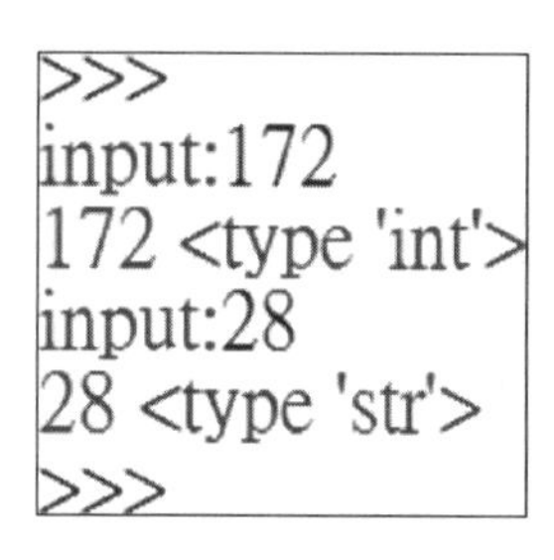

图 2-12　输入函数对比

2.3　数 据 类 型

Python 常见的数据类型包括数字类型、字符串类型、列表类型、字典类型、元组类型等。

1. 数字类型

Python 常见的数字类型包括整数类型、浮点数类型、复数类型。整数类型对应数学中的整数，其返回类型为 int 型，如 10、25 等；浮点数类型为带有小数点的数字，返回类型为 float 型，如 3.14、2.1e2 等；复数类型在 Python 中分为两部分，形如 a + bj，其中 a 为实部，b 为虚部，返回类型为 complex，如-12.3 + 8j，复数可以通过.real 获取实部数据，.imag 获取虚部数据。

Image_Processing_02_06.py

```
#-*-coding:utf-8-*-
```

```
#定义整数
x=100
print x,type(x)

#定义浮点数
y=3.14
print y,type(y)

#定义复数
z=-12.3 + 8j
print z,type(z)
print z.real,z.imag
```

输出结果如图 2-13 所示。

```
>>>
100 <type 'int'>
3.14 <type 'float'>
(-12.3+8j) <type 'complex'>
-12.3 8.0
>>>
```

图 2-13　输出数字类型

2. 字符串类型

字符串类型在 Python 中是指需要用单引号或双引号括起来的一个字符或字符串。该类型调用 type（'Python'）返回的结果是 str 类型。

字符串表示一个字符的序列，其最左端表示字符串的起始位置，下标为 0，然后依次递增。字符串对应的编号称为索引，如 str1 = 'Python'，则 str1[0]获取第一个字符，即 P 字母，并且字符串提供了一些操作和函数供用户使用，如 len（str1）计算字符串长度，其返回结果为 6。

Image_Processing_02_07.py

```
#-*-coding:utf-8-*-
x="Hello World"
y="I love python"
print x,type(x)
print y,type(y)
```

```
#计算字符串长度
print len(x)
print len(y)

#字符串拼接
print x+y
```

输出结果如图 2-14 所示。

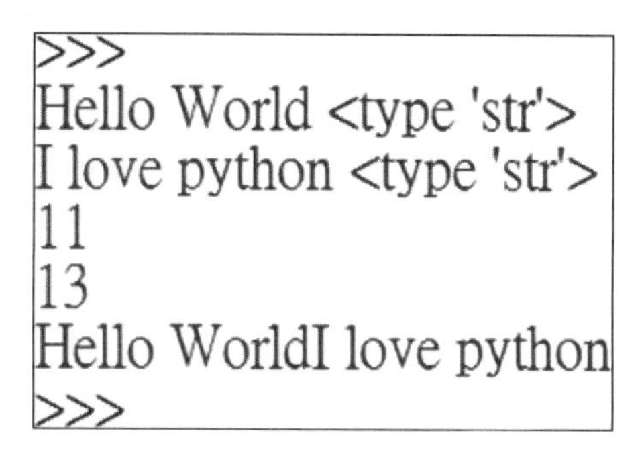
>>>
Hello World <type 'str'>
I love python <type 'str'>
11
13
Hello WorldI love python
>>>

图 2-14　字符串操作

3. 列表类型

列表是 Python 中一个重要的数据类型，它是在中括号（[ ]）中用逗号分隔的元素集合，列表中的元素可以通过索引进行单个访问，并且每个元素之间是有序的。下面的代码是列表的一个案例。

Image_Processing_02_08.py

```
#-*-coding:utf-8-*-
#定义列表
list1=[1,2,3,4,5]
print list1
#输出列表中的元素
print list1[3]
print type(list1)

#定义列表
list2=['I','love','python']
print list2

#列表运算
```

```
list3=[1,3,5,7,9]
list4=[6,7,8]
list5=list3+list4
print list3
print list4
print list5
```

输出结果如图 2-15 所示，其中列表 list1 结果为[1，2，3，4，5]，访问的 list1[3]为列表第 4 个元素（列表第一个元素的下标为 0）；list2 结果为['I'，'love'，'python']；list5 拼接 list3 和 list4 列表的值并输出对应结果。

```
>>>
[1, 2, 3, 4, 5]
4
<type 'list'>
['I', 'love', 'python']
[1, 3, 5, 7, 9]
[6, 7, 8]
[1, 3, 5, 7, 9, 6, 7, 8]
>>>
```

图 2-15　列表操作

4. 字典类型

字典是针对非序列集合而提供的，由键值对组成，形如 key：value。字典是键值对的集合，其类型为 dict。键是字典的索引，一个键对应着一个值，通过键值可查找字典中的信息，这个过程称为映射。字典的示例代码如下。

Image_Processing_02_09.py

```
#-*-coding:utf-8-*-
#定义字典
dic={"one":1,"two":2,"three":3,"four":4}
print dic

#获取值
print dic["three"]

#获取字典键值对数据
print dic.keys()
```

```
print dic.values()

#字典中增加值
dic['five']=5
print dic

#字典中修改值
dic['two']=22
print dic

#删除字典中元素
del dic['one']
print dic

#清空字典数据
dic.clear()
print dic

#删除字典
del dic
```

输出结果如图2-16所示。

```
>>>
{'four': 4, 'three': 3, 'two': 2, 'one': 1}
3
['four', 'three', 'two', 'one']
[4, 3, 2, 1]
{'four': 4, 'three': 3, 'five': 5, 'two': 2, 'one': 1}
{'four': 4, 'three': 3, 'five': 5, 'two': 22, 'one': 1}
{'four': 4, 'three': 3, 'five': 5, 'two': 22}
{}
>>>
```

图2-16　字典操作

5. 元组类型

元组是和列表类似的一种数据类型，它采用小括号定义一个或多个元素的集合，其返回类型为tuple。示例如下。

Image_Processing_02_10.py

```
#-*-coding:utf-8-*-
```

```
t1=(12,34,'Python')
print t1
print type(t1)
print t1[2]
```

输出结果如图 2-17 所示。需要注意，可以定义空的元组，如 t2 = ()，元组可以通过索引访问，例如，上述代码 t1[2]访问第 3 个元素，即 Python。当元组定义后就不能进行更改，也不能删除，这不同于列表，元组的不可变特性使它的代码更加安全。

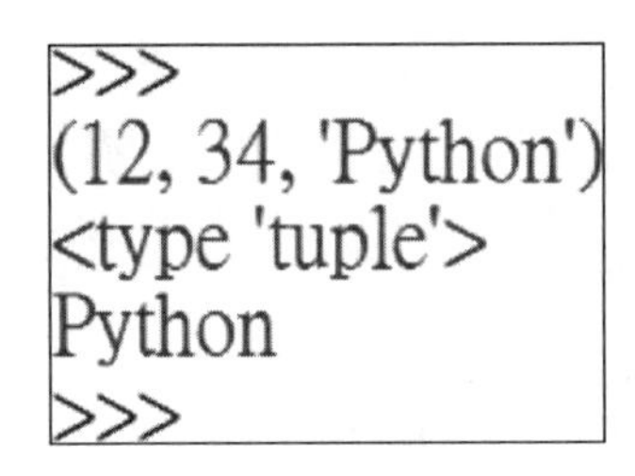

图 2-17　元组操作

2.4　基 本 语 句

在 Python 语言中，常用的语句包括顺序语句、条件语句和循环语句，前面的代码都是基于顺序语句的，因此本节继续补充条件语句和循环语句的相关知识。

在介绍条件语句和循环语句之前，需要先介绍语句块的知识。语句块并非一种语句，它是在条件为真时执行一次或执行多次的一组语句，在代码前放置空格缩进即可创建语句块。类似于 C、C ++ 、Java 等语言的大括号（{ }）表示一个语句块的开始和结束，在 Python 中使用冒号（:）表示语句块的开始，块中每一条语句都有缩进并且缩进量相同，当回退到上一层缩进量时，就表示当前语句块已经结束。

2.4.1　条件语句

条件语句主要包括单分支、二分支和多分支三种情况。

1. 单分支

```
if<condition>:
    <statement>
    <statement>
```

<condition>是条件表达式，基本格式为<expr><relop><expr>；<statement>是语句主体。判断条件如果为真（True）就执行<statement>语句，如果为假（False）就跳过<statement>语句，执行下一条语句。条件判断通常有布尔表达式（True、False）、

关系表达式（>、<、>=、<=、==、! =）和逻辑运算表达式（and、or、not，其优先级从高到低是 not、and、or）等。

2. 二分支

如果条件语句<condition>为真，if 后面的语句就被执行，如果为假，则执行 else 后面的语句块。条件语句的格式为：<expr><relop><expr>，其中<expr>为表达式、<relop>为关系操作符。

```
if<condition>:
    <statement>
    <statement>
else:
    <statement>
    <statement>
```

下面为一个简单的二分支条件语句案例。

Image_Processing_02_11.py

```
#-*-coding:utf-8-*-
a=input("Input Score:")
if a>=90:
       print u'优秀成绩'
       print a
else:
       print u'非优秀成绩'
       print a
```

运行程序之后，需要输出一个分数，接着通过 if-else 判断该成绩是否优秀，运行结果如图 2-18 所示。

图 2-18　二分支条件语句

3. 多分支

if 多分支由 if-elif-else 组成，其中 elif 相当于 else if，它可以使用多个 if 的嵌套。具体语法如下所示。

```
if<condition1>:
     <case1 statements>
elif<condition2>:
     <case2 statements>
elif<condition3>:
     <case3 statements>
     ...
else:
     <default statements>
```

该语句是顺序评估每个条件，如果当前条件分支为 True，则执行对应分支下的语句块，如果没有任何条件成立，则执行 else 中的语句块，其中 else 是可以省略的。代码如下。

Image_Processing_02_12.py

```
#-*-coding:utf-8-*-
num=input("please input:")
print num
if num>=90:
     print 'A Class'
elif num>=80:
     print 'B Class'
elif num>=70:
     print 'C Class'
elif num>=60:
     print 'D Class'
else:
     print 'No Pass'
```

输出值为 86，则在 80～90，成绩为 B 等级，输出结果如图 2-19 所示。

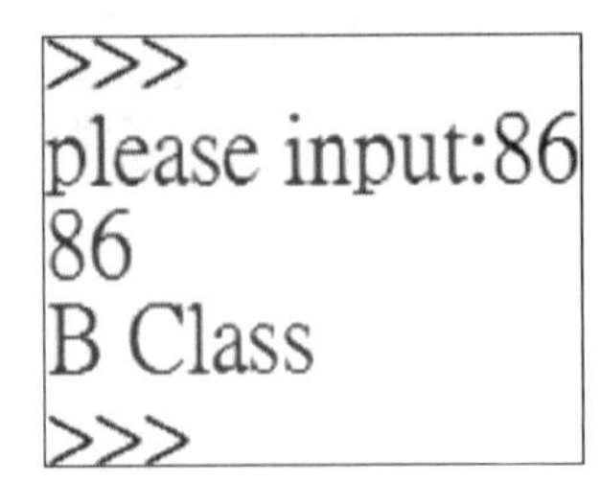

图 2-19　多分支条件语句

2.4.2 循环语句

Python 循环语句主要分为 while 循环和 for 循环。

1. while 循环

while 循环语句的基本格式如下，条件表达式<condition>如果为真，则循环体重复执行，直到条件判断为假，循环体终止。如果第一次判断条件就为假，则直接跳出循环执行 else 语句。else 语句可以省略，同时冒号（:）开始进入循环体，缩进区分语句块。条件语句 condition 包括布尔表达式（True、False）、关系表达式（>、<、>=、<=、==、! =）和逻辑运算表达式（and、or、not）等。

```
while<condition>:
    <statement>
else:
    <statement>
```

下面是一个循环的简单案例，循环输出列表数据。

Image_Processing_02_13.py

```
#-*-coding:utf-8-*-
nums=[2,4,6,8,10]
k=0
print len(nums)
while k<len(nums):
    print nums[k]
    k=k+1
else:
    print 'over\n'

i=1
s=0
while i<=5:
    print 's=',s,'i=',i
    s=s+i
    i=i+1
else:
    print'over'
```

```
print'sum=',s
```

输出结果如图 2-20 所示，第一个循环输出列表长度为 5，循环依次输出 2～10；第二个循环输出 1 加到 5，最终结果 sum 为 15。

```
>>>        s= 0 i= 1
5          s= 1 i= 2
2          s= 3 i= 3
4          s= 6 i= 4
6          s= 10 i= 5
8          over
10         sum =  15
over       >>>
```

图 2-20　while 循环语句

2. for 循环

for 循环语句的基本格式如下，自定义循环变量 var 遍历 sequence 序列中的每一个值，每个值执行一次循环的语句块。sequence 表示序列，常见类型有 list（列表）、tuple（元组）、strings（字符串）和 files（文件）。

```
for<var>in<sequence>:
    <statement>
<statement>
```

下面的代码是计算 1～100 的和，输出三角形星号的示例。

Image_Processing_02_14.py

```
#-*-coding:utf-8-*-
#元组循环
tup= (1,2,3,4,5)
for n in tup:
    print n
else:
    print 'End for\n'

#计算 1+2+...+100
s=0
for i in range(101):
    s=s+i
```

```
print'sum=',s

#输出三角形星号
for i in range(10):
        print"*"*i
```

输出结果如图 2-21 所示，包括遍历输出元组内容、循环加至 100、三角星号。

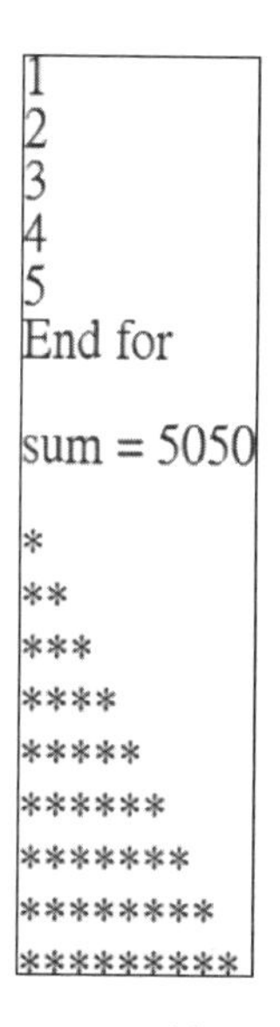

图 2-21　for 循环语句

2.5　基 本 操 作

下面简单介绍 Python 自定义函数、import 导入第三方包等内容，为后续的 Python 图像处理打下扎实基础。

1. 自定义函数

函数能有效地简化代码，提高代码的复用性。自定义函数的基本规则如下。其中，定义函数需要使用 def 关键词，function_name 表示函数名，后面的冒号(:)不要忘记；[para1，para2，...，paraN]表示参数，可以省略，也可以多个参数；[return value1，value2，...，valueN]表示返回值，可以无返回值，也可以有多个返回值。

```
def funtion_name([para1,para2,...,paraN]):
      statement1
      statement2
        ...
```

```
[return value1,value2,...,valueN]
```

需要注意的是，自定义函数有返回值，主调函数就需要接受返回的结果。函数调用时，形参被赋予真实的参数，然后执行函数体，并在函数结束调用返回结果。return 语句表示退出函数并返回到函数被调用处，返回值传递给调用程序。

下面的代码是包含多个参数返回的计算器函数。

Image_Processing_02_15.py

```
#-*-coding:utf-8-*-
#函数定义
def fun1(a,b):
    print a,b
    x=a+b
    y=a-b
    z=a*b
    p=a/b
    return x,y,z,p

#函数调用
x,y,z,p=fun1(2,4)
print 'the result are',x,y,z,p

re=fun1(2,10)
print re
```

输出结果如图 2-22 所示。

```
>>>
2 4
the result are 6 -2 8 0
2 10
(12, -8, 20, 0)
>>>
```

图 2-22　自定义函数输出结果

2.　import 导入第三方包

Python 作为一门开源语言，它支持各种第三方提供的开源库。其使用第三方函数库时的具体格式为

```
module_name.method (parametes)
```

表示“第三方函数名.方法（参数）”。通过 import 关键字导入第三方包，即可调用相关功能，如导入 pandas 第三方包。pandas 包是基于 Numpy 的一种工具，是为了解决数据分析任务而创建的。Pandas 纳入了大量库和一些标准的数据模型，提供了高效地操作大型数据集所需的工具。如果没有安装 pandas 包则会有相关错误提示 ImportError: No module named ‘pandas’。输出结果如图 2-23 所示。

```
>>> import pandas
Traceback (most recent call last):
  File "<pyshell#0>", line 1, in <module>
    import pandas
ImportError: No module named 'pandas'
>>>
```

图 2-23　导入错误

在 Linux 环境中，输入命令 easy_install pandas 可以实现自动安装扩展包，Windows 环境下需要安装 pip 或 easy_install 工具，再调用命令执行安装。

2.6　本章小结

本章主要介绍 Python 基础知识，包括 Python 简介、基础语法、数据类型、基本语句、基本操作，为后续的 Python 图像处理提供相关支撑。

参考文献

[1]　杨秀璋，颜娜. Python 网络数据爬取及分析从入门到精通（分析篇）[M]. 北京：北京航天航空大学出版社，2018.

第 3 章　数字图像处理基础

本章主要介绍数字图像处理基础知识，包括图像像素及常见图像分类、图像信号数字化处理、OpenCV 安装配置与入门、常见数据类型、Numpy 和 Matplotlib，并详细叙述了 Python 和 OpenCV 绘制几何图像的函数及代码。

3.1　数字图像处理概述

数字图像处理又称为计算机图像处理[1]，是指将图像信号转换成数字信号并利用计算机对其进行处理的过程。数字图像处理的产生和发展主要受三个因素的影响：一是计算机的发展；二是数学的发展（特别是离散数学理论的创立和完善）；三是广泛的农牧业、林业、环境、军事、工业和医学等方面的应用需求的增长[2]。

常见的数字图像处理方法[1]包括：①算术处理（arithmetic processing）；②几何处理（geometrical processing）；③图像增强（image enhancement）；④图像识别（image recognition）；⑤图像分类（image classification）；⑥图像复原（image restoration）；⑦图像重建（image reconstruction）；⑧图像编码（image encoding）；⑨图像理解（image understanding）。

图像是人类获取和交换信息的主要来源，因此，图像处理的应用领域必然涉及人类生活和工作的方方面面。随着人类活动范围的不断扩大，图像处理的应用领域也不断扩大，包括航天航空领域、生物医学工程领域、通信工程领域、工业工程领域、安保军事领域、文化艺术领域、机器视觉领域、人工智能领域、电子商务领域等。

3.2　像素及常见图像分类

图像都是由像素（pixel）构成的，像素表示为图像中的小方格，这些小方格都有一个明确的位置和被分配的色彩数值，而这些小方格的颜色和位置就决定了该图像所呈现出来的样子。像素是图像中的最小单位，每一个点阵图像包含了一定量的像素，这些像素决定图像在屏幕上所呈现的大小。图 3-1 表示一张由像素组成的叮当猫图像。

图像通常分为二值图像、灰度图像和彩色图像，图 3-2 展示了图像处理经典 Lena 图的各种图像。

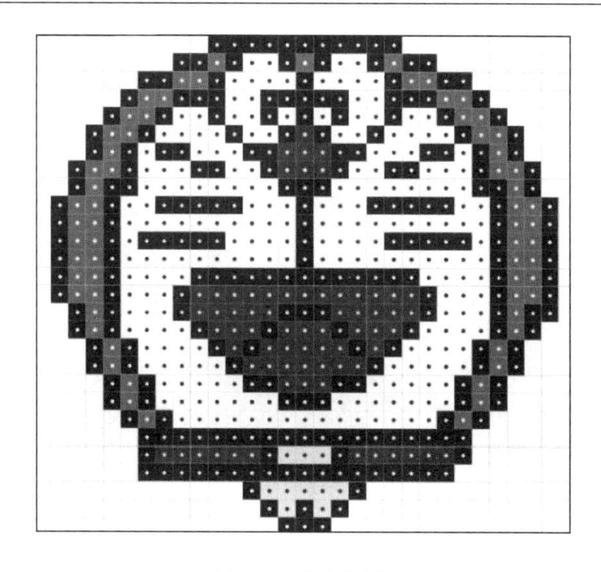

图 3-1　像素图像

图 3-2　二值图像、灰度图像和彩色图像

1. 二值图像

二值图像又称为黑白图像，图像中任何一个点非黑即白，要么为白色（像素为 255），要么为黑色（像素为 0）。将灰度图像转换为二值图像的过程，常通过依次遍历判断实现，如果像素大于 127 则设置为 255，否则设置为 0。如图 3-3 所示为一幅二值图像对应的矩阵。

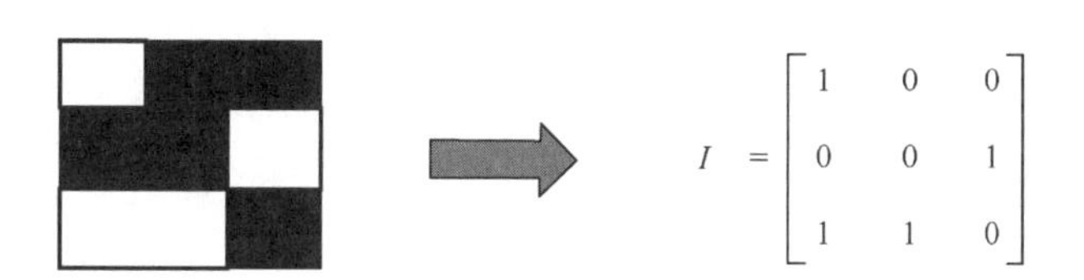

$$I = \begin{bmatrix} 1 & 0 & 0 \\ 0 & 0 & 1 \\ 1 & 1 & 0 \end{bmatrix}$$

图 3-3　二值图像对应矩阵

2. 灰度图像

灰度图像是指每个像素的信息由一个量化的灰度级来描述的图像，没有彩色信息。通过改变像素矩阵的 RGB 值，将彩色图转变为灰度图。常见的方法是将灰度划分为 256 种不同的颜色，将原来的 RGB（R，G，B）中的 R、G、B 统一用 Gray 替换，形成新的颜色 RGB（Gray，Gray，Gray），即为灰度图。将彩色图像转换为灰度图像是图像处理的最基本预处理操作。灰度图像对应矩阵如图 3-4 所示。具体的灰度转换方法详见 7.2 节。

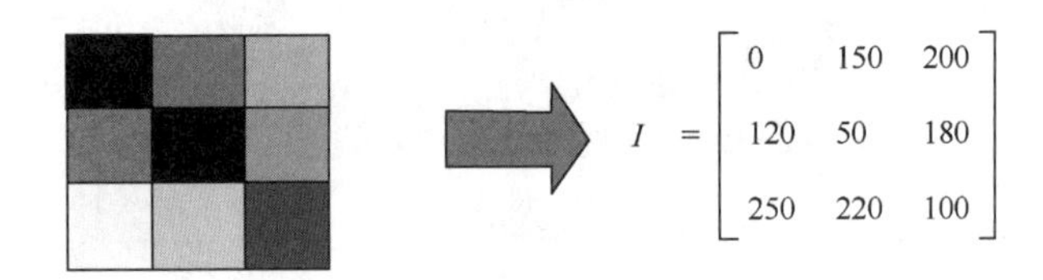

图 3-4　灰度图像对应矩阵

3. 彩色图像

彩色图像是 RGB 图像，RGB 表示红、绿、蓝三原色，计算机里所有颜色都是三原色按不同比例组成的，即三色通道。RGB（Red 红色，Green 绿色，Blue 蓝色）是根据人眼识别的颜色而定义的空间，可用于表示大部分颜色，也是图像处理中最基本、最常用、面向硬件的颜色空间，是一种光混合的体系。

如图 3-5 所示，RGB 颜色模式用三维空间中的一个点表示一种颜色，每个点有三个分量，分别表示红、绿、蓝的亮度值。在 RGB 模型的立方体中，原点对应的颜色为黑色，它的三个分量值都为 0；距离原点最远的顶点对应的颜色为白色，三个分量值都为 1；从黑色到白色的灰度值分布在这两个点的连线上，该虚线称为灰度线；立方体的其余各点对应不同的颜色，即三原色红、绿、蓝及其混合色黄、品红、青。图 3-6 表示彩色图像对应三原色矩阵。

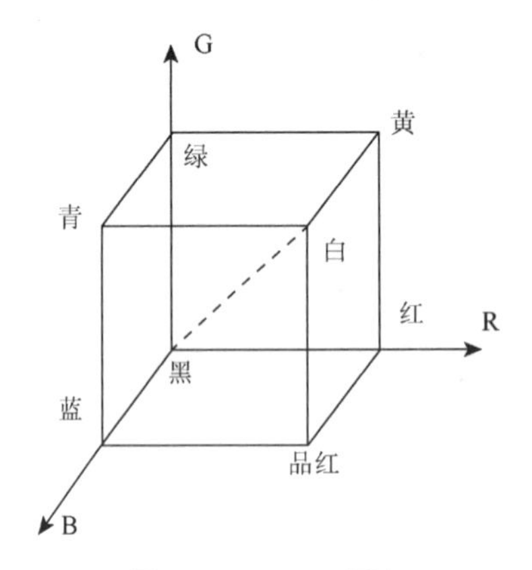

图 3-5　RGB 三原色

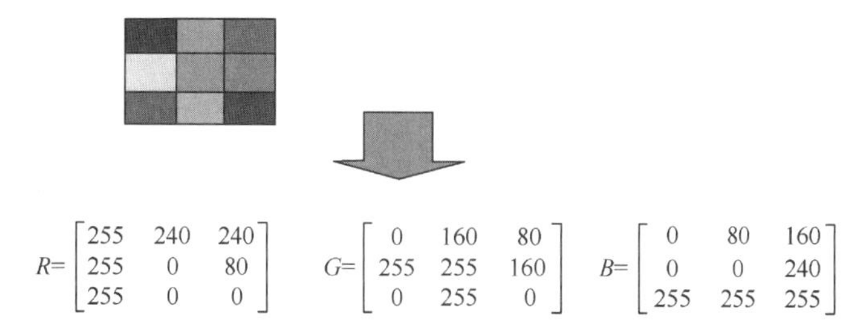

图 3-6　彩色图像对应三原色矩阵

图 3-7 展示了图像中某一点像素（205，89，68）所对应的三原色的像素值，其中，R 表示红色分量、G 表示绿色分量、B 表示蓝色分量。

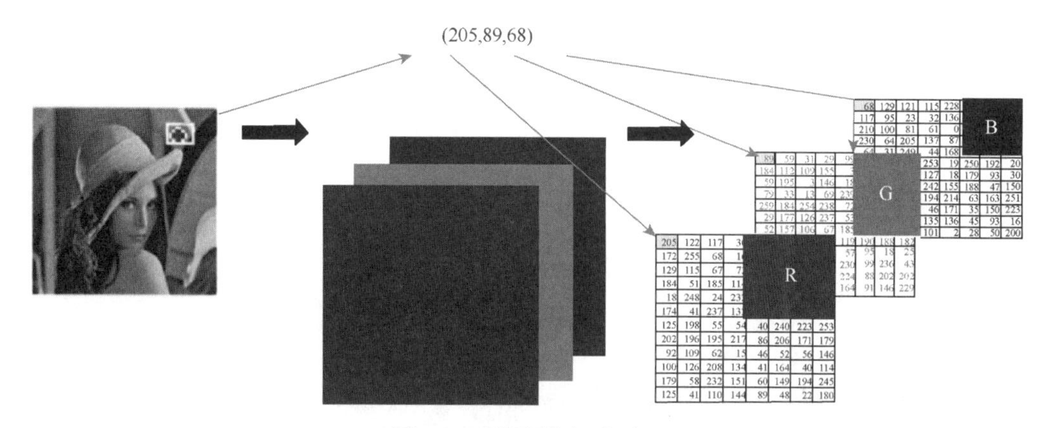

图 3-7　彩色图像组成原理

3.3　图像信号数字化处理

数字图像处理技术广泛应用于各行各业，它主要是将现实物体离散化处理后转换为信号数字图像，从而更好地进行后续的图像处理和图像识别等操作。图 3-8 展示了图像信号数字化处理的过程。

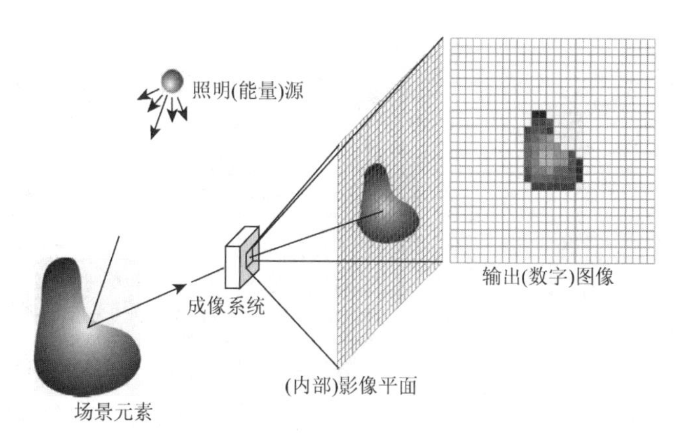

图 3-8　数字图像转换

下面简单叙述图像的数字表示方法。令 $f(s, t)$ 表示一幅具有两个连续变量 s 和 t 的连续图像函数。通过取样和量化，把该函数转换为数字图像。将该连续图像取样为一个二维矩阵 $f(x, y)$，该阵列有 M 行和 N 列，其中 (x, y) 是离散坐标，矩阵 $f(x, y)$ 为

$$f(x,y)=\begin{bmatrix} f(0,0) & f(0,1) & \cdots & f(0,N-1) \\ f(1,0) & f(1,1) & \cdots & f(1,N-1) \\ \vdots & \vdots & & \vdots \\ f(M-1,0) & f(M-1,1) & \cdots & f(M-1,N-1) \end{bmatrix} \tag{3-1}$$

在计算过程中，通常会使用传统的矩阵表示法来表示数字图像及其像素，即

$$A=\begin{bmatrix} a_{0,0} & a_{0,1} & \cdots & a_{0,N-1} \\ a_{1,0} & a_{1,1} & \cdots & a_{1,N-1} \\ \vdots & \vdots & & \vdots \\ a_{M-1,0} & a_{M-1,1} & \cdots & a_{M-1,N-1} \end{bmatrix} \tag{3-2}$$

二维矩阵是表示数字图像的重要数学形式。一幅 $M \times N$ 的图像可以表示为矩阵，矩阵中的每个元素称为图像的像素。每个像素都有自己的位置和值，该值表示该位置像素的颜色或者强度。

3.4　OpenCV 安装配置

OpenCV 是一个基于 BSD 许可（开源）发行的跨平台计算机视觉库，可以运行在 Linux、Windows、Android 和 Mac 操作系统上。OpenCV 是一个由 C/C ++ 语言编写而成的轻量级并且高效的库，同时提供了 Python、Ruby、MATLAB 等语言的接口，实现了图像处理和计算机视觉方面的很多通用算法[3]。

本书主要使用 Python 调用 OpenCV2 库函数进行图像处理操作，首先介绍如何在 Python 编程环境下安装 OpenCV 库。OpenCV 安装主要通过 pip 指令进行。如图 3-9 所示，在命令提示符 CMD 环境下，通过 cd 命令进入 Python2.7.8 安装目录的 Scripts 文件夹下，再调用 pip install opencv-python 命令安装。

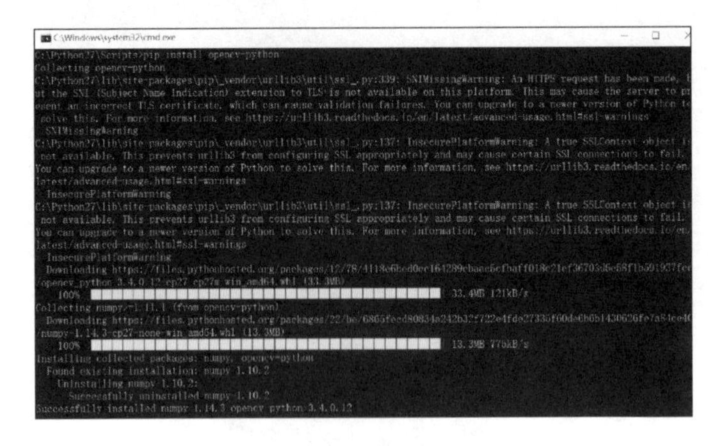

图 3-9　安装 OpenCV 扩展包

安装命令如下。

```
cd C:\Python27\Scripts
pip install opencv-python
```

OpenCV 扩展包安装成功后，在 Python2.7.8 中输入 import cv2 语句导入该扩展包，测试安装是否成功，如果没有异常报错即安装成功，如图 3-10 所示。

图 3-10　导入 OpenCV 扩展包

Python 可以通过 easy_install 或者 pip 命令安装各种各样的包（Package），其中 easy_install 提供了“傻瓜式”的在线一键安装模块的方式，而 pip 是 easy_install 的改进版，提供更好的提示信息以及查找、下载、安装及卸载 Python 包等功能，常见用法如表 3-1 所示[3]。

表 3-1　easy_install 和 pip 命令的用法

命令	用法

easy_install	1）安装一个包
	$ easy_install<package_name>
	$ easy_install"<package_name>==<version>"
	2）升级一个包
	$ easy_install-U"<package_name>>=<version>"

pip	1）安装一个包
	$ pip install<package_name>
	$ pip install<package_name>==<version>
	2）升级一个包（如果不提供 version 号，升级到最新版本）
	$ pip install--upgrade<package_name>>=<version>
	3）删除一个包
	$ pip uninstall<package_name>

注意，本书使用的 Python 版本为 2.7.8，它自带 pip 和 easy_install 工具，一方面推荐使用该版本操作本书的所有实验；另一方面，如果使用其他版本，则在 Python 开发环境中使用 pip 命令之前，需要安装 pip 软件，再调用 pip 命令对具体的扩展包进行安装。pip 软件的安装步骤请读者结合官网实现。

3.5　OpenCV 初识及常见数据类型

3.5.1　OpenCV 显示图像

OpenCV 是一个轻量级高效的跨平台计算机视觉库，实现了图像处理和计算机视觉方面的多种通用算法。图像可以理解为一个数组，图像处理就是对数字的处理。在 OpenCV

中，图像的读取和显示是最简单的代码，通过 imread（）和 imshow（）函数实现。

OpenCV 读取图像的 imread（）函数原型如下，它将从指定的文件加载图像并返回矩阵，如果无法读取图像（因为缺少文件、权限不正确、格式不支持或图像无效等），则返回空矩阵（Mat：：data==NULL）[4]。

```
retval=imread(filename[,flags])
```

（1）filename 表示需要载入的图片路径名，其支持 Windows 位图、JPEG 文件、PNG 图片、便携文件格式、Sun rasters 光栅文件、TIFF 文件、HDR 文件等。

（2）flags 为 int 类型，表示载入标识，指定一个加载图像的颜色类型，默认值为 1。其中 cv2.IMREAD_UNCHANGED 表示读入完整图像或图像不可变，包括 alpha 通道；cv2.IMREAD_GRAYSCALE 表示读入灰度图像；cv2.IMREAD_COLOR 表示读入彩色图像，默认参数，忽略 alpha 通道。

OpenCV 中显示图像调用 imshow（）函数，它将在指定窗口中显示一幅图像，窗口会自动调整为图像大小，其原型如下所示。

```
imshow(winname,mat)
```

（1）winname 表示窗口的名称。

（2）mat 表示要显示的图像。

在显示图像过程中，通常还会调用两个操作窗口的函数，它们分别是 waitKey（）和 destroyAllWindows（）。

```
retval=waitKey([,delay])
```

键盘绑定函数，共一个参数 delay，表示等待的毫秒数，看键盘是否有输入，返回值为 ASCII 值。如果其参数为 0，则表示无限期的等待键盘输入；参数大于 0 表示等待 delay 毫秒；参数小于 0 表示等待键盘单击。

```
destroyAllWindows()
```

该函数可以轻易删除所有建立的窗口。如果你想删除特定的窗口可以使用 cv2.destroyWindow（），并在括号内输入要删除的窗口名。

下面是示例程序，主要用于读取与显示经典的 Lena 图像。

Image_Processing_03_01.py

```
#-*-coding:utf-8-*-
import cv2

#读取图像
img=cv2.imread("Lena.png")

#显示图像
cv2.imshow("Demo",img)

#等待显示
```

```
cv2.waitKey(0)
cv2.destroyAllWindows()
```

输出结果如图 3-11 所示。

图 3-11　图像读取与显示

注意，上述代码中如果没有 waitKey（0）函数，其运行结果可能会出现错误，加载一幅灰色的图像，如图 3-12 所示。

图 3-12　图像显示错误

同时，可以设置加载图像后无限期等待，直到输入指定的按键才退出窗口，如下所示，输入 Esc 才退出。

Image_Processing_03_02.py

```
#-*-coding:utf-8-*-
import cv2

#读取图像
img=cv2.imread("Lena.png")

#显示图像
cv2.imshow("Demo",img)

#无限期等待输入
k=cv2.waitKey(0)

#如果输入 Esc 按键退出
if k==27:
    cv2.destroyAllWindows()
```

3.5.2　常见数据类型

下面介绍 OpenCV 中常见的数据类型，包括点 Point 类、颜色 Scalar 类、尺寸 Size 类、矩形 Rect 类、矩阵 Mat 类，如表 3-2 所示。

表 3-2　常见数据类型

类型	描述	OpenCV 示例	Python 示例
点 Point	表示二维坐标系中的点，含 x 和 y	Point p；p.x=1，p.y=2； Point p=Point（1，2）	points_list=[（160，160），（136，160）]
颜色 Scalar	包含四个元素的数组，设置像素值 RGB 三通道，第四个参数可忽略	Scalar（b，g，r）； //分别为 BGR 三分量	（0，0，255）
尺寸 Size	它和 Point 相似，主要成员包括 height 和 width	Size（5，5）； Size_（_Tp _width，_Tp _height）；	width，height=img.shape

矩形
Rect
	Rect 类称为矩形类，包含 Point 类的成员 x 和 y（代表矩形左上角的坐标）和 Size 类的成员 width 和 height（代表矩形的大小）	//求两矩形交集
		Rect rect=rect1 & rect2；
		//求两矩形并集
		Rect rect=rect1 | rect2；
		//矩形平移
		Rect rectShift=rect + point；
		//矩形缩放
		Rect rect=rect1 + size；
			cv2.rectangle（img，（20，20），（150，250），（255，0，0），2）

矩阵 Mat	通用的矩阵类，用来创建和操作多维矩阵	Mat M（3，2，CV_8UC3，Scalar（0，0，255））	np.zeros（（256，256，3），np.uint8）

3.6 Numpy 和 Matplotlib 库介绍

3.6.1 Numpy 库

Numpy（Numeric Python）是 Python 提供的数值计算扩展包，拥有高效的处理函数和数值编程工具，主要用于科学计算，如矩阵数据类型、线性代数、矢量处理等。这个库的前身是 1995 年就开始开发的一个用于数组运算的库，经过长时间的发展，基本成了绝大部分 Python 科学计算的基础包，当然也包括提供给 Python 接口的深度学习框架[3]。其安装命令如下所示。

```
pip install numpy
```

Array 是 Numpy 库中最基础的数据结构，表示数组。Numpy 可以很方便地创建各种不同类型的多维数组，并且执行一些基础操作。一维数组常见操作代码如下所示。

Image_Processing_03_03.py

```
#-*-coding:utf-8-*-
import numpy as np

#定义一维数组
a=np.array([2,0,1,5,8,3])
print u'原始数据:',a

#输出最大、最小值及形状
print u'最小值:',a.min()
print u'最大值:',a.max()
print u'形状',a.shape
```

输出如下所示，代码通过 np.array 定义了一个数组[2，0，1，5，8，3]，其中 min 计算最小值，max 计算最大值，shape 表示数组的形状，因为是一维数组，故形状为 6L，即 6 个数字。

```
原始数据：[2 0 1 5 8 3]
最小值：0
最大值：8
形状（6L,）
```

在 Python 图像处理中，主要通过 Numpy 库绘制一幅初始的背景图像，调用 np.zeros（）函数绘制一幅 3 位且长宽为 256×256 的黑色图像。注意，np.zeros（）生成的数组均为 0，即表示黑色。

Image_Processing_03_04.py

```
#-*-coding:utf-8-*-
import cv2
import numpy as np

#创建黑色图像
img=np.zeros((256,256,3),np.uint8)

#显示图像
cv2.imshow("image",img)

#等待显示
cv2.waitKey(0)
cv2.destroyAllWindows()
```

调用 Numpy 库绘制的背景图像如图 3-13 所示。

图 3-13　绘制背景图像

3.6.2　Matplotlib 库

Matplotlib 是 Python 强大的数据可视化工具和 2D 绘图库，常用于创建海量类型的 2D

图表和一些基本的3D图表，类似于MATLAB和R语言。Matplotlib提供了一整套和Matlab相似的命令API，十分适合交互式地进行制图，而且也可以将它作为绘图控件，嵌入GUI应用程序中。Matplotlib是神经生物学家Hunter于2007年创建的，函数设计上参考了MATLAB，在Python的各个科学计算领域都得到了广泛应用[8]。其安装命令如下所示。

```
pip install matplotlib
```

Matplotlib作图库常用的函数如下。

（1）Plot（）：用于绘制二维图、折线图，其格式为plt.plot（X，Y，S）。其中X为横轴，Y为纵轴，参数S为指定绘图的类型、样式和颜色。

（2）Pie（）：用于绘制饼状图（Pie Plot）。

（3）Bar（）：用于绘制条形图（Bar Plot）。

（4）Hist（）：用于绘制二维条形直方图。

（5）Scatter（）：用于绘制散点图。

例如，代码plt.scatter（x，y，c=y_pred，marker='o'，s=200），表示绘制散点图，横轴为x，纵轴为y，c=y_pred对聚类的预测结果画出散点图，marker='o'表示用圆圈（Circle）绘图，s表示设置尺寸大小（Size）。

下面的代码是调用Matplotlib绘制散点图的一个简单案例。主要包括以下几个步骤。

（1）导入Matplotlib扩展包及其子类。

（2）设置绘图的数据及参数。

（3）调用Matplotlib.pyplot子类的Plot（）、Pie（）、Bar（）、Hist（）、Scatter（）等函数进行绘图。

（4）设置绘图的X轴坐标、Y轴坐标、标题、网格线、图例等内容。

（5）调用show（）函数显示已绘制的图形。

Image_Processing_03_05.py

```
# coding:utf-8
import numpy as np
import matplotlib.pyplot as plt

#生成随机数表示点的坐标
x=np.random.randn(200)
y=np.random.randn(200)

#生成随机点的大小及颜色
size=50*np.random.randn(200)
colors=np.random.rand(200)
```

```
#用来正常显示中文标签
plt.rc('font',family='SimHei',size=13)

#用来正常显示负号
plt.rcParams['axes.unicode_minus']=False

#绘制散点图
plt.scatter(x,y,s=size,c=colors)

#设置 x、y 轴名称
plt.xlabel(u"x 坐标")
plt.ylabel(u"y 坐标")

#绘制标题
plt.title(u"Matplotlib 绘制散点图")

#显示图像
plt.show()
```

下面详细讲解这部分的核心代码。

x=np.random.randn（200）

y=np.random.randn（200）

调用 Numpy 库中 random.randn（）函数随机生成 x 和 y 变量，它表示点的坐标，即（x，y）。同样的方式设置点的大小和颜色为随机数。

import matplotlib.pyplot as plt

导入 matplotlib.pyplot 扩展包，pyplot 是用来画图的方法，重命名为 plt 变量方便调用，如显示图像时调用 plt.show（）函数即可，而不调用 matplotlib.pyplot.show（）函数。

plt.scatter（x，y，s=size，c=colors）

调用 scatter（）函数绘制散点图，并通过参数设置不同点的颜色及大小，其中，s 参数指定大小，c 参数指定颜色，随机为这 200 个点分配不同的大小及颜色。

plt.xlabel（u"x 坐标"）

plt.ylabel（u"y 坐标"）

表示绘制图形的 x 轴坐标标题和 y 轴坐标标题。

plt.title（u"Matplotlib 绘制散点图"）

设置绘制图形的标题为“Matplotlib 绘制散点图”。

plt.show（）

表示调用 pyplot.show（）将填充数据的图像显示出来。

最终输出如图 3-14 所示。

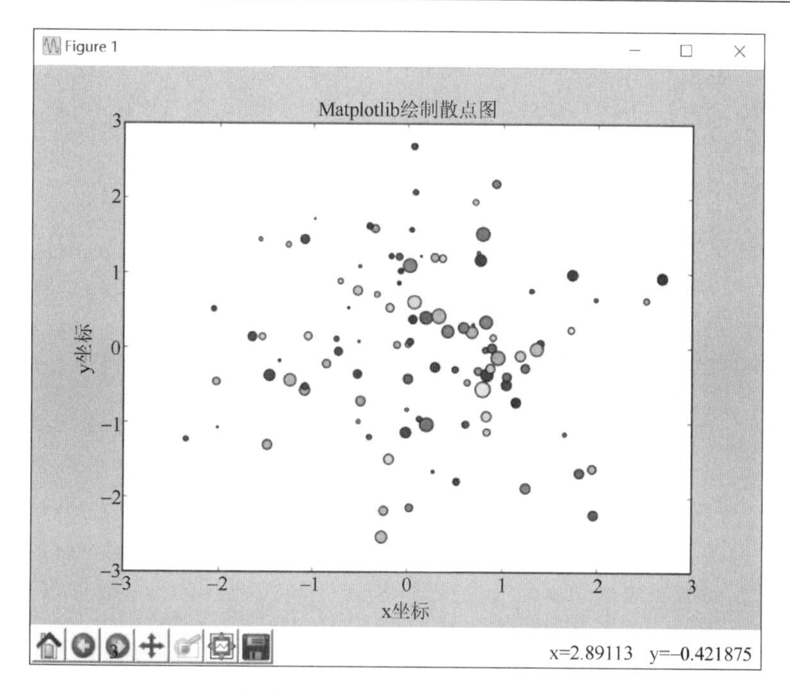

图 3-14　Matplotlib 绘制散点图

在 OpenCV 中，主要调用 Matplotlib 绘制显示多幅图形，从而方便实验对比，代码如下所示。它调用 cv2.imread（）函数分别读取四幅图像，并转换为 RGB 颜色空间（详见 4.8 节），接着通过 for 循环分别设置各子图对应的图像、标题及坐标轴名称，其中 plt.subplot（2，2）表示生成 2×2 幅子图。

Image_Processing_03_06.py

```
#-*-coding:utf-8-*-
import cv2
import numpy as np
import matplotlib.pyplot as plt

#读取图像
img1=cv2.imread('lena.png')
img1=cv2.cvtColor(img1, cv2.COLOR_BGR2RGB)

img2=cv2.imread('people.png')
img2=cv2.cvtColor(img2, cv2.COLOR_BGR2RGB)

img3=cv2.imread('flower.png')
img3=cv2.cvtColor(img3, cv2.COLOR_BGR2RGB)
```

```
img4=cv2.imread('scenery.png')
img4=cv2.cvtColor(img4, cv2.COLOR_BGR2RGB)

#显示四幅图像
titles=['lena','people','flower','scenery']
images=[img1,img2,img3,img4]
for i in xrange(4):
plt.subplot(2,2,i+1),plt.imshow(images[i],'gray')
plt.title(titles[i])
plt.xticks([]),plt.yticks([])
plt.show()
```

输出结果如图 3-15 所示，显示了四幅图像。在图像处理对比中，同时对比多种算法的处理效果是非常重要的手段之一。

图 3-15　Matplotlib 显示四幅子图

3.7　几何图形绘制

本节主要介绍 OpenCV 中几何图形的绘制方法，包括 cv2.line（）、cv2.circle（）、cv2.rectangle（）、cv2.ellipse（）、cv2.polylines（）、cv2.putText（）函数。

3.7.1　绘制直线

在 OpenCV 中，绘制直线需要获取直线的起点和终点坐标，调用 cv2.line（）函数实现该功能。该函数原型如下所示。

```
img=line(img,pt1,pt2,color[,thickness[,lineType[,shift]]])
```

（1）img 表示需要绘制直线的图像。

（2）pt1 表示线段第一个点的坐标。

（3）pt2 表示线段第二个点的坐标。

（4）color 表示线条颜色，需要传入一个 RGB 元组。

（5）thickness 表示线条粗细。

（6）lineType 表示线条的类型。

（7）shift 表示点坐标中的小数位数。

下面的代码是绘制一条直线，通过 np.zeros（）创建一幅黑色图像，接着调用 cv2.line（）绘制直线，参数包括起始坐标和颜色、粗细。

Image_Processing_03_07.py

```
#-*-coding:utf-8-*-
import cv2
import numpy as np

#创建黑色图像
img=np.zeros((256,256,3),np.uint8)

#绘制直线
cv2.line(img,(0,0),(255,255),(55,255,155),5)

#显示图像
cv2.imshow("line",img)

#等待显示
cv2.waitKey(0)
cv2.destroyAllWindows()
```

输出结果如图 3-16 所示，从坐标（0，0）到（255，255）绘制一条直线，其直线颜色为（55，255，155），粗细为 5。

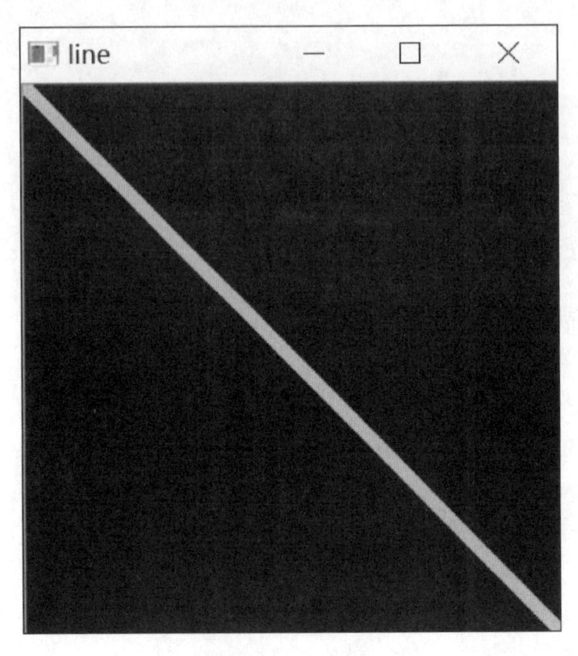

图 3-16　绘制直线

基本线条的绘制方法掌握之后，就能进行简单的变化，例如，下面的代码增加了一个简单循环，将图形绘制成了四部分。

Image_Processing_03_08.py

```
#-*-coding:utf-8-*-
import cv2
import numpy as np

#创建黑色图像
img=np.zeros((256,256,3),np.uint8)

#绘制直线
i=0
while i<255:
cv2.line(img,(0,i),(255,255-i),(55,255,155),5)
i=i+1

#显示图像
cv2.imshow("line",img)

#等待显示
```

```
cv2.waitKey(0)
cv2.destroyAllWindows()
```

输出结果如图 3-17 所示。

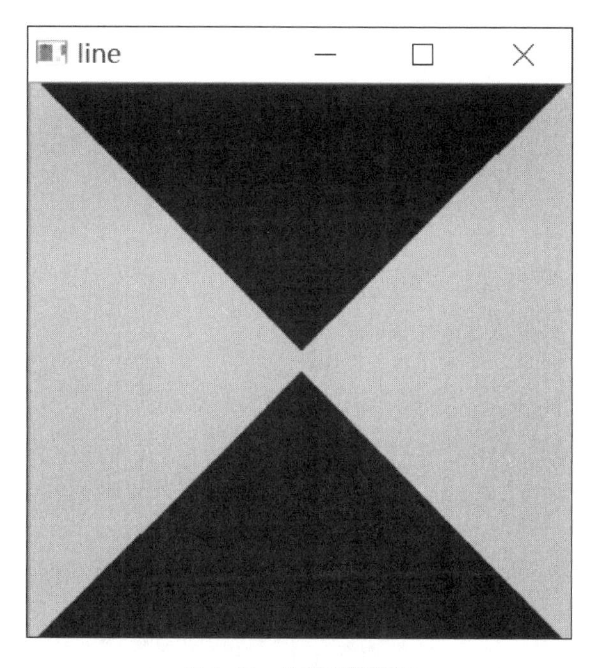

图 3-17　绘制直线图形

3.7.2　绘制矩形

在 OpenCV 中，绘制矩形通过 cv2.rectangle（）函数实现，该函数原型如下所示。

img=rectangle（img，pt1，pt2，color[，thickness[，lineType[，shift]]]）

（1）img 表示需要绘制矩形的图像。

（2）pt1 表示矩形的左上角位置坐标。

（3）pt2 表示矩形的右下角位置坐标。

（4）color 表示矩形的颜色。

（5）thickness 表示边框的粗细。

（6）lineType 表示线条的类型。

（7）shift 表示点坐标中的小数位数。

下面的代码是绘制一个矩形，通过 np.zeros（）创建一幅黑色图像，接着调用 cv2.rectangle（）绘制矩形。

Image_Processing_03_09.py

```
#-*-coding:utf-8-*-
import cv2
import numpy as np

#创建黑色图像
img=np.zeros((256,256,3),np.uint8)

#绘制矩形
cv2.rectangle(img,(20,20),(150,250),(255,0,0),2)

#显示图像
cv2.imshow("rectangle",img)

#等待显示
cv2.waitKey(0)
cv2.destroyAllWindows()
```

输出结果如图 3-18 所示，左上角坐标为（20，20），右下角坐标为（150，250），绘制的矩形颜色为（255，0，0），粗细为 2。

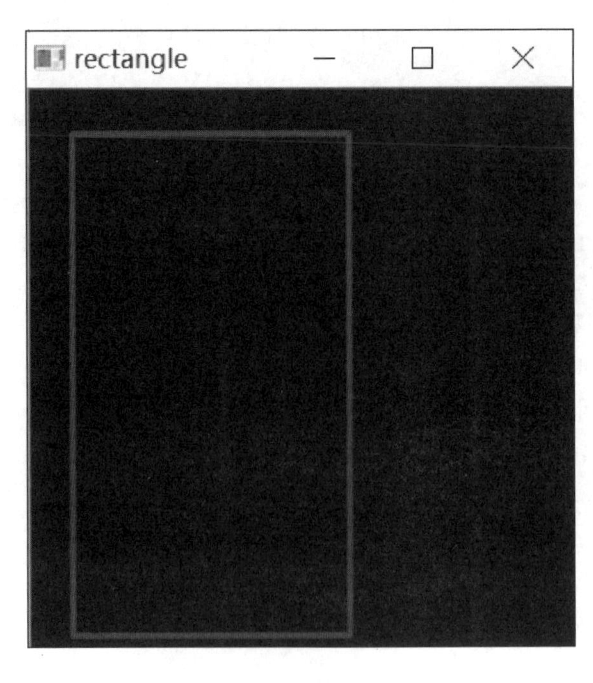

图 3-18　绘制矩形

3.7.3　绘制圆形

在 OpenCV 中，绘制圆形通过 cv2.circle（）函数实现，该函数原型如下所示。

img=circle(img,center,radius,color[,thickness[,lineType[,shift]]])

（1）img 表示需要绘制圆的图像。

（2）center 表示圆心坐标。

（3）radius 表示圆的半径。

（4）color 表示圆的颜色。

（5）thickness 如果为正值，表示圆轮廓的厚度；如果为负值则表示要绘制一个填充圆。

（6）lineType 表示圆的边界类型。

（7）shift 表示中心坐标和半径值中的小数位数。

如下是绘制一个圆形的代码。

Image_Processing_03_10.py

```
#-*-coding:utf-8-*-
import cv2
import numpy as np

#创建黑色图像
img=np.zeros((256,256,3),np.uint8)

#绘制圆形
cv2.circle(img,(100,100),50,(255,255,0),4)

#显示图像
cv2.imshow("circle",img)

#等待显示
cv2.waitKey(0)
cv2.destroyAllWindows()
```

输出结果如图 3-19 所示，它在圆心为（100，100）的位置，绘制了一个半径为 50、颜色为（255，255，0）、厚度为 4 的圆。

注意，如果将厚度设置为–1，则绘制的圆为实心，如图 3-20 所示。

cv2.circle（img，（100，100），50，（255，255，0），-1）

图 3-19　绘制圆形

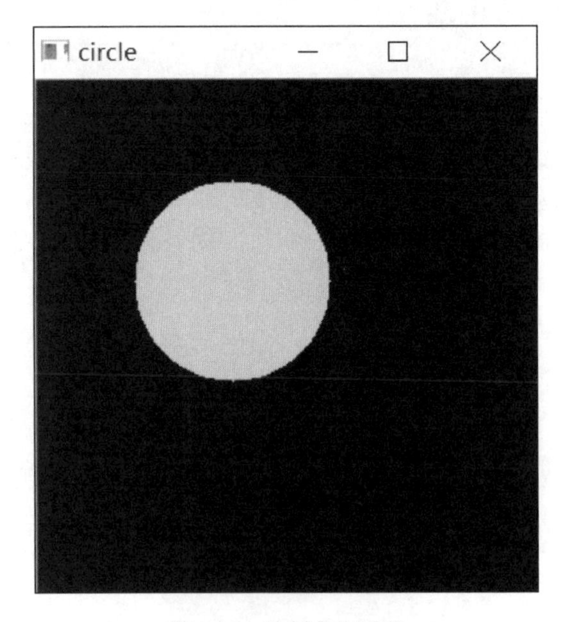

图 3-20　绘制实心圆形

3.7.4　绘制椭圆

在 OpenCV 中，绘制椭圆比较复杂，要多输入几个参数，如中心点的位置坐标、长轴和短轴的长度、椭圆沿逆时针方向旋转的角度等。cv2.ellipse（）函数原型如下所示。

```
img=ellipse(img,center,axes,angle,startAngle,endAngle,color[,thickness[,lineType[,shift]]])
```

（1）img 表示需要绘制椭圆的图像。

（2）center 表示椭圆圆心坐标。

（3）axes 表示轴的长度（短半径和长半径）。

（4）angle 表示偏转的角度（逆时针旋转）。

（5）startAngle 表示圆弧起始角的角度（逆时针旋转）。

（6）endAngle 表示圆弧终结角的角度（逆时针旋转）。

（7）color 表示线条的颜色。

（8）thickness 如果为正值，表示椭圆轮廓的厚度；如果为负值则表示要绘制一个填充椭圆。

（9）lineType 表示圆的边界类型。

（10）shift 表示中心坐标和轴值中的小数位数。

下面是绘制一个椭圆的代码。

Image_Processing_03_11.py

```
#-*-coding:utf-8-*-
import cv2
import numpy as np

#创建黑色图像
img=np.zeros((256,256,3),np.uint8)

#绘制椭圆
#椭圆中心(120,100),长轴和短轴为(100,50)
#偏转角度为20°
#圆弧起始角的角度0°,圆弧终结角的角度360°
#颜色(255,0,255),线条厚度2
cv2.ellipse(img,(120,100),(100,50),20,0,360,(255,0,255),2)

#显示图像
cv2.imshow("ellipse",img)

#等待显示
cv2.waitKey(0)
cv2.destroyAllWindows()
```

输出结果如图3-21所示，其椭圆中心为（120，100），长轴为100，短轴为50，偏转角度为20°，圆弧起始角的角度为0°，圆弧终结角的角度为360°，表示一个完整的椭圆。绘制的颜色为（255，0，255），厚度为2。

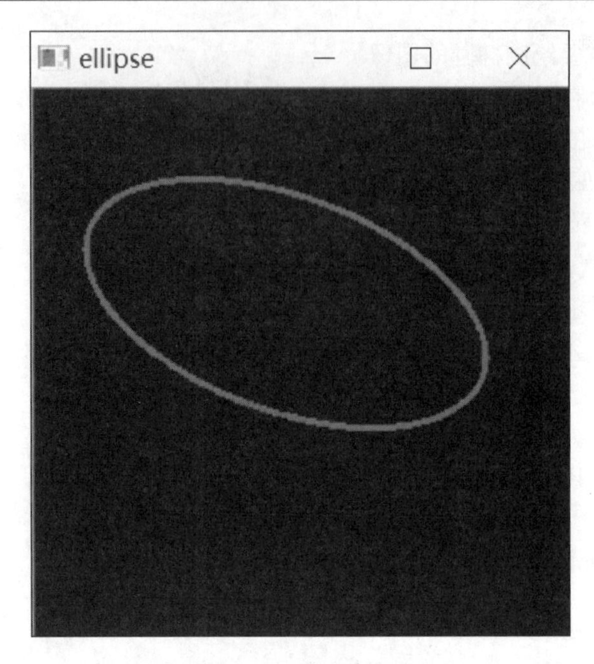

图 3-21　绘制椭圆

下面的代码是绘制一个实心椭圆。

Image_Processing_03_12.py

```
#-*-coding:utf-8-*-
import cv2
import numpy as np

#创建黑色图像
img=np.zeros((256,256,3),np.uint8)

#绘制椭圆
cv2.ellipse(img,(120,120),(120,80),40,0,360,(255,0,255),-1)

#显示图像
cv2.imshow("ellipse",img)

#等待显示
cv2.waitKey(0)
cv2.destroyAllWindows()
```

绘制如图 3-22 所示的图形。

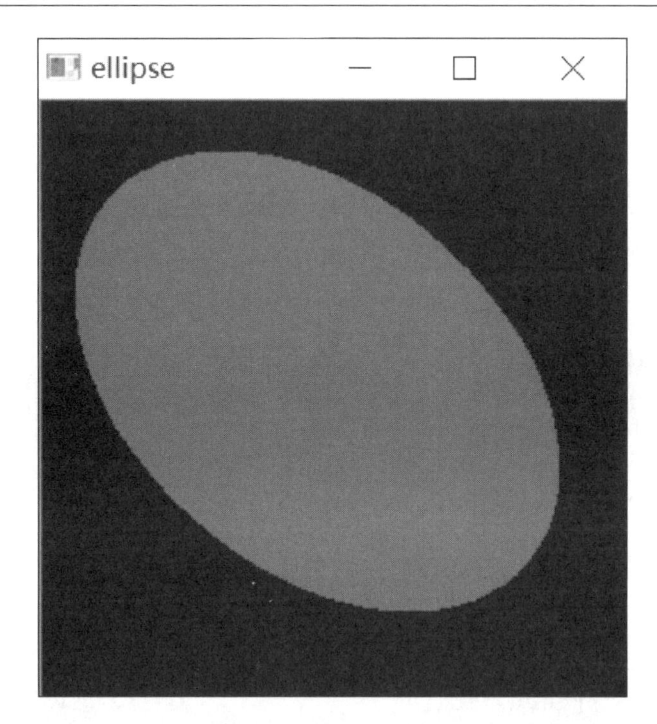

图 3-22　绘制实心椭圆

3.7.5　绘制多边形

在 OpenCV 中，调用 cv2.polylines ( ) 函数绘制多边形，它需要指定每个顶点的坐标，通过这些点构建多边形，其函数原型如下所示。

```
img=polylines(img,pts,isClosed,color[,thickness[,lineType[,s
hift]]])
```

（1）img 表示需要绘制的图像。

（2）center 表示多边形曲线阵列。

（3）isClosed 表示绘制的多边形是否闭合，False 表示不闭合。

（4）color 表示线条的颜色。

（5）thickness 表示线条厚度。

（6）lineType 表示边界类型。

（7）shift 表示顶点坐标中的小数位数。

下面是绘制一个多边形的代码。

Image_Processing_03_13.py

```
#-*-coding:utf-8-*-
import cv2
import numpy as np
```

```
#创建黑色图像
img=np.zeros((256,256,3),np.uint8)
#绘制多边形
pts=np.array([[10,80],[120,80],[120,200],[30,250]])
cv2.polylines(img,[pts],True,(255,255,255),5)

#显示图像
cv2.imshow("ellipse",img)

#等待显示
cv2.waitKey(0)
cv2.destroyAllWindows()
```

输出结果如图 3-23 所示，绘制的多边形为白色的闭合图形。

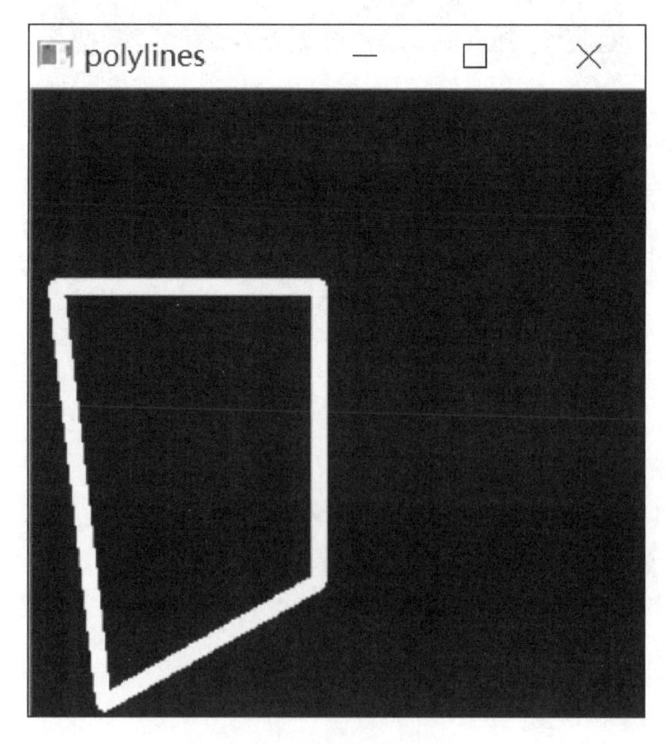

图 3-23　绘制多边形

下面是绘制一个五角星多边形的代码。

Image_Processing_03_14.py

```
#-*-coding:utf-8-*-
```

```
import cv2
import numpy as np

#创建黑色图像
img=np.zeros((512,512,3),np.uint8)
#绘制多边形
pts=np.array([[50,190],[380,420],[255,50],[120,420],[450,19
0]])
cv2.polylines(img,[pts],True,(0,255,255),10)

#显示图像
cv2.imshow("ellipse",img)

#等待显示
cv2.waitKey(0)
cv2.destroyAllWindows()
```

输出结果如图 3-24 所示，它将五个顶点左边分别连接起来，构成了一个五角星。

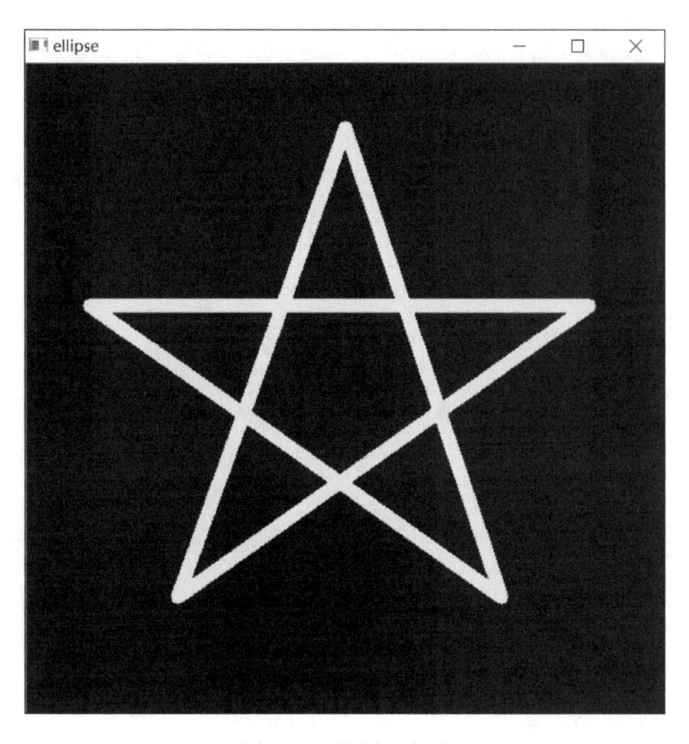

图 3-24　绘制五角星

3.7.6 绘制文字

在 OpenCV 中，调用 cv2.putText（）函数添加对应的文字，其函数原型如下所示。

img=putText(img,text,org,fontFace,fontScale,color[,thickness[,lineType[,bottomLeftOrigin]]])

（1）img 表示要绘制的图像。

（2）text 表示要绘制的文字。

（3）org 表示要绘制的位置，图像中文本字符串的左下角。

（4）fontFace 表示字体类型，具体查看 see cv::HersheyFonts。

（5）fontScale 表示字体的大小，计算为比例因子乘以字体特定的基本大小。

（6）color 表示字体的颜色。

（7）thickness 表示字体的粗细。

（8）lineType 表示边界类型。

（9）bottomLeftOrigin 如果为真，则图像数据原点位于左下角，否则它在左上角。

下面是绘制文字的代码。

Image_Processing_03_15.py

```
#-*-coding:utf-8-*-
import cv2
import numpy as np

#创建黑色图像
img=np.zeros((256,256,3),np.uint8)

#绘制文字
font=cv2.FONT_HERSHEY_SIMPLEX
cv2.putText(img,'I love Python!!! ',
(10,100),font,0.6,(255,255,0),2)

#显示图像
cv2.imshow("polylines",img)

#等待显示
cv2.waitKey(0)
cv2.destroyAllWindows()
```

输出结果如图 3-25 所示，绘制的文字为“I love Python ! ! !”。

图 3-25　绘制文字

3.8　本 章 小 结

本章首先普及了数字图像处理、像素、数字化处理等基础知识，然后介绍了 OpenCV 安装过程及常见数据类型、Numpy 和 Matplotlib 库在图像处理中的应用，最后详细介绍了几何图形绘制的方法。本章知识较为基础，将为后续的 Python 图像处理提供相关支持。

参 考 文 献

[1]　冈萨雷斯. 数字图像处理[M]. 3 版. 阮秋琦，阮宇智，等译. 北京：电子工业出版社，2013.

[2]　阮秋琦. 数字图像处理学[M]. 3 版. 北京：电子工业出版社，2008.

[3]　杨秀璋，颜娜. Python 网络数据爬取及分析从入门到精通（分析篇）[M]. 北京：北京航天航空大学出版社，2018.

[4]　张铮，王艳平，薛桂香，等. 数字图像处理与机器视觉——Visual C++与 Matlab 实现[M]. 北京：人民邮电出版社，2014.

第 4 章　Python 图像处理入门

本章主要介绍 Python 调用 OpenCV 中的函数实现图像处理的基础知识，包括读取显示图像、读取修改图像、创建复制保存图像、获取图像属性及通道、图像算术与逻辑运算、图像融合处理、获取图像 ROI 区域、图像类型转换等知识。

4.1　OpenCV 读取显示图像

3.5.1 节介绍了 OpenCV 显示图像的过程，它主要调用 imread（）和 imshow（）函数实现[1]。OpenCV 读取图像调用 imread（）函数，它将从指定的文件加载图像并返回矩阵，如果无法读取图像（因为缺少文件、权限不正确、格式不支持或图像无效等），则返回空矩阵（Mat：：data==NULL）[2]。OpenCV 中显示图像调用 imshow（）函数，它将在指定窗口中显示一幅图像，窗口自动调整为图像大小。同时，在显示图像过程中，通常还会调用两个操作窗口的函数，它们分别是 waitKey（）和 destroyAllWindows（）。

下面是示例程序，主要用于读取和加载经典的 Lena 图像。

Image_Processing_04_01.py

```
#-*-coding:utf-8-*-
import cv2

#读取图像
img=cv2.imread("Lena.png")

#显示图像
cv2.imshow("Demo",img)

#等待显示
cv2.waitKey(0)
cv2.destroyAllWindows()
```

输出结果如图 4-1 所示。

图 4-1　图像读取与显示

4.2　OpenCV 读取修改像素

OpenCV 中读取图像的像素值可以直接通过遍历图像的位置实现，如果是灰度图像则返回其灰度值，如果是彩色图像则返回蓝色（B）、绿色（G）、红色（R）三个分量值。其示例如下。

灰度图像:返回值=图像[位置参数]

```
test=img[88,42]
```

彩色图像:返回值=图像[位置元素，0|1|2]获取 BGR 三个通道像素

```
blue=img[88,142,0]green=img[88,142,1]red=img[88,142,2]
```

当需要修改图像中的像素时，定位指定像素并直接赋新像素值即可，彩色图像需要依次给三个分量赋值，如下所示。

Image_Processing_04_02.py

```
#-*-coding:utf-8-*-
import cv2

#读取图像
```

```
img=cv2.imread("Lena.png")

#读取像素
test=img[88,142]
print u"读取的像素值:",test

#修改像素
img[88,142]=[255,255,255]
print u"修改后的像素值:",test

#分别获取BGR通道像素
blue=img[88,142,0]
print u"蓝色分量",blue
green=img[88,142,1]
print u"绿色分量",green
red=img[88,142,2]
print u"红色分量",red

#显示图像
cv2.imshow("Demo",img)

#等待显示
cv2.waitKey(0)
cv2.destroyAllWindows()
```

读取的像素值及修改后的像素值结果如图 4-2 所示。

```
>>>
读取的像素值: [108 103 195]
修改后的像素值: [255 255 255]
蓝色分量 255
绿色分量 255
红色分量 255
>>>
```

图 4-2　读取与修改像素值的结果一

下面是将 100～200 行、150～250 列的像素区域设置为白色效果的代码。

Image_Processing_04_03.py

```
#-*-coding: utf-8-*-
import cv2

#读取图像
img=cv2.imread("Lena.png")

#该区域设置为白色
img[100:200,150:250]=[255,255,255]

#显示图像
cv2.imshow("Demo",img)

#等待显示
cv2.waitKey(0)
cv2.destroyAllWindows()
```

图 4-3 是最终显示的效果图，它将 img[100：200，150：250]区域显示为白色。

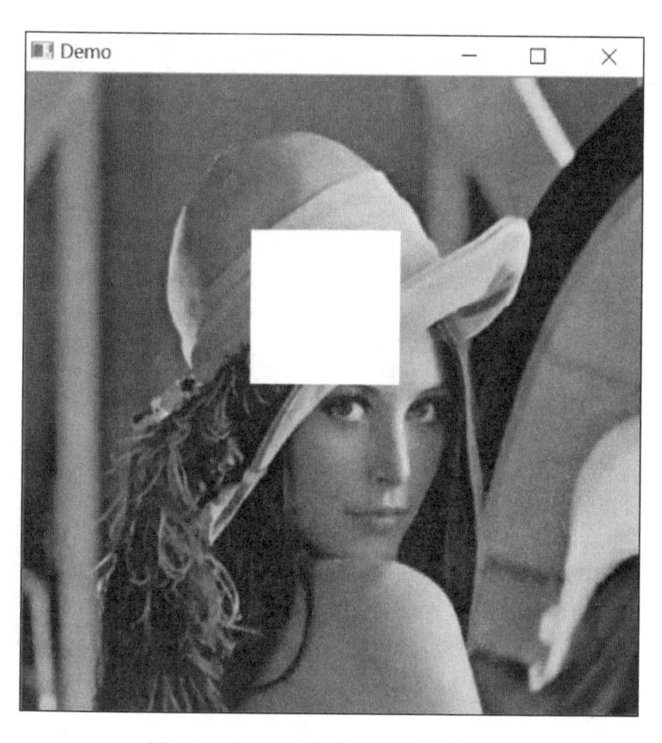

图 4-3　读取与修改像素值的结果二

以上是直接读取和修改图像像素的方法，下面介绍通过 Numpy 库读取像素和修改像素的方法。读取像素调用 item（）函数实现，修改像素调用 itemset（）函数实现，其原型如下所示。

使用 Numpy 进行像素读取，调用方式如下:

返回值=图像.item（位置参数）

```
blue=img.item(78,100,0)
```

使用 Numpy 的 itemset 函数修改像素，调用方式如下:

图像.itemset（位置，新值）

```
img.itemset((88,99),255)
```

实现代码如下所示。

Image_Processing_04_04.py

```
#-*-coding:utf-8-*-
import cv2
import numpy

#读取图像
img=cv2.imread("Lena.png")
print(type(img))

#Numpy 读取像素
Print(img.item(78,100,0))
Print(img.item(78,100,1))
Print(img.item(78,100,2))

#Numpy 修改像素
img.itemset((78,100,0),100)
img.itemset((78,100,1),100)
img.itemset((78,100,2),100)
print(img.item(78,100,0))
print(img.item(78,100,1))
print(img.item(78,100,2))
```

输出结果如图 4-4 所示，原始图像 BGR 像素值为 88、84、196，修改后的像素值为 100、100、100。

```
>>>
<type 'numpy.ndarray'>
88
84
196
100
100
100
>>>
```

图 4-4　读取与修改像素值的结果三

4.3　OpenCV 创建复制保存图像

由于在 OpenCV 中没有 CreateImage 函数，如果需要创建图像，则需要使用 Numpy 库函数实现。如下述代码，调用 np.zeros（）函数创建空图像，创建的新图像使用 Numpy 数组的属性来表示图像的尺寸和通道信息，其中，参数 img.shape 表示原始图像的形状，参数 np.uint8 表示类型。

```
emptyImage=np.zeros(img.shape,np.uint8)
```

例如，img.shape 为（500，300，3），它表示 500 像素×300 像素的图像，3 表示这是一个 RGB 图像。同时，可以复制原有图像来获取一幅新图像，调用 copy（）函数。

```
emptyImage2=img.copy()
```

以下是实现图像的创建和复制功能的代码。

Image_Processing_04_05.py

```
#-*-coding: utf-8-*-
import cv2
import numpy as np

#读取图像
img=cv2.imread("Lena.png")

#创建空图像
emptyImage=np.zeros(img.shape,np.uint8)

#复制图像
emptyImage2=img.copy()
```

```
#显示图像
cv2.imshow("Demo1",img)
cv2.imshow("Demo2",emptyImage)
cv2.imshow("Demo3",emptyImage2)

#等待显示
cv2.waitKey(0)
cv2.destroyAllWindows()
```

最终输出结果如图 4-5 所示，图 4-5（a）表示原始图像，图 4-5（b）表示创建的空白图像，图 4-5（c）表示复制的图像。

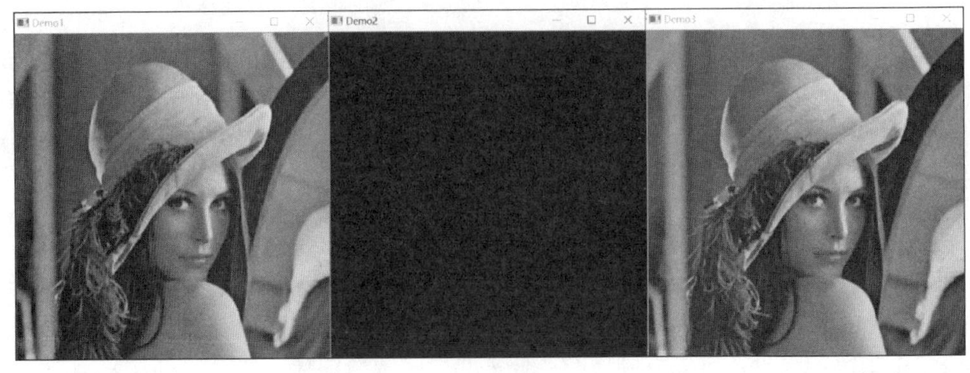

(a)原始图像　　(b)空白图像　　(c)复制图像

图 4-5　创建与复制图像

在 OpenCV 中，输出图像到文件使用的函数为 imwrite（），其函数原型如下。

```
retval=imwrite(filename,img[,params])
```

（1）filename 表示要保存的路径及文件名。

（2）img 表示图像矩阵。

（3）params 表示特定格式保存的参数编码，默认值为空。对于 JPEG 图片，该参数（cv2.IMWRITE_JPEG_QUALITY）表示图像的质量，用 0～100 的整数表示，默认值为 95。对于 PNG 图片，该参数（cv2.IMWRITE_PNG_COMPRESSION）表示的是压缩级别，从 0～9，压缩级别越高，图像尺寸越小，默认级别为 3。对于 PPM、PGM、PBM 图像，该参数表示一个二进制格式的标志（cv2.IMWRITE_PXM_BINARY）[2]。注意，该类型为 Long，必须转换成 int。

下面是一个调用 imwrite（）函数输出图像到指定的文件的代码。

Image_Processing_04_06.py

```
#-*-coding:utf-8-*-
import cv2
```

```
import numpy as np

#读取图像
img=cv2.imread("Lena.png")

#显示图像
cv2.imshow("Demo",img)

#保存图像
cv2.imwrite("dst1.jpg",img,[int(cv2.IMWRITE_JPEG_QUALITY),5])
cv2.imwrite("dst2.jpg",img,[int(cv2.IMWRITE_JPEG_QUALITY),1
00])
cv2.imwrite("dst3.png",img,[int(cv2.IMWRITE_PNG_COMPRESSIO
N),0])
cv2.imwrite("dst4.png",img,[int(cv2.IMWRITE_PNG_COMPRESSIO
N),9])

#等待显示
cv2.waitKey(0)
cv2.destroyAllWindows()
```

原始图像 Lena.jpg 大小为 222KB，调用 imwrite（）函数输出保存的图像共四幅，如图 4-6 所示，其中图 4-6（a）被压缩，大小为 4.90KB，图 4-6（b）大小为 99.1KB，图 4-6（c）大小为 499KB，图 4-6（d）大小为 193KB。

(a) dst1.jpg

(b) dst2.jpg

(a) dst3.jpg

(b) dst4.jpg

图 4-6　保存图像

4.4　获取图像属性及通道

本节将详细介绍获取图像属性、图像通道处理。

4.4.1　图像属性

图像最常见的属性包括三个：图像形状（shape）、像素大小（size）和图像类型（dtype）。

1.　shape

通过 shape 关键字获取图像的形状，返回包含行数、列数、通道数的元组。其中灰度图像返回行数和列数，彩色图像返回行数、列数和通道数。

Image_Processing_04_07.py

```
#-*-coding:utf-8-*-
import cv2
import numpy

#读取图像
img=cv2.imread("Lena.png")

#获取图像形状
print(img.shape)

#显示图像
cv2.imshow("Demo",img)

#等待显示
cv2.waitKey(0)
cv2.destroyAllWindows()
```

最终输出结果如图 4-7 所示，（413L，412L，3L）表示该图像共 413 行、412 列像素，包括 3 个通道。

2. size

通过 size 关键字获取图像的像素大小，其中灰度图像返回行数×列数，彩色图像返回行数×列数×通道数。下面就是获取 Lena.jpg 图像大小的代码。

图 4-7　输出图像形状

Image_Processing_04_08.py

```
#-*-coding:utf-8-*-
import cv2
import numpy

#读取图像
img=cv2.imread("Lena.png")

#获取图像形状
print(img.shape)

#获取像素数目
print(img.size)
```

输出结果如图 4-8 所示，包含 510 468 个像素，即 413×412×3。

图 4-8　获取图像像素数目

3. dtype

通过 dtype 关键字获取图像的数据类型，通常返回 uint8。

Image_Processing_04_09.py

```
#-*-coding:utf-8-*-
import cv2
import numpy

#读取图像
img=cv2.imread("Lena.png")

#获取图像形状
print(img.shape)

#获取像素数目
print(img.size)

#获取图像数据类型
print(img.dtype)
```

输出结果如下所示。

```
(413L,412L,3L)
510468
uint8
```

4.4.2　图像通道处理

OpenCV 通过 split（）函数和 merge（）函数实现对图像通道的处理。图像通道处理包括通道分离和通道合并。

1. split（）函数

OpenCV 读取的彩色图像由蓝色（B）、绿色（G）、红色（R）三原色组成，每一种颜色可以认为是一个通道分量，如图 4-9 所示。

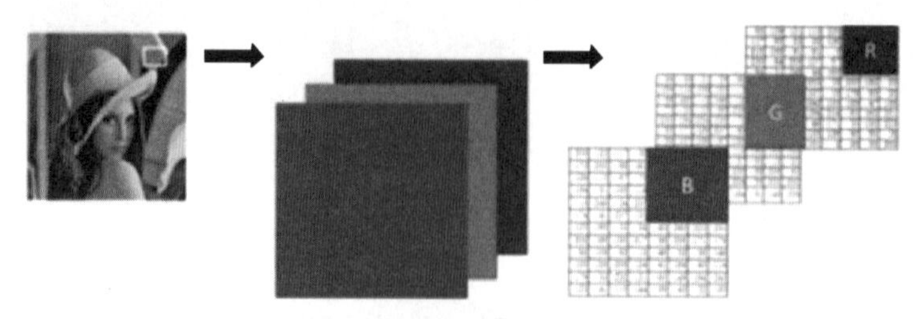

图 4-9　彩色图像 BGR 通道

split（）函数用于将一个多通道数组分离成三个单通道，其函数原型如下所示。

mv=split(m[,mv])

（1）m 表示输入的多通道数组。

（2）mv 表示输出的数组或 vector 容器。

下面是获取彩色 Lena 图像三个颜色通道并分别显示的代码。

Image_Processing_04_10.py

```
#-*-coding:utf-8-*-
import cv2
import numpy

#读取图像
img=cv2.imread("Lena.png")

#拆分通道
b,g,r=cv2.split(img)

#b=img[: ,: ,0]
#g=img[: ,: ,1]
#r=img[: ,: ,2]

#显示原始图像
cv2.imshow("B",b)
cv2.imshow("G",g)
cv2.imshow("R",r)

#等待显示
cv2.waitKey(0)
cv2.destroyAllWindows()
```

显示结果如图 4-10 所示，它展示了 B、G、R 三个通道的颜色分量。也可以获取不同通道颜色，核心代码为

```
b=cv2.split(a)[0]
g=cv2.split(a)[1]
r=cv2.split(a)[2]
```

图 4-10　显示彩色图像 BGR 通道图像

2. merge（）函数

该函数是 split（）函数的逆向操作，将多个数组合成一个通道的数组，从而实现图像通道的合并，其函数原型如下。

```
dst=merge(mv[,dst])
```

（1）mv 表示输入的需要合并的数组，所有矩阵必须有相同的大小和深度。

（2）dst 表示输出的具有与 mv[0]相同大小和深度的数组。

以下代码实现了图像三个颜色通道的合并。

Image_Processing_04_11.py

```
#-*-coding:utf-8-*-
import cv2
import numpy as np

#读取图像
img=cv2.imread("Lena.png")

#拆分通道
b,g,r=cv2.split(img)

#合并通道
m=cv2.merge([b,g,r])
cv2.imshow("Merge",m)

#等待显示
cv2.waitKey(0)
cv2.destroyAllWindows()
```

显示结果如图 4-11 所示，它将拆分的 B、G、R 三个通道的颜色分量进行了合并，然后显示合并后的图像。

图 4-11　合并 BGR 通道后的图像

同时，可以调用该函数提取图像的不同颜色，例如，提取 B 颜色通道，G、R 通道设置为 0。代码如下所示。

Image_Processing_04_12.py

```
#-*-coding:utf-8-*-
import cv2
import numpy as np

#读取图像
img=cv2.imread("Lena.png")
rows,cols,chn=img.shape

#拆分通道
b=cv2.split(img)[0]

#设置 g、r 通道为 0
g=np.zeros((rows,cols),dtype=img.dtype)
r=np.zeros((rows,cols),dtype=img.dtype)

#合并通道
m=cv2.merge([b,g,r])
```

```
cv2.imshow("Merge",m)

#等待显示
cv2.waitKey(0)
cv2.destroyAllWindows()
```

此时显示的图像为蓝色通道，如图 4-12 所示，其他颜色的通道方法也类似。

图 4-12　显示合并蓝色通道的图像

4.5　图像算术与逻辑运算

本节主要介绍图像的算法运算和逻辑运算，包括图像加法运算、图像减法运算、图像与运算、图像或运算、图像异或运算、图像非运算。

4.5.1　图像加法运算

图像加法运算主要有两种方法。第一种是调用 Numpy 库实现，目标图像像素为两幅图像的像素之和；第二种是通过 OpenCV 调用 add（）函数实现。本节主要介绍第二种方法，其函数原型如下。

```
dst=add(src1,src2[,dst[,mask[,dtype]]])
```

（1）src1 表示第一幅图像的像素矩阵。

（2）src2 表示第二幅图像的像素矩阵。

（3）dst 表示输出的图像，必须与输入图像具有相同的大小和通道数。

（4）mask 表示可选操作掩码（8 位单通道数组），用于指定要更改的输出数组的元素。

（5）dtype 表示输出数组的可选深度。

注意，当两幅图像的像素值相加结果小于等于255时，输出图像直接赋值该结果，如120 + 48 赋值为168；如果相加值大于255，则输出图像的像素结果设置为255，如255 + 64 赋值为255。下面的代码实现了图像加法运算。

Image_Processing_04_13.py

```
#coding:utf-8
import cv2
import numpy as np

#读取图像
img=cv2.imread("Lena.png")

#图像各像素加100
m=np.ones(img.shape,dtype="uint8")*100

#OpenCV 加法运算
result=cv2.add(img,m)

#显示图像
cv2.imshow("original",img)
cv2.imshow("result",result)

#等待显示
cv2.waitKey(0)
cv2.destroyAllWindows()
```

输出结果如图4-13所示，图4-13（a）为原始图像，图4-13（b）为增加100像素后的图像，输出图像显示偏白。

4.5.2　图像减法运算

图像减法运算主要调用subtract（）函数实现，其原型如下所示。

dst=subtract(src1,src2[,dst[,mask[,dtype]]])

（1）src1 表示第一幅图像的像素矩阵。

（2）src2 表示第二幅图像的像素矩阵。

（3）dst 表示输出的图像，必须与输入图像具有相同的大小和通道数。

（4）mask 表示可选操作掩码（8位单通道数组），用于指定要更改的输出数组的元素。

(a)原始图像　　(b)增加100像素后的图像

图 4-13　图像加法运算

（5）dtype 表示输出数组的可选深度。

实现代码如下。

Image_Processing_04_14.py

```
#coding:utf-8
import cv2
import numpy as np

#读取图像
img=cv2.imread("Lena.png")

#图像各像素减 50
m=np.ones(img.shape,dtype="uint8")*50

#OpenCV 减法运算
result=cv2.subtract(img,m)

#显示图像
cv2.imshow("original",img)
cv2.imshow("result",result)

#等待显示
cv2.waitKey(0)
cv2.destroyAllWindows()
```

输出如图 4-14 所示，图 4-14（a）为原始图像，图 4-14（b）为减少 50 像素后的图像，输出图像显示偏暗。

(a)原始图像　　(a)减少50像素后的图像

图 4-14　图像减法运算

4.5.3　图像与运算

与运算是计算机中一种基本的逻辑运算方式，符号表示为&，其运算规则为 0&0 = 0、0&1 = 0、1&0 = 0、1&1 = 1。图像的与运算是指两幅图像（灰度图像或彩色图像均可）的每个像素值进行二进制与操作，实现图像裁剪。

```
dst=bitwise_and(src1,src2[,dst[,mask]])
```

（1）src1 表示第一幅图像的像素矩阵。

（2）src2 表示第二幅图像的像素矩阵。

（3）dst 表示输出的图像，必须与输入图像具有相同的大小和通道数。

（4）mask 表示可选操作掩码（8 位单通道数组），用于指定要更改的输出数组的元素。

下面是通过图像与运算实现图像剪裁功能的代码。

Image_Processing_04_15.py

```
#coding:utf-8
import cv2
import numpy as np

#读取图像
img=cv2.imread("Lena.png",cv2.IMREAD_GRAYSCALE)

#获取图像宽和高
rows,cols=img.shape[: 2]
print rows,cols
```

```
#画圆形
circle=np.zeros((rows,cols),dtype="uint8")
cv2.circle(circle,(rows/2,cols/2),80,255,-1)
print circle.shape
print img.size,circle.size

#OpenCV 图像与运算
result=cv2.bitwise_and(img,circle)

#显示图像
cv2.imshow("original",img)
cv2.imshow("circle",circle)
cv2.imshow("result",result)

#等待显示
cv2.waitKey(0)
cv2.destroyAllWindows()
```

输出结果如图 4-15 所示，原始图像与圆形进行与运算之后，提取了其中心轮廓。同时输出图像的形状为 256 像素×256 像素，图像大小为 65 536 像素。注意，两幅进行与运算的图像大小和类型必须一致。

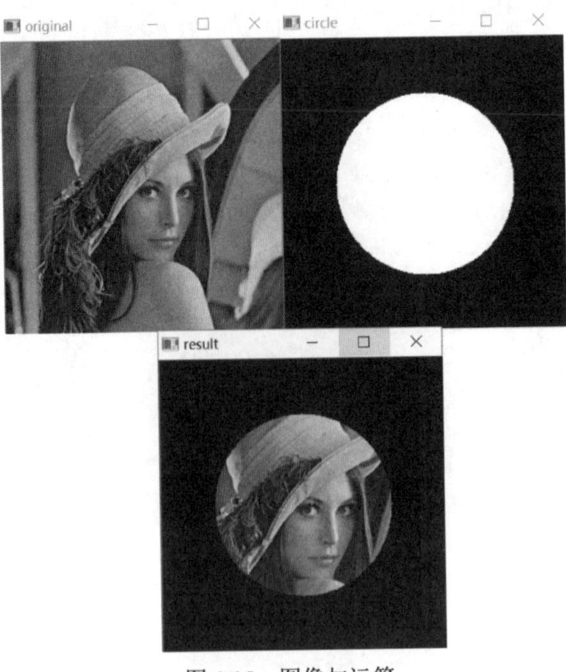

图 4-15　图像与运算

4.5.4　图像或运算

逻辑或运算是指如果一个操作数或多个操作数为 true，则逻辑或运算符返回布尔值 true；只有全部操作数为 false，结果才是 false。图像的或运算是指两幅图像（灰度图像或彩色图像均可）的每个像素值进行二进制或操作，实现图像裁剪。其函数原型如下所示。

dst=bitwise_or(src1,src2[,dst[,mask]])

（1）src1 表示第一幅图像的像素矩阵。

（2）src2 表示第二幅图像的像素矩阵。

（3）dst 表示输出的图像，必须与输入图像具有相同的大小和通道数。

（4）mask 表示可选操作掩码（8 位单通道数组），用于指定要更改的输出数组的元素。

下面是通过图像或运算实现图像剪裁功能的代码。

Image_Processing_04_16.py

```
#coding:utf-8
import cv2
import numpy as np

#读取图像
img=cv2.imread("Lena.png",cv2.IMREAD_GRAYSCALE)

#获取图像宽和高
rows,cols=img.shape[: 2]
print rows,cols

#画圆形
circle=np.zeros((rows,cols),dtype="uint8")
cv2.circle(circle,(rows/2,cols/2),80,255,-1)
print circle.shape
print img.size,circle.size

#OpenCV 图像或运算
result=cv2.bitwise_or(img,circle)

#显示图像
cv2.imshow("original",img)
cv2.imshow("circle",circle)
cv2.imshow("result",result)
```

```
#等待显示
cv2.waitKey(0)
cv2.destroyAllWindows()
```

输出结果如图 4-16 所示，原始图像与圆形进行或运算之后，提取了图像除中心圆形之外的像素值。

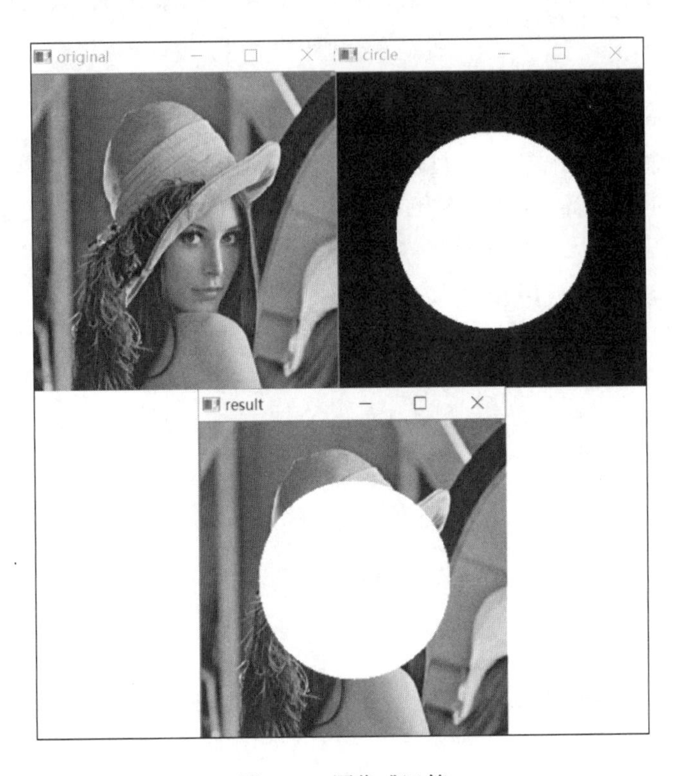

图 4-16　图像或运算

4.5.5　图像异或运算

逻辑异或运算（xor）是一个数学运算符，数学符号为⊕，计算机符号为 xor，其运算法则为：如果 a、b 两个值不相同，则异或结果为 1；如果 a、b 两个值相同，则异或结果为 0。图像的异或运算是指两幅图像（灰度图像或彩色图像均可）的每个像素值进行二进制异或操作，实现图像裁剪。其函数原型如下所示。

```
dst=bitwise_xor(src1,src2[,dst[,mask]])
```

（1）src1 表示第一幅图像的像素矩阵。

（2）src2 表示第二幅图像的像素矩阵。

（3）dst 表示输出的图像，必须与输入图像具有相同的大小和通道数。

（4）mask 表示可选操作掩码（8 位单通道数组），用于指定要更改的输出数组的元素。

图像异或运算的实现代码如下所示。

Image_Processing_04_17.py

```
#coding:utf-8
import cv2
import numpy as np

#读取图像
img=cv2.imread("Lena.png",cv2.IMREAD_GRAYSCALE)

#获取图像宽和高
rows,cols=img.shape[: 2]
print rows,cols

#画圆形
circle=np.zeros((rows,cols),dtype="uint8")
cv2.circle(circle,(rows/2,cols/2),80,255,-1)
print circle.shape
print img.size,circle.size

#OpenCV 图像异或运算
result=cv2.bitwise_xor(img,circle)

#显示图像
cv2.imshow("original",img)
cv2.imshow("circle",circle)
cv2.imshow("result",result)

#等待显示
cv2.waitKey(0)
cv2.destroyAllWindows()
```

原始图像与圆形进行异或运算之后输出结果如图 4-17 所示。

4.5.6　图像非运算

图像非运算就是图像的像素反色处理，它将原始图像的黑色像素点转换为白色像素点，白色像素点则转换为黑色像素点，其函数原型如下。

图 4-17　图像异或运算

dst=bitwise_not(src1,src2[,dst[,mask]])

（1）src1 表示第一幅图像的像素矩阵。

（2）src2 表示第二幅图像的像素矩阵。

（3）dst 表示输出的图像，必须与输入图像具有相同的大小和通道数。

（4）mask 表示可选操作掩码（8 位单通道数组），用于指定要更改的输出数组的元素。

图像非运算的实现代码如下所示。

Image_Processing_04_18.py

```
#coding:utf-8
import cv2
import numpy as np

#读取图像
img=cv2.imread("Lena.png",cv2.IMREAD_GRAYSCALE)

#OpenCV 图像非运算
result=cv2.bitwise_not(img)
```

```
#显示图像
cv2.imshow("original",img)
cv2.imshow("result",result)

#等待显示
cv2.waitKey(0)
cv2.destroyAllWindows()
```

原始图像非运算之后输出结果如图 4-18 所示。

图 4-18　图像非运算

4.6　图像融合处理

图像融合通常是指将两幅或两幅以上的图像信息融合到一幅图像上，融合的图像含有更多的信息，更方便人们观察或计算机处理。如图 4-19 所示，它将两幅不清晰的图像融合得到更清晰的图。

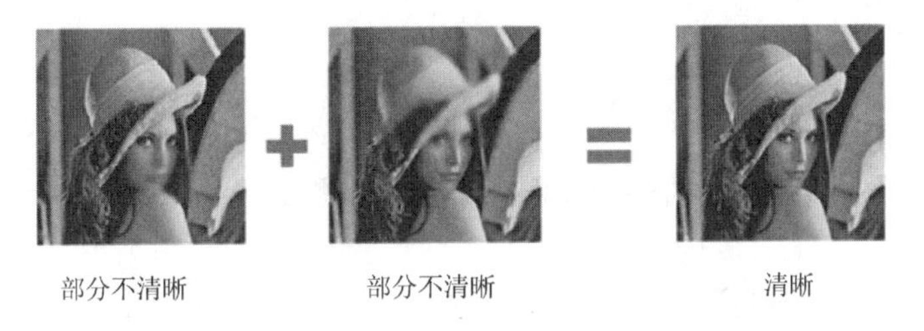

图 4-19　图像融合原理

图像融合是在图像加法的基础上增加了系数和亮度调节量，与图像加法的主要区别如下。

（1）图像加法：目标图像=图像 1 + 图像 2。

（2）图像融合：目标图像=图像 1×系数 1 + 图像 2×系数 2 + 亮度调节量。

在 OpenCV 中，图像融合主要调用 addWeighted（）函数实现，其原型如下。需要注意的是，两幅融合图像的像素大小必须一致，参数 gamma 不能省略[7]。

```
dst=cv2.addWeighted(scr1,alpha,src2,beta,gamma)
dst=src1*alpha+src2*beta+gamma
```

下面是将两幅图像进行图像融合的代码，两幅图像的系数均为 1。

Image_Processing_04_19.py

```
#encoding:utf-8
import cv2
import numpy as np
import matplotlib.pyplot as plt

#读取图像
src1=cv2.imread('Lena.png')
src2=cv2.imread('Na.png')

#图像融合
result=cv2.addWeighted(src1,1,src2,1,0)

#显示图像
cv2.imshow("src1",src1)
cv2.imshow("src2",src2)
cv2.imshow("result",result)

#等待显示
cv2.waitKey(0)
cv2.destroyAllWindows()
```

输出结果如图 4-20 所示，它将 src1 图像和 src2 图像按比例系数进行了融合，生成目标结果图 result。

同样，可以设置不同的融合比例，如函数设为 cv2.addWeighted（src1，0.6，src2，0.8，10），则输出的结果如图 4-21 所示。

图 4-20　图像融合实验一

图 4-21　图像融合实验二

4.7 获取图像 ROI 区域

ROI（region of interest）表示感兴趣区域，是指从被处理图像以方框、圆形、椭圆、不规则多边形等方式勾勒出需要处理的区域。可以通过各种算子（Operator）和函数求得ROI 区域，广泛应用于热点地图、人脸识别、图像分割等领域。图 4-22 是获取 Lena 图的脸部轮廓。

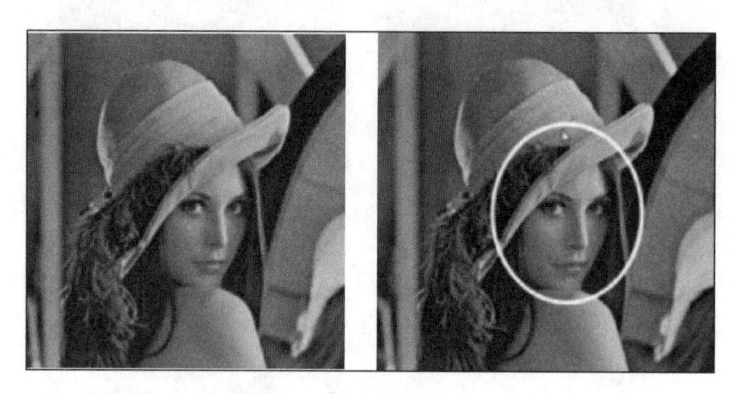

图 4-22 获取图像 ROI 区域

通过像素矩阵可以直接获取 ROI 区域，如 img[200：400，200：400]。下面是获取脸部 ROI 区域并显示的代码。

Image_Processing_04_20.py

```
#-*-coding:utf-8-*-
import cv2
import numpy as np

#读取图像
img=cv2.imread("Lena.png")

#定义 200×200 矩阵 3 对应 BGR
face=np.ones((200,200,3))

#显示原始图像
cv2.imshow("Demo",img)

#显示 ROI 区域
face=img[150：350,150:350]
```

```
cv2.imshow("face",face)

#等待显示
cv2.waitKey(0)
cv2.destroyAllWindows()
```

输出结果如图 4-23 所示，它将 Lena 原图的脸部提取出来。

图 4-23　图像脸部提取

同样，如果想将提取的 ROI 区域融合至其他图像，则使用赋值语句即可。下面是将提取的 Lena 脸部轮廓融合至一幅新的图像中的代码。

Image_Processing_04_21.py

```
#-*-coding:utf-8-*-
import cv2
import numpy as np

#读取图像
img=cv2.imread("Lena.png")
test=cv2.imread("test.jpg",)

#定义 150×150 矩阵 3 对应 BGR
face=np.ones((150,150,3))

#显示原始图像
```

```
cv2.imshow("Demo",img)

#显示 ROI 区域
face=img[200: 350,200: 350]
test[250:400,250:400]=face
cv2.imshow("Result",test)

#等待显示
cv2.waitKey(0)
cv2.destroyAllWindows()
```

运行结果如图 4-24 所示，它将提取的 150 像素×150 像素脸部轮廓融合至新的图像[250：400，250：400]区域。

图 4-24　两幅图像融合

4.8　图像类型转换

在日常生活中，我们看到的大多数彩色图像都是 RGB 类型，但是在图像处理过程中，常常需要用到灰度图像、二值图像、HSV（hue，saturation，value，色调，饱和度，明度）、HIS（hue，saturation，intensity，色调，饱和度，强度）等。图像类型转换是指将一种类型转换为另一种类型，例如，彩色图像转换为灰度图像、BGR 图像转换为 RGB 图像。OpenCV 提供了 200 多种不同类型之间的转换，其中最常用的包括以下三类。

（1）cv2.COLOR_BGR2GRAY。

（2）cv2.COLOR_BGR2RGB。

（3）cv2.COLOR_GRAY2BGR。

OpenCV 提供了 cvtColor（）函数来实现这些功能。其函数原型如下所示。

```
dst=cv2.cvtColor(src,code[,dst[,dstCn]])
```

（1）src 表示输入图像，需要进行颜色空间变换的原图像。

（2）code 表示转换的代码或标识。

（3）dst 表示输出图像，其大小和深度与 src 一致。

（4）dstCn 表示目标图像通道数，其值为 0 时，由 src 和 code 决定。

该函数的作用是将一幅图像从一个颜色空间转换到另一个颜色空间，其中，RGB 是指 Red、Green 和 Blue，一幅图像由这三个通道（channel）构成；Gray 表示只有灰度值一个通道；HSV 包含色调、饱和度和明度三个通道。在 OpenCV 中，常见的颜色空间转换标识包括 CV_BGR2BGRA、CV_RGB2GRAY、CV_GRAY2RGB、CV_BGR2HSV、CV_BGR2XYZ、CV_BGR2HLS 等。

下面是调用 cvtColor（）函数将图像进行灰度化处理的代码。

Image_Processing_04_22.py

```
#encoding:utf-8
import cv2
import numpy as np
import matplotlib.pyplot as plt

#读取图像
src=cv2.imread('Lena.png')

#图像类型转换
result=cv2.cvtColor(src,cv2.COLOR_BGR2GRAY)

#显示图像
cv2.imshow("src",src)
cv2.imshow("result",result)

#等待显示
cv2.waitKey(0)
cv2.destroyAllWindows()
```

输出结果如图 4-25 所示，它将彩色图像转换为灰度图像，更多灰度转化的算法参考 7.2 节。

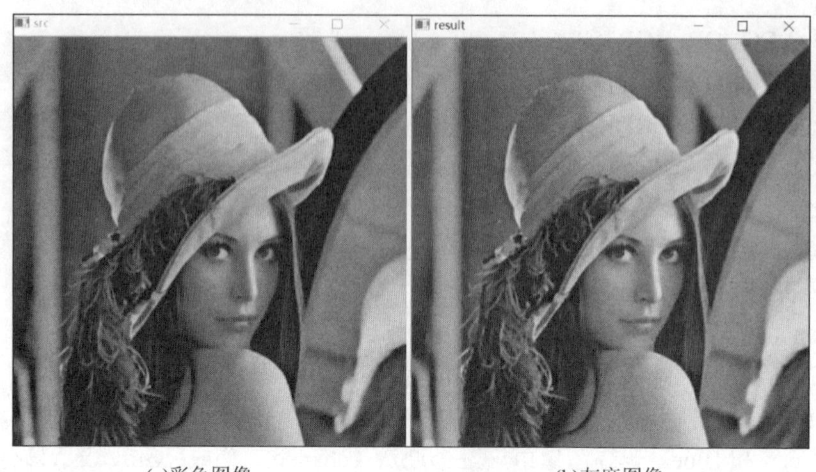

(a)彩色图像　(b)灰度图像

图 4-25　图像灰度化处理

同样，可以调用 grayImage=cv2.cvtColor（src，cv2.COLOR_BGR2HSV）核心代码将彩色图像转换为 HSV 颜色空间，如图 4-26 所示。

(a) 彩色图像　(b) HSV转换图像

图 4-26　图像 HSV 转换

下面的代码对比了九种常见的颜色空间，包括 BGR、RGB、GRAY、HSV、YCrCb、HLS、XYZ、LAB 和 YUV，并循环显示处理后的图像。

Image_Processing_04_23.py

```
#-*-coding: utf-8-*-
import cv2
import numpy as np
import matplotlib.pyplot as plt
```

```
#读取原始图像
img_BGR=cv2.imread('miao.png')

#BGR转换为RGB
img_RGB=cv2.cvtColor(img_BGR,cv2.COLOR_BGR2RGB)

#灰度化处理
img_GRAY=cv2.cvtColor(img_BGR,cv2.COLOR_BGR2GRAY)

#BGR转HSV
img_HSV=cv2.cvtColor(img_BGR,cv2.COLOR_BGR2HSV)

#BGR转YCrCb
img_YCrCb=cv2.cvtColor(img_BGR,cv2.COLOR_BGR2YCrCb)

#BGR转HLS
img_HLS=cv2.cvtColor(img_BGR,cv2.COLOR_BGR2HLS)

#BGR转XYZ
img_XYZ=cv2.cvtColor(img_BGR,cv2.COLOR_BGR2XYZ)

#BGR转LAB
img_LAB=cv2.cvtColor(img_BGR,cv2.COLOR_BGR2LAB)

#BGR转YUV
img_YUV=cv2.cvtColor(img_BGR,cv2.COLOR_BGR2YUV)

#调用matplotlib显示处理结果
titles=['BGR','RGB','GRAY','HSV','YCrCb','HLS','XYZ','LAB','YU
V']
images=[img_BGR,img_RGB,img_GRAY,img_HSV,img_YCrCb,
img_HLS,img_XYZ,img_LAB,img_YUV]
for i in xrange(9):
plt.subplot(3,3,i+1),plt.imshow(images[i],'gray')
plt.title(titles[i])
plt.xticks([]),plt.yticks([])
```

```
plt.show()
```

其运行结果如图 4-27 所示。

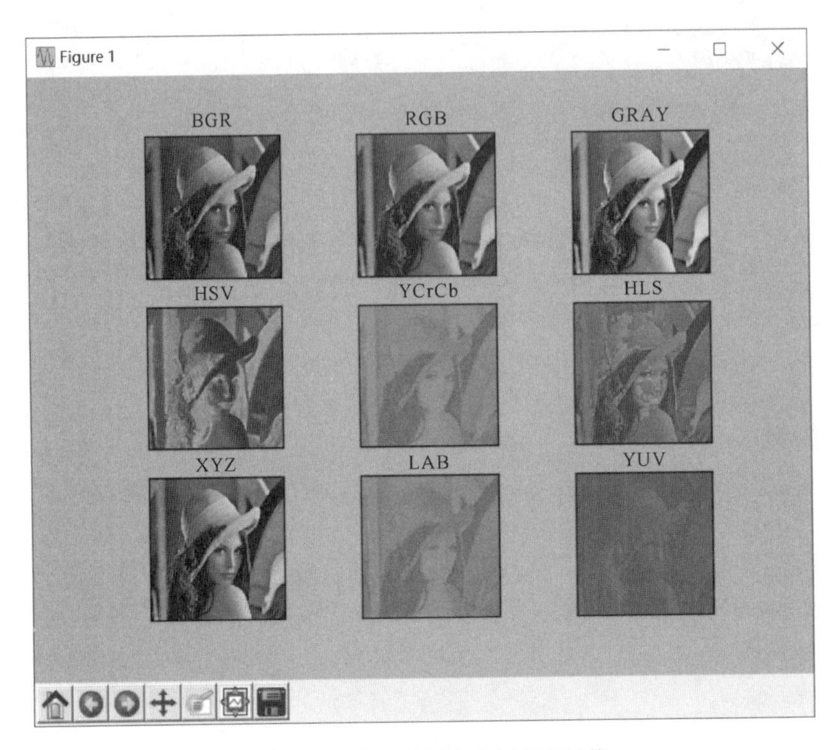

图 4-27　图像九种颜色空间相互转换

4.9　本 章 小 结

本章主要介绍了 Python 和 OpenCV 的图像基础处理，首先从读取显示图像到读取修改像素，从创建、复制、保存图像到获取图像属性合通道，然后详细介绍了图像算数与逻辑运算，包括图像加法、减法、与运算、或运算、异或运算、非运算，最后介绍了图像融合处理、获取图像 ROI 区域、图像类型转换。本章知识为后续的图像处理、图像识别、图像变换打下了扎实基础。

参 考 文 献

[1]　冈萨雷斯. 数字图像处理[M]. 3 版. 北京：电子工业出版社，2013.

[2]　毛星云，冷雪飞. OpenCV3 编程入门[M]. 北京：电子工业出版社，2015.

第二篇　图 像 运 算

第 5 章　Python 图像几何变换

图像几何变换又称为图像空间变换，是各种图像处理算法的基础。它是在不改变图像内容的情况下，对图像像素进行空间几何变换的处理方式。它将一幅图像中的坐标位置映射到另一幅图像中的新坐标位置，其实质是改变像素的空间位置，估算新空间位置上的像素值。

5.1　图像几何变换概述

图像几何变换不改变图像的像素值，只是在图像平面上进行像素的重新安排。适当的几何变换可以最大限度地消除由于成像角度、透视关系以及镜头自身的几何失真所产生的负面影响。几何变换常常作为图像处理应用的预处理步骤，是图像归一化的核心工作之一[1]。

一个几何变换需要两部分运算：一部分是空间变换所需的运算，如平移、缩放、旋转和正平行投影等，需要用来表示输出图像与输入图像之间的像素映射关系；另一部分需要使用灰度插值算法，因为按照这种变换关系进行计算，输出图像的像素可能被映射到输入图像的非整数坐标上[2]。

图像的几何变换主要包括图形平移变换、图像缩放变换、图像旋转变换、图像镜像变换、图像仿射变换、图像透视变换等。图像变换是建立在矩阵运算基础上的，通过矩阵运算可以很快地找到对应关系。

图像几何变换在变换过程中建立一种原图像像素与变换后图像像素之间的映射关系，通过这种关系，能够从一方的像素计算出另一方的像素的坐标位置。通常将图像坐标映射到输出图像的过程称为向前映射，反之，将输出图像映射到输入图像的过程称为向后映射。向后映射在实践中使用较多，原因是能够避免使用向前映射中出现映射不完全和映射重叠的问题。图 5-1 展示了图像放大的示例，图 5-1（b）中只有（0，0）、（0，2）、（2，0）、（2，2）四个坐标根据映射关系在原图像中找到了相对应的像素，其余的 12 个坐标没有有效值[3]。

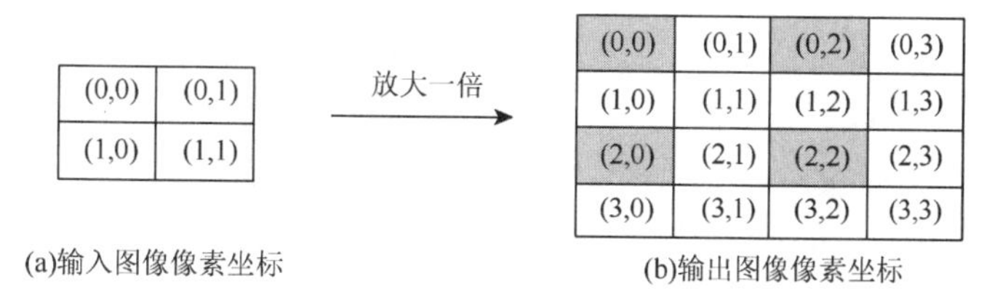

图 5-1　图像放大处理

对于数字图像而言，像素的坐标是离散型非负整数，但是在进行变换的过程中有可能产生浮点坐标值。这在图像处理中是一个无效的坐标。为了解决这个问题需要用到插值算法。常见算法有最近邻插值法、双线性插值法、双立方插值法等。

（1）最近邻插值。浮点坐标的像素值等于距离该点最近的输入图像的像素值。

（2）双线性插值。双线性插值的主要思想是计算出浮点坐标像素近似值。一个浮点坐标必定会被四个整数坐标包围，将这四个整数坐标的像素值按照一定的比例混合就可以求出浮点坐标的像素值。

（3）双立方插值。双立方插值是一种更加复杂的插值方式，能创造出比双线性插值更平滑的图像边缘。在图像处理中，双立方插值计算涉及周围 16 个像素点，插值后的坐标点是原图中邻近 16 个像素点的权重卷积之和。

5.2　图像平移变换

图像平移是将图像中的所有像素点按照给定的平移量进行水平或垂直方向上的移动。假设原始像素的位置坐标为（x_0，y_0），经过平移量（Δx，Δy）后，坐标变为（x_1，y_1），如图 5-2 所示。

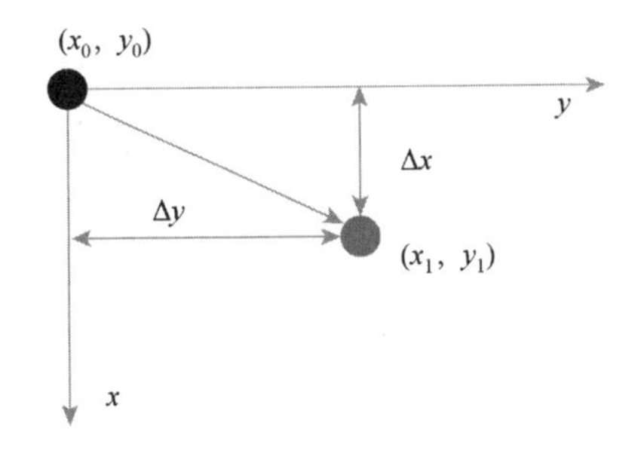

图 5-2　图像平移运算

用数学公式表示为

$$\begin{aligned} x_1 &= x_0 + \Delta x \\ y_1 &= y_0 + \Delta y \end{aligned} \tag{5-1}$$

用矩阵表示为

$$\begin{bmatrix} x_1 & y_1 & 1 \end{bmatrix} = \begin{bmatrix} x_0 & y_0 & 1 \end{bmatrix} \begin{bmatrix} 1 & 0 & 0 \\ 0 & 1 & 0 \\ \Delta x & \Delta y & 1 \end{bmatrix} \tag{5-2}$$

式中，矩阵称为平移变换矩阵或因子，Δx 和 Δy 称为平移量。

图像平移首先定义平移矩阵 M，然后调用 warpAffine（）函数实现平移，核心函数如下。

```
M=np.float32([[1,0,x],[0,1,y]])
```

M 表示平移矩阵，x 表示水平平移量，y 表示垂直平移量。

```
shifted=cv2.warpAffine(src,M,dsize[,dst[,flags[,borderMode[,borderValue]]]])
```

（1）src表示原始图像。

（2）M表示平移矩阵。

（3）dsize表示变换后的输出图像的尺寸大小。

（4）dst表示输出图像，其大小为dsize，类型与src相同。

（5）flags表示插值方法的组合和可选值。

（6）borderMode表示像素外推法，当borderMode=BORDER_TRANSPARENT时，表示目标图像中的像素不会修改原图像中的“异常值”。

（7）borderValue用于边界不变的情况，默认情况下为0。

下面是图像平移的一个简单案例的代码，它定义了图像平移矩阵M，然后调用warpAffine（）函数将原始图像垂直向下平移50像素，水平向右平移100像素。

Image_Processing_05_01.py

```
#-*-coding:utf-8-*-
import cv2
import numpy as np

#读取图像
src=cv2.imread('test.bmp')

#图像平移矩阵
M=np.float32([[1,0,100],[0,1,50]])

#获取原始图像列数和行数
rows,cols=src.shape[:2]

#图像平移
result=cv2.warpAffine(src,M,(cols,rows))

#显示图像
cv2.imshow("original",src)
cv2.imshow("result",result)

#等待显示
cv2.waitKey(0)
cv2.destroyAllWindows()
```

输出结果如图5-3所示。

图 5-3　图像平移变换

下面是将图像分别向下、向上、向右、向左平移，再调用 matplotlib 绘图库依次绘制的代码。

Image_Processing_05_02.py

```
#-*-coding:utf-8-*-
import cv2
import numpy as np
import matplotlib.pyplot as plt

#读取图像
img=cv2.imread('test.bmp')
image=cv2.cvtColor(img,cv2.COLOR_BGR2RGB)

#图像平移
#垂直方向 向下平移100
M=np.float32([[1,0,0],[0,1,100]])
img1=cv2.warpAffine(image,M,(image.shape[1],image.shape[0]))

#垂直方向 向上平移100
M=np.float32([[1,0,0],[0,1,-100]])
img2=cv2.warpAffine(image,M,(image.shape[1],image.shape[0]))

#水平方向 向右平移100
M=np.float32([[1,0,100],[0,1,0]])
img3=cv2.warpAffine(image,M,(image.shape[1],image.shape[0]))

#水平方向 向左平移100
M=np.float32([[1,0,-100],[0,1,0]])
```

```
img4=cv2.warpAffine(image,M,(image.shape[1],image.shape[0]))

#循环显示图形
titles=['Image1','Image2','Image3','Image4']
images=[img1,img2,img3,img4]
for i in xrange(4):
    plt.subplot(2,2,i+1)
    plt.imshow(images[i],'gray')
    plt.title(titles[i])
    plt.xticks([])
    plt.yticks([])
plt.show()
```

输出结果如图 5-4 所示，它从四个方向都进行了平移，并且调用 subplot（）函数将四幅子图绘制在一起。

图 5-4　图像四个方向的平移

5.3　图像缩放变换

图像缩放（image scaling）是指对数字图像的大小进行调整的过程。在 Python 中，图像缩放主要调用 resize（）函数实现，函数原型如下。

```
result=cv2.resize(src,dsize[,result[.fx[,fy[,interpolation]]]])
```

（1）src 表示原始图像。

（2）dsize 表示图像缩放的大小。

（3）result 表示图像结果。

（4）fx 表示图像 x 轴方向缩放大小的倍数。

（5）fy 表示图像 y 轴方向缩放大小的倍数。

（6）interpolation 表示变换方法。CV_INTER_NN 表示最近邻插值；CV_INTER_LINEAR 表示双线性插值（缺省使用）；CV_INTER_AREA 表示使用像素关系重采样，当图像缩小时，该方法可以避免波纹出现，当图像放大时，类似于 CV_INTER_NN；CV_INTER_CUBIC 表示立方插值。

常见图像缩放的两种方式如下所示，第一种方式是将原始图像设置为（160，160），第二种方式是将原始图像 x 轴、y 轴各缩小 50%[5]。

（1）result=cv2.resize（src，（160，160））

（2）result=cv2.resize（src，None，fx=0.5，fy=0.5）

设（x_1，y_1）是缩放后的坐标，（x_0，y_0）是缩放前的坐标，s_x、s_y 为缩放因子，则图像缩放的计算公式为

$$[x_1 \quad y_1 \quad 1]=[x_0 \quad y_0 \quad 1]\begin{bmatrix} s_x & 0 & 0 \\ 0 & s_y & 0 \\ 0 & 0 & 1 \end{bmatrix} \tag{5-3}$$

下面是 Python 实现图像缩放的代码，它将所读取的 test.bmp 图像进行缩小。

Image_Processing_05_03.py

```
#-*-coding:utf-8-*-
import cv2
import numpy as np

#读取图像
src=cv2.imread('test.bmp')

#图像缩放
result=cv2.resize(src,(200,100))
print result.shape

#显示图像
cv2.imshow("original",src)
cv2.imshow("result",result)

#等待显示
```

```
cv2.waitKey(0)
cv2.destroyAllWindows()
```

输出结果如图 5-5 所示，图像缩小为（200，100）。注意，代码中调用函数 cv2.resize（src，（200，100））设置新图像大小 dsize 的列数为 200 像素，行数为 100 像素。

图 5-5　图像缩放方法一

下面介绍另一种图像缩放变换的方法，通过原始图像像素乘以缩放系数进行图像变换，代码如下。

Image_Processing_05_04.py

```
#-*-coding:utf-8-*-
import cv2
import numpy as np

#读取图像
src=cv2.imread('test.bmp')
rows,cols=src.shape[: 2]
print rows,cols

#图像缩放 dsize(列,行)
result=cv2.resize(src,(int(cols*0.6),int(rows*1.2)))

#显示图像
cv2.imshow("src",src)
cv2.imshow("result",result)
cv2.waitKey(0)
cv2.destroyAllWindows()
```

获取图像 test.bmp 的元素像素值，其 rows 值为 250 像素，cols 值为 387 像素，接着进行宽度缩小至 60%、高度放大 1.2 倍的处理，运行前后对比效果如图 5-6 所示。

图 5-6　图像缩放方法二

最后讲解调用（fx，fy）参数设置缩放倍数的方法，对原始图像进行放大或缩小操作。下面是 fx 和 fy 方向各缩小至 30%的代码。

Image_Processing_05_05.py

```
#-*-coding:utf-8-*-
import cv2
import numpy as np

#读取图像
src=cv2.imread('test.bmp')
rows,cols=src.shape[:2]
print rows,cols

#图像缩放
result=cv2.resize(src,None,fx=0.3,fy=0.3)

#显示图像
cv2.imshow("src",src)
cv2.imshow("result",result)

#等待显示
cv2.waitKey(0)
cv2.destroyAllWindows()
```

输出结果如图 5-7 所示，这是按比例 0.3×0.3 缩小的。

图 5-7　图像缩放方法三

5.4　图像旋转变换

图像旋转是指图像以某一点为中心旋转一定的角度，形成一幅新的图像的过程。图像旋转变换会有一个旋转中心，这个旋转中心一般为图像的中心，旋转之后图像的大小一般会发生改变。图 5-8 表示原始图像的坐标（x_0，y_0）旋转至（x_1，y_1）的过程。

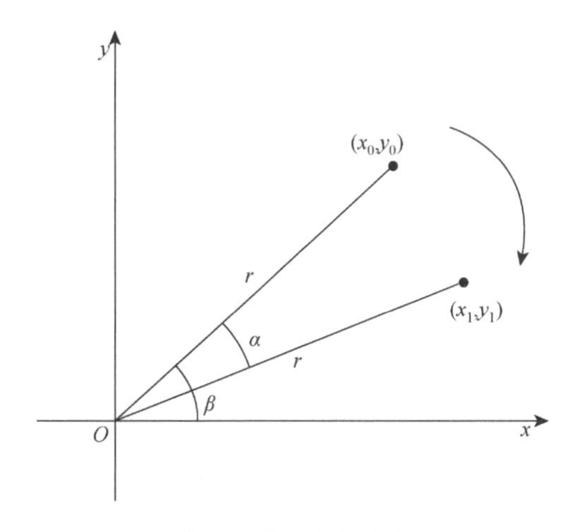

图 5-8　图像旋转变换

旋转公式如下，其中（m，n）是旋转中心，α 是旋转的角度，（left，top）是旋转后图像的左上角坐标。

$$[x_1 \quad y_1 \quad 1]=[x_0 \quad y_0 \quad 1]\begin{bmatrix}1 & 0 & 0\\ 0 & -1 & 0\\ -m & n & 1\end{bmatrix}\begin{bmatrix}\cos\alpha & -\sin\alpha & 0\\ \sin\alpha & \cos\alpha & 0\\ 0 & 0 & 1\end{bmatrix}\begin{bmatrix}1 & 0 & 0\\ 0 & -1 & 0\\ \text{left} & \text{top} & 1\end{bmatrix} \tag{5-4}$$

图像旋转变换主要调用 getRotationMatrix2D（）函数和 warpAffine（）函数实现，绕图像的中心旋转，函数原型如下。

M=cv2.getRotationMatrix2D(center,angle,scale)

（1）center 表示旋转中心点，通常设置为（cols/2，rows/2）。

（2）angle 表示旋转角度，正值表示逆时针旋转，坐标原点被定为左上角。

（3）scale 表示比例因子。

rotated=cv2.warpAffine(src,M,(cols,rows))

（1）src 表示原始图像。

（2）M 表示旋转参数，即 getRotationMatrix2D（）函数定义的结果。

（3）（cols，rows）表示原始图像的宽度和高度。

实现代码如下所示。

Image_Processing_05_06.py

```
#-*-coding:utf-8-*-
import cv2
import numpy as np

#读取图像
src=cv2.imread('test.bmp')

#原始图像的高、宽以及通道数
rows,cols,channel=src.shape

#绕图像的中心旋转
#函数参数:旋转中心 旋转度数 scale
M=cv2.getRotationMatrix2D((cols/2,rows/2),30,1)
#函数参数:原始图像 旋转参数 元素图像宽高
rotated=cv2.warpAffine(src,M,(cols,rows))

#显示图像
cv2.imshow("src",src)
cv2.imshow("rotated",rotated)

#等待显示
cv2.waitKey(0)
cv2.destroyAllWindows()
```

显示效果如图 5-9 所示，绕图像中心点逆时针旋转 30°。

图 5-9　图像逆时针旋转 30°

如果设置的旋转度数为负数，则表示顺时针旋转，以下代码表示将图像顺时针旋转 90°。

Image_Processing_05_07.py

```
#-*-coding:utf-8-*-
import cv2
import numpy as np

#读取图像
src=cv2.imread('test.bmp')

#原图像的高、宽以及通道数
rows,cols,channel=src.shape

#绕图像的中心旋转
#函数参数:旋转中心 旋转度数 scale
M=cv2.getRotationMatrix2D((cols/2,rows/2),-90,1)

#函数参数:原始图像 旋转参数 元素图像宽高
rotated=cv2.warpAffine(src,M,(cols,rows))

#显示图像
cv2.imshow("src",src)
cv2.imshow("rotated",rotated)

#等待显示
cv2.waitKey(0)
cv2.destroyAllWindows()
```

旋转之后的图像如图 5-10 所示。

图 5-10　图像顺时针旋转 90°

5.5　图像镜像变换

图像镜像变换是图像旋转变换的一种特殊情况，通常包括垂直方向和水平方向的镜像。水平镜像通常是以原始图像的垂直中轴线为中心，将图像分为左右两部分进行对称变换，如图 5-11 所示。

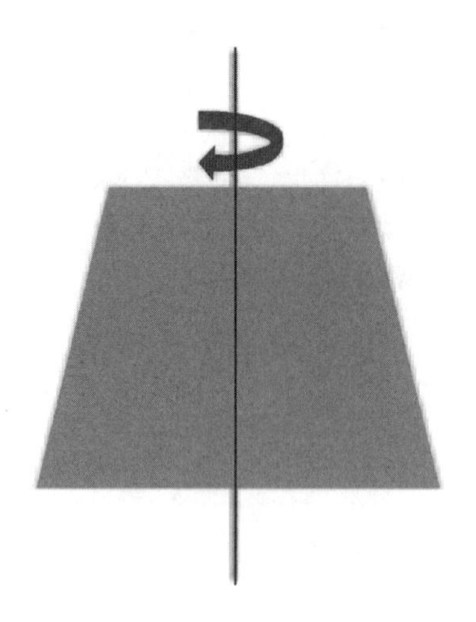

图 5-11　图像水平镜像

垂直镜像通常是以原始图像的水平中轴线为中心，将图像划分为上下两部分进行对称变换的过程，如图 5-12 所示。

图 5-12　图像垂直镜像

在 Python 中主要调用 OpenCV 的 flip（）函数实现图像镜像变换，函数原型如下。

```
dst=cv2.flip(src, flipCode)
```

（1）src 表示原始图像。

（2）flipCode 表示翻转方向，如果 flipCode 为 0，则以 X 轴为对称轴翻转，如果 flipCode >0 则以 Y 轴为对称轴翻转，如果 flipCode<0 则在 X 轴、Y 轴方向同时翻转。

下面是实现三个方向的翻转的代码。

Image_Processing_05_08.py

```
#-*-coding:utf-8-*-
import cv2
import numpy as np
import matplotlib.pyplot as plt

#读取图像
img=cv2.imread('test.bmp')
src=cv2.cvtColor(img,cv2.COLOR_BGR2RGB)

#图像翻转
img1=cv2.flip(src,0) #参数=0 以 X 轴为对称轴翻转
img2=cv2.flip(src,1) #参数>0 以 Y 轴为对称轴翻转
img3=cv2.flip(src,-1) #参数<0 以 X 轴和 Y 轴翻转

#显示图形
titles=['Source','Image1','Image2','Image3']
images=[src,img1,img2,img3]
for i in xrange(4):
    plt.subplot(2,2,i+1)
    plt.imshow(images[i],'gray')
    plt.title(titles[i])
    plt.xticks([])
```

```
    plt.yticks([])
plt.show()
```

输出结果如图 5-13 所示，图中 Source 为原始图像，Image1 为以 X 轴为对称轴翻转或垂直镜像，Image2 为以 Y 轴为对称轴翻转或水平镜像，Images3 为以 X 轴和 Y 轴翻转。

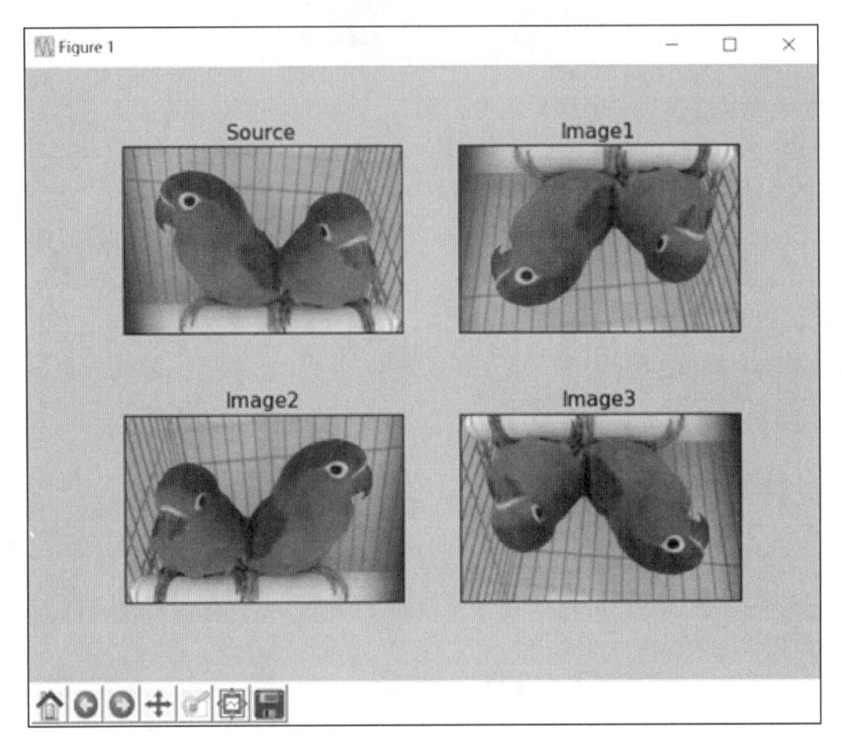

图 5-13　图像镜像变换效果图

5.6　图像仿射变换

图像仿射变换又称为图像仿射映射，是指在几何中，一个向量空间进行一次线性变换并接上一个平移，变换为另一个向量空间。通常图像的旋转加上拉伸就是图像仿射变换，仿射变换需要一个 M 矩阵实现，但是由于仿射变换比较复杂，很难找到这个 M 矩阵，OpenCV 提供了根据变换前后三个点的对应关系来自动求解 M 的函数——cv2.getAffineTransform（pos1，pos2），输出的结果为仿射矩阵 M，然后使用函数 cv2.warpAffine（）函数实现图像仿射变换。图 5-14 是仿射变换前后的效果图。

图像仿射变换的函数原型如下。

```
M=cv2.getAffineTransform(pos1,pos2)
```

（1）pos1 表示变换前的位置。

（2）pos2 表示变换后的位置。

```
cv2.warpAffine(src,M,(cols, rows))
```

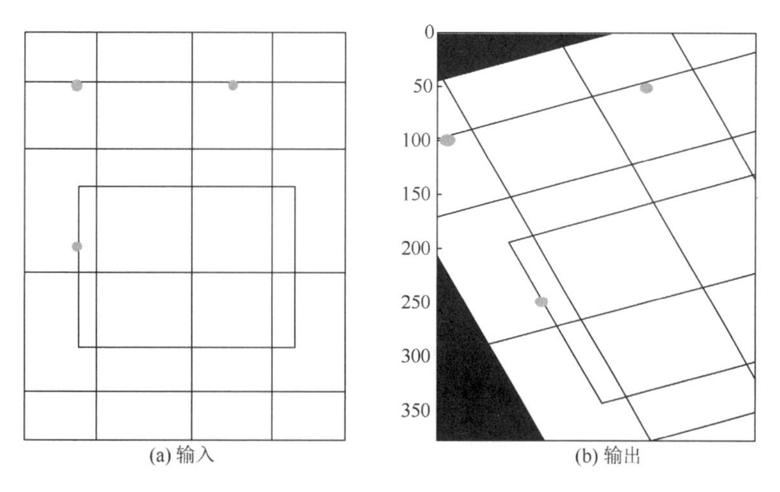

图 5-14　图像仿射变换示例图

（1）src 表示原始图像。
（2）M 表示仿射变换矩阵。
（3）（cols，rows）表示变换后的图像大小，cols 表示列数，rows 表示行数。
实现代码如下所示。

Image_Processing_05_09.py

```
#-*-coding: utf-8-*-
import cv2
import numpy as np
import matplotlib.pyplot as plt

#读取图像
src=cv2.imread('test.bmp')

#获取图像大小
rows,cols=src.shape[: 2]

#设置图像仿射变换矩阵
pos1=np.float32([[50,50],[200,50],[50,200]])
pos2=np.float32([[10,100],[200,50],[100,250]])
M=cv2.getAffineTransform(pos1,pos2)

#图像仿射变换
result=cv2.warpAffine(src,M,(cols,rows))
```

```
#显示图像
cv2.imshow("original",src)
cv2.imshow("result",result)

#等待显示
cv2.waitKey(0)
cv2.destroyAllWindows()
```

输出结果如图 5-15 所示。

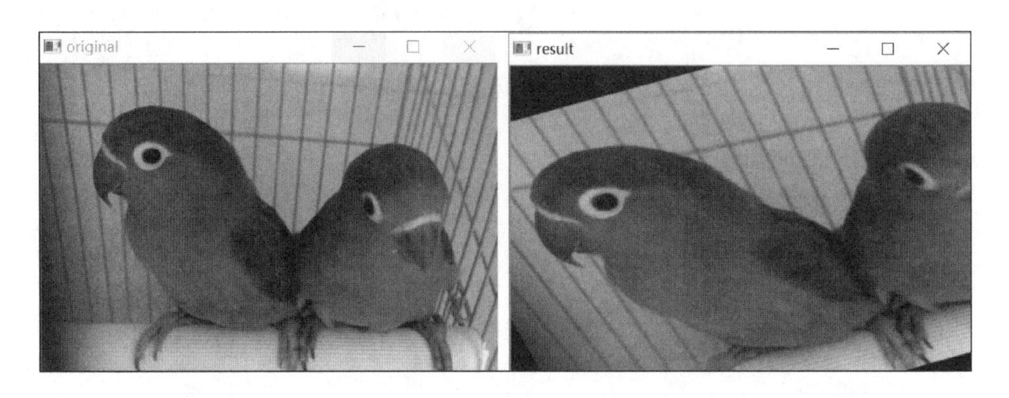

图 5-15　图像仿射变换

5.7　图像透视变换

图像透视变换（perspective transformation）的本质是将图像投影到一个新的视平面，同理 OpenCV 通过函数 cv2.getPerspectiveTransform（pos1，pos2）构造矩阵 M。得到 M 后再通过函数 cv2.warpPerspective（src，M，（cols，rows））进行透视变换。

图像透视变换的函数原型如下。

```
M=cv2.getPerspectiveTransform(pos1, pos2)
```

（1）pos1 表示透视变换前的四个点对应位置。

（2）pos2 表示透视变换后的四个点对应位置。

```
cv2.warpPerspective(src,M,(cols,rows))
```

（1）src 表示原始图像。

（2）M 表示透视变换矩阵。

（3）（cols，rows）表示变换后的图像大小，cols 表示列数，rows 表示行数。

假设现在存在一幅 A4 纸图像，如图 5-16 所示，现在需要通过调用图像透视变换校正图像。

图 5-16　歪曲图像

图像透视变换的校正代码如下所示，代码中 pos1 表示透视变换前 A4 纸的四个顶点，pos2 表示透视变换后 A4 纸的四个顶点。

Image_Processing_05_10.py

```
#-*-coding:utf-8-*-
import cv2
import numpy as np
import matplotlib.pyplot as plt

#读取图像
src=cv2.imread('test01.jpg')

#获取图像大小
rows,cols=src.shape[:2]

#设置图像透视变换矩阵
pos1=np.float32([[114,82],[287,156],[8,322],[216,333]])
pos2=np.float32([[0,0],[188,0],[0,262],[188,262]])
M=cv2.getPerspectiveTransform(pos1,pos2)
```

```
#图像透视变换
result=cv2.warpPerspective(src,M,(190,272))

#显示图像
cv2.imshow("original",src)
cv2.imshow("result",result)

#等待显示
cv2.waitKey(0)
cv2.destroyAllWindows()
```

最终输出结果如图 5-17 所示，它将图形校正显示。

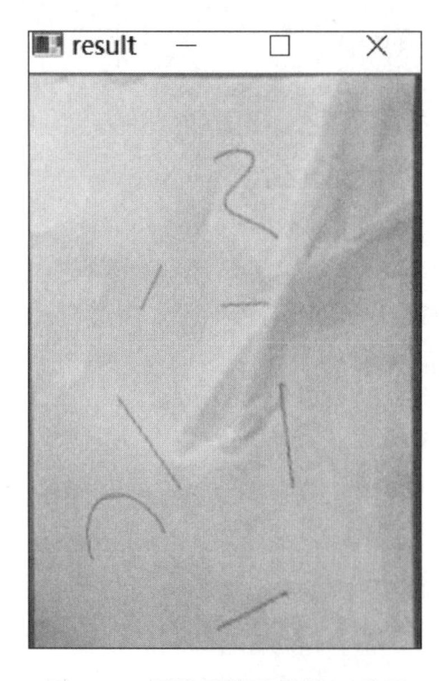

图 5-17　图像透视变换校正结果

5.8　本 章 小 结

本章主要介绍了图像几何变换，通过原理与代码分别介绍了常见的六种几何变换，包括图像平移变换、图像缩放变换、图像旋转变换、图像镜像变换、图像仿射变换和图像透视变换。

参 考 文 献

[1]　冈萨雷斯. 数字图像处理[M]. 3 版. 北京：电子工业出版社，2013.

[2]　阮秋琦. 数字图像处理学[M]. 3 版. 北京：电子工业出版社，2008.

[3]　毛星云，冷雪飞. OpenCV3 编程入门[M]. 北京：电子工业出版社，2015.

第 6 章　Python 图像量化及采样处理

图像通常是自然界景物的客观反映，并以照片形式或视频记录的介质连续保存，获取图像的目标是从感知的数据中产生数字图像，因此需要把连续的图像数据离散化，转换为数字化图像，其工作主要包括两方面——量化和采样。数字化幅度值称为量化，数字化坐标值称为采样。本章主要讲解图像量化和采样处理的概念，并通过 Python 和 OpenCV 实现这些功能[1]。

6.1　图像量化处理

6.1.1　概述

量化（quantization）是将图像像素点对应亮度的连续变化区间转换为单个特定值的过程，即将原始灰度图像的空间坐标幅度值离散化。量化等级越多，图像层次越丰富，灰度分辨率越高，图像的质量也越好；量化等级越少，图像层次欠丰富，灰度分辨率越低，会出现图像轮廓分层的现象，降低图像的质量。图 6-1 是将图像的连续灰度值转换为 0～255 的灰度级的过程[2]。

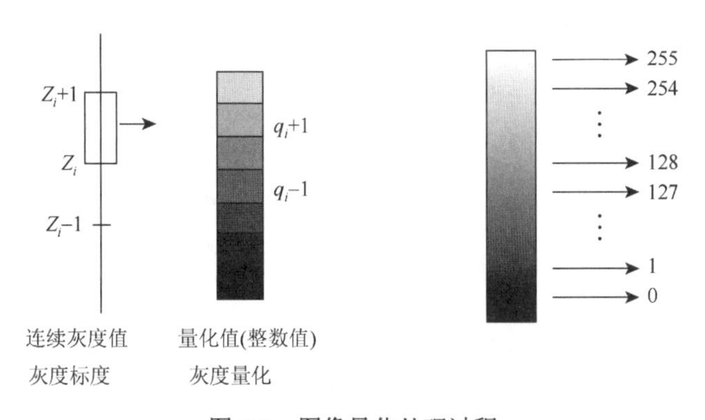

图 6-1　图像量化处理过程

如果量化等级为 2，将使用两种灰度级表示原始图像的像素（0～255），灰度值小于 128 的取 0，大于等于 128 的取 128；如果量化等级为 4，则将使用四种灰度级表示原始图像的像素，新图像将分层为四种颜色，0～64 区间取 0，64～128 区间取 64，128～192 区间取 128，192～255 区间取 192，依次类推。

图 6-2 是对比不同量化等级的 Lena 图。其中图 6-2（a）的量化等级为 256，图 6-2（b）

的量化等级为 64，图 6-2（c）的量化等级为 16，图 6-2（d）的量化等级为 8，图 6-2（e）的量化等级为 4，图 6-2（f）的量化等级为 2。

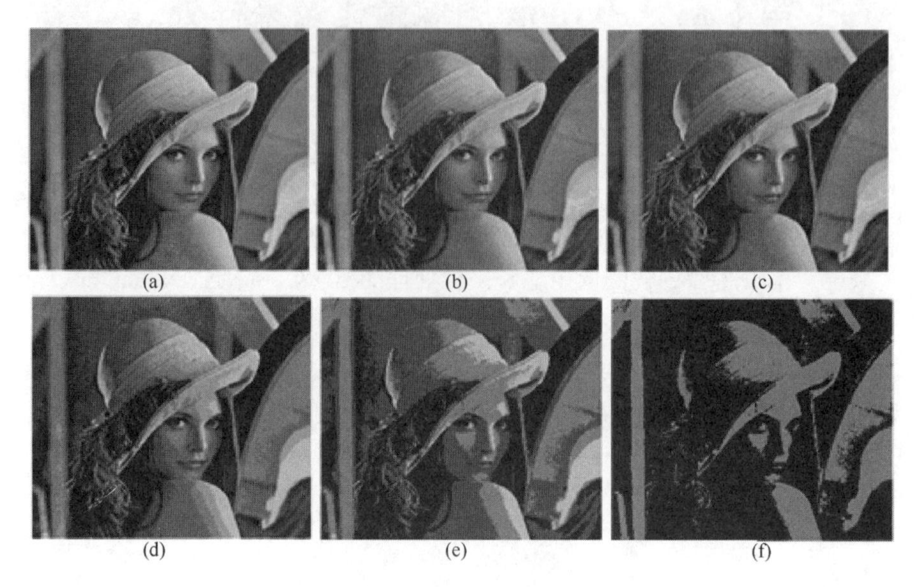

图 6-2　量化处理对比图

6.1.2　操作

下面介绍 Python 图像量化处理相关代码操作。其核心流程是建立一幅临时图像，然后循环遍历原始图像中所有像素点，判断每个像素点应该属于的量化等级，最后将临时图像显示。

下面的代码将灰度图像转换为两种量化等级。

Image_Processing_06_01.py

```
#-*-coding:utf-8-*-
import cv2
import numpy as np
import matplotlib.pyplot as plt

#读取原始图像
img=cv2.imread('lena.png')

#获取图像高度和宽度
height=img.shape[0]
width=img.shape[1]
```

```
#创建一幅图像
new_img=np.zeros((height,width,3),np.uint8)

#图像量化等级为 2 的量化操作
for i in range(height):
for j in range(width):
for k in range(3):#对应 BGR 三分量
 if img[i,j][k]<128:
 gray=0
 else:
 gray=128
 new_img[i,j][k]=np.uint8(gray)

#显示图像
cv2.imshow("src",img)
cv2.imshow("",new_img)

#等待显示
cv2.waitKey(0)
cv2.destroyAllWindows()
```

其输出结果如图 6-3 所示，它将灰度图像划分为两种量化等级。

图 6-3　图像两种量化等级处理

下面的代码分别比较了量化等级为 2、4、8 的量化处理效果。

Image_Processing_06_02.py

```
#-*-coding:utf-8-*-
import cv2
import numpy as np
import matplotlib.pyplot as plt

#读取原始图像
img=cv2.imread('lena.png')

#获取图像高度和宽度
height=img.shape[0]
width=img.shape[1]

#创建一幅图像
new_img1=np.zeros((height,width,3),np.uint8)
new_img2=np.zeros((height,width,3),np.uint8)
new_img3=np.zeros((height,width,3),np.uint8)

#图像量化等级为 2 的量化处理
for i in range(height):
 for j in range(width):
for k in range(3):#对应 BGR 三分量
 if img[i,j][k]<128:
 gray=0
 else:
 gray=128
 new_img1[i,j][k]=np.uint8(gray)

#图像量化等级为 4 的量化处理
for i in range(height):
 for j in range(width):
 for k in range(3): #对应 BGR 三分量
 if img[i,j][k]<64:
 gray=0
 elif img[i,j][k]<128:
 gray=64
 elif img[i,j][k]<192:
 gray=128
```

```
    else:
    gray=192
    new_img2[i,j][k]=np.uint8(gray)

#图像量化等级为 8 的量化处理
for i in range(height):
    for j in range(width):
    for k in range(3):#对应 BGR 三分量
    if img[i,j][k]<32:
    gray=0
    elif img[i,j][k]<64:
    gray=32
    elif img[i,j][k]<96:
    gray=64
    elif img[i,j][k]<128:
    gray=96
    elif img[i,j][k]<160:
    gray=128
    elif img[i,j][k]<192:
    gray=160
    elif img[i,j][k]<224:
    gray=192
    else:
    gray=224
    new_img3[i,j][k]=np.uint8(gray)

#用来正常显示中文标签
plt.rcParams['font.sans-serif']=['SimHei']

#显示图像
titles=[u'(a)原始图像',u'(b)量化-L2',u'(c)量化-L4',u'(d)量化-L8']
images=[img,new_img1,new_img2,new_img3]
for i in xrange(4):
    plt.subplot(2,2,i+1),plt.imshow(images[i],'gray'),
    plt.title(titles[i])
    plt.xticks([]),plt.yticks([])
plt.show()
```

输出结果如图 6-4 所示，该代码调用 matplotlib.pyplot 库绘制了四幅图像，其中图 6-4（a）表示原始图像，图 6-4（b）表示量化等级为 2 的量化处理，图 6-4（c）表示量化等级为 4 的量化处理，图 6-4（d）表示量化等级为 8 的量化处理。

(a)原始图像　(b)量化-L2　(c)量化-L4　(d)量化-L8

图 6-4　图像量化处理对比图

6.1.3　K-Means 聚类量化处理

6.1.2 节的量化处理是通过遍历图像中的所有像素点，进行灰度图像的幅度值离散化处理。本节补充一个基于 K-Means 聚类算法的量化处理过程，它能够将彩色图像 RGB 像素点进行颜色分割和颜色量化。注意，本节只是简单介绍该方法，更多 K-Means 聚类的知识将在 14.5 节详细叙述。

Image_Processing_06_03.py

```
# coding:utf-8
import cv2
import numpy as np
import matplotlib.pyplot as plt

#读取原始图像
img=cv2.imread('people.png')
```

```
#图像二维像素转换为一维像素
data=img.reshape((-1,3))
data=np.float32(data)

#定义中心(type,max_iter,epsilon)
criteria=(cv2.TERM_CRITERIA_EPS+
            cv2.TERM_CRITERIA_MAX_ITER,10,1.0)

#设置标签
flags=cv2.KMEANS_RANDOM_CENTERS

#K-Means 聚类聚集成四类
compactness,labels,centers=cv2.kmeans(data,4,None,criteria,10,
flags)


#图像转换回 uint8 二维类型
centers=np.uint8(centers)
res=centers[labels.flatten()]
dst=res.reshape((img.shape))

#图像转换为 RGB 显示
img=cv2.cvtColor(img,cv2.COLOR_BGR2RGB)
dst=cv2.cvtColor(dst,cv2.COLOR_BGR2RGB)


#用来正常显示中文标签
plt.rcParams['font.sans-serif']=['SimHei']

#显示图像
titles=[u'(a)原始图像',u'(b)聚类量化 K=4']
images=[img,dst]
for i in xrange(2):
    plt.subplot(1,2,i+1),plt.imshow(images[i],'gray'),
    plt.title(titles[i])
    plt.xticks([]),plt.yticks([])
plt.show()
```

输出结果如图 6-5 所示，它通过 K-Means 聚类算法将彩色人物图像的灰度聚集成四种颜色。

(a)原始图像

(b)聚类量化K=4

图 6-5　K-Means 量化处理彩色图像

6.2　图像采样处理

6.2.1　概述

图像采样（image sampling）处理是将一幅连续图像在空间上分割成 M×N 个网格，每个网格用一个亮度值或灰度值来表示，其示意图如图 6-6 所示[4]。

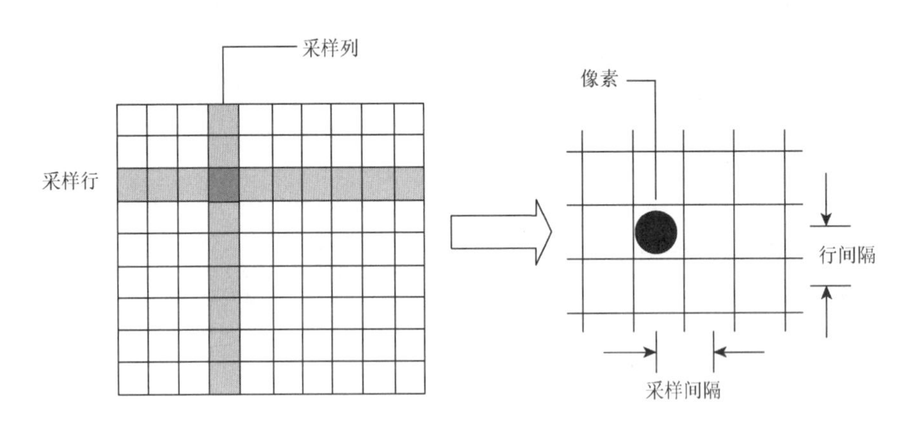

图 6-6　图像采样原理图

图像采样的间隔越大，所得图像像素数越少，空间分辨率越低，图像质量越差，甚至出现马赛克效应；相反，图像采样的间隔越小，所得图像像素数越多，空间分辨率越高，图像质量越好，但数据量会相应地增大。图 6-7 展示了不同采样间隔的 Lena 图，其中图 6-7（a）为原始图像，图 6-7（b）为 128×128 的图像采样效果，图 6-7（c）为 64×64 的图像采样效果，图 6-7（d）为 32×32 的图像采样效果，图 6-7（e）为 16×16 的图像采样效果，图 6-7（f）为 8×8 的图像采样效果。

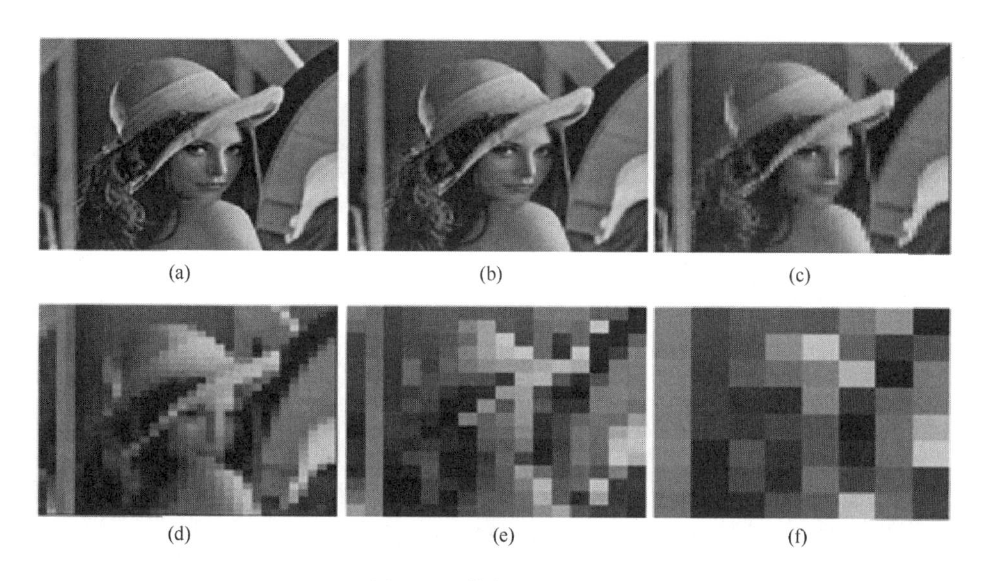

图 6-7　采样处理对比图

数字图像的质量很大程度上取决于量化和采样中所采用的灰度级和样本数。现实生活中的图像，都需要经过离散化处理转换成数字图像，从而进行后续的计算机处理和图像识别等操作。

6.2.2　操作

下面介绍 Python 图像采样处理相关代码操作。其核心流程是建立一幅临时图像，设置需要采样的区域（如 16×16），然后循环遍历原始图像中所有像素点，采样区域内的像素点赋值相同（如左上角像素点的灰度值），最终实现图像采样处理。以下代码是进行 16×16 采样的过程。

Image_Processing_06_04.py

```
#-*-coding:utf-8-*-
import cv2
import numpy as np
import matplotlib.pyplot as plt
```

```
#读取原始图像
img=cv2.imread('scenery.png')

#获取图像高度和宽度
height=img.shape[0]
width=img.shape[1]

#采样转换成 16×16 区域
numHeight=height/16
numwidth=width/16

#创建一幅图像
new_img=np.zeros((height,width,3),np.uint8)

#图像循环采样 16×16 区域
for i in range(16):
        #获取 Y 坐标
        y=i*numHeight
        for j in range(16):
                #获取 X 坐标
                x=j*numwidth
                #获取填充颜色 左上角像素点
                b=img[y,x][0]
                g=img[y,x][1]
                r=img[y,x][2]

                #循环设置小区域采样
                for n in range(numHeight):
                       for m in range(numwidth):
                              new_img[y+n,x+m][0]=np.uint8(b)
                              new_img[y+n,x+m][1]=np.uint8(g)
                              new_img[y+n,x+m][2]=np.uint8(r)

#显示图像
cv2.imshow("src",img)
cv2.imshow("",new_img)
```

```
#等待显示
cv2.waitKey(0)
cv2.destroyAllWindows()
```

其输出结果如图 6-8 所示，它将灰度图像采样成 16×16 的区域。

图 6-8　图像 16×16 采样处理

同样，可以对彩色图像进行采样处理，下面的代码将彩色风景图像采样处理成 8×8 的马赛克区域。

Image_Processing_06_05.py

```
#-*-coding:utf-8-*-
import cv2
import numpy as np
import matplotlib.pyplot as plt

#读取原始图像
img=cv2.imread('scenery.png')

#获取图像高度和宽度
height=img.shape[0]
width=img.shape[1]
```

```
#采样转换成 8×8 区域
numHeight=height/8
numwidth=width/8

#创建一幅图像
new_img=np.zeros((height,width,3),np.uint8)

#图像循环采样 8×8 区域
for i in range(8):
      #获取 Y 坐标
      y=i*numHeight
      for j in range(8):
            #获取 X 坐标
            x=j*numwidth
            #获取填充颜色 左上角像素点
            b=img[y,x][0]
            g=img[y,x][1]
            r=img[y,x][2]

            #循环设置小区域采样
            for n in range(numHeight):
                  for m in range(numwidth):
                        new_img[y+n,x+m][0]=np.uint8(b)
                        new_img[y+n,x+m][1]=np.uint8(g)
                        new_img[y+n,x+m][2]=np.uint8(r)

#显示图像
cv2.imshow("src",img)
cv2.imshow("Sampling",new_img)

#等待显示
cv2.waitKey(0)
cv2.destroyAllWindows()
```

其输出结果如图 6-9 所示，它将彩色风景图像采样成 8×8 的区域。

图 6-9　彩色图像 8×8 采样处理

但以上代码存在一个问题，当图像的长度和宽度不能被采样区域整除时，输出图像的最右边和最下边的区域没有被采样处理。这里推荐读者进行求余运算，将不能整除部分的区域也进行相应的采样处理。

6.2.3　局部马赛克处理

前面介绍的代码是对整幅图像进行采样处理，那么如何对图像的局部区域进行马赛克处理呢？下面的代码就实现了该功能。当单击鼠标时，它能够给鼠标拖动的区域打上马赛克，按下 s 键可保存图像至本地。

Image_Processing_06_06.py

```
#--coding: utf-8--
import cv2
import numpy as np
import matplotlib.pyplot as plt

#读取原始图像
im=cv2.imread('people.png',1)

#设置单击鼠标开启
en=False

#鼠标事件
def draw(event,x,y,flags,param):
global en
#单击鼠标开启 en 值
```

```
    if event==cv2.EVENT_LBUTTONDOWN:
       en=True
    #单击鼠标并且移动
    elif event==cv2.EVENT_MOUSEMOVE and
     flags==cv2.EVENT_LBUTTONDOWN:
         #调用函数打马赛克
         if en:
               drawMask(y,x)
         #单击鼠标弹起结束操作
         elif event==cv2.EVENT_LBUTTONUP:
               en=False

#图像局部采样操作
def drawMask(x,y,size=10):
    #size*size 采样处理
    m=x/size * size
    n=y/size * size
    print m,n
    #10×10 区域设置为同一像素值
    for i in range(size):
          for j in range(size):
                im[m+i][n+j]=im[m][n]

#打开对话框
cv2.namedWindow('image')

#调用 draw 函数设置鼠标操作
cv2.setMouseCallback('image',draw)

#循环处理
while(1):
    cv2.imshow('image',im)
    #按 Esc 键退出
    if cv2.waitKey(10)&0xFF==27:
          break
    #按 s 键保存图片
    elif cv2.waitKey(10)&0xFF==115:
```

```
            cv2.imwrite('sava.png',im)


#退出窗口
cv2.destroyAllWindows()
```

其输出结果如图 6-10 所示，它将人物的脸部进行了马赛克处理。

图 6-10　局部马赛克处理

6.3　图像金字塔

前面介绍的图像采样处理可以降低图像的大小，本节将补充图像金字塔知识，了解专门用于图像向上采样和向下采样的 pyrUp（）和 pyrDown（）函数。

图像金字塔是指由一组图像且不同分辨率的子图集合，它是图像多尺度表达的一种，以多分辨率来解释图像的结构，主要用于图像的分割或压缩。一幅图像的金字塔是一系列以金字塔形状排列的分辨率逐步降低，且来源于同一幅原始图的图像集合。如图 6-12 所示，它包括四层图像，将这一层一层的图像比喻成金字塔。图像金字塔可以通过梯次向下采样获得，直到达到某个终止条件才停止采样，在向下采样中，层级越高，则图像越小，分辨率越低[7,8]。

生成图像金字塔主要包括两种方式：向下取样、向上取样。在图 6-11 中，将图像 G_0 转换为 G_1、G_2、G_3，图像分辨率不断降低的过程称为向下取样；将 G_3 转换为 G_2、G_1、

G_0，图像分辨率不断增大的过程称为向上取样。

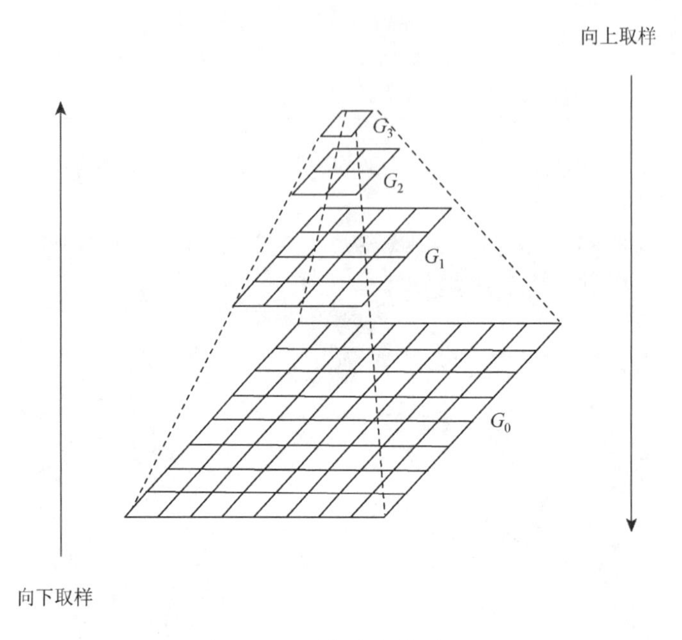

图 6-11　图像金字塔原理

6.3.1　图像向下取样

在图像向下取样中，使用最多的是高斯金字塔。它将对图像 G_i 进行高斯核卷积，并删除原图中所有的偶数行和列，最终缩小图像。其中，高斯核卷积运算就是对整幅图像进行加权平均的过程，每一个像素点的值，都由其本身和邻域内的其他像素值（权重不同）经过加权平均后得到。常见的 3×3 和 5×5 高斯核如下。

$$K(3,3)=\frac{1}{16}\begin{bmatrix}1 & 2 & 1\\ 2 & 4 & 2\\ 1 & 2 & 1\end{bmatrix} \tag{6-1}$$

$$K(5,5)=\frac{1}{273}\begin{bmatrix}1 & 4 & 7 & 4 & 1\\ 4 & 16 & 26 & 16 & 4\\ 7 & 26 & 41 & 26 & 7\\ 4 & 16 & 26 & 16 & 4\\ 1 & 4 & 7 & 4 & 1\end{bmatrix} \tag{6-2}$$

高斯核卷积让临近中心的像素点具有更高的重要度，对周围像素计算加权平均值，如图 6-12 所示，其中心位置权重最高为 0.4。

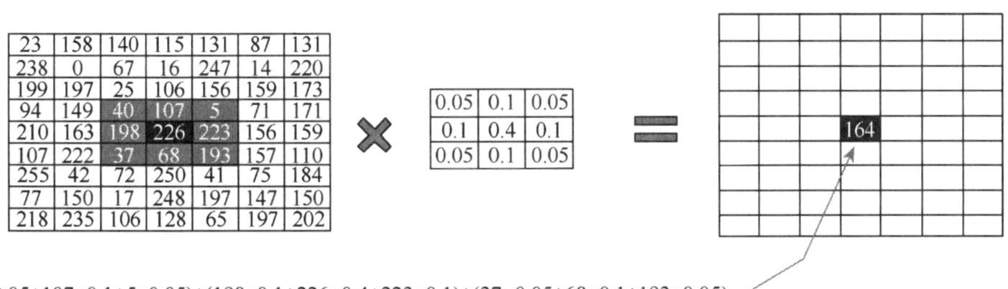

(40×0.05+107×0.1+5×0.05)+(198×0.1+226×0.4+223×0.1)+(37×0.05+68×0.1+193×0.05)

图 6-12 高斯滤波处理过程

显而易见，原始图像 G_i 具有 $M \times N$ 像素，进行向下取样之后，所得到的图像 G_{i+1} 具有 $M/2 \times N/2$ 像素，只有原图的四分之一。通过对输入的原始图像不停迭代，就会得到整个金字塔。注意，由于每次向下取样会删除偶数行和列，所以它会不停地丢失图像的信息。

在 OpenCV 中，向下取样使用的函数为 pyrDown（），其原型如下所示。

```
dst=pyrDown(src[,dst[,dstsize[,borderType]]])
```

（1）src 表示输入图像。

（2）dst 表示输出图像，与输入图像具有一样的尺寸和类型。

（3）dstsize 表示输出图像的大小，默认值为 Size（）。

（4）borderType 表示像素外推法，详见 cv:：bordertypes。

向下取样的代码如下所示。

Image_Processing_06_07.py

```
#-*-coding:utf-8-*-
import cv2
import numpy as np
import matplotlib.pyplot as plt

#读取原始图像
img=cv2.imread('nv.png')

#图像向下取样
r=cv2.pyrDown(img)

#显示图像
cv2.imshow('original',img)
cv2.imshow('PyrDown',r)

#等待显示
```

```
cv2.waitKey()
cv2.destroyAllWindows()
```

输出结果如图 6-13 所示，它将原始图像压缩成原图的四分之一。

图 6-13　向下一次取样

多次向下取样的代码如下。

Image_Processing_06_08.py

```
#-*-coding:utf-8-*-
import cv2
import numpy as np
import matplotlib.pyplot as plt

#读取原始图像
img=cv2.imread('nv.png')

#图像向下取样
r1=cv2.pyrDown(img)
r2=cv2.pyrDown(r1)
r3=cv2.pyrDown(r2)
```

```
#显示图像
cv2.imshow('original',img)
cv2.imshow('PyrDown1',r1)
cv2.imshow('PyrDown2',r2)
cv2.imshow('PyrDown3',r3)

#等待显示
cv2.waitKey()
cv2.destroyAllWindows()
```

输出结果如图6-14所示，每次向下取样均为上次的四分之一，并且图像的清晰度会降低。

图6-14　多次向下取样

6.3.2　图像向上取样

图像向上取样是由小图像不断放大图像的过程。它将图像在每个方向上扩大为原图像的两倍，新增的行和列均用0来填充，并使用与向下取样相同的卷积核乘以4，再与放大后的图像进行卷积运算，以获得新增像素的新值。如图6-15所示，它在原始像素45、123、89、149之间各新增了一行和一列值为0的像素。

$$\begin{vmatrix} 45 & 123 \\ 89 & 149 \end{vmatrix} \Rightarrow \begin{vmatrix} 45 & 0 & 123 & 0 \\ 0 & 0 & 0 & 0 \\ 89 & 0 & 149 & 0 \\ 0 & 0 & 0 & 0 \end{vmatrix}$$

图 6-15　图像向上取样新增像素

注意，向上取样放大后的图像比原始图像要模糊。同时，向上采样和向下采样不是互逆的操作，经过两种操作后，是无法恢复原始图像的。

在 OpenCV 中，向上取样使用的函数为 pyrUp（），其原型如下所示。

```
Dst=pyrUp(src[,dst[,dstsize[,borderType]]])
```

（1）src 表示输入图像。

（2）dst 表示输出图像，与输入图像具有一样的尺寸和类型。

（3）dstsize 表示输出图像的大小，默认值为 Size（）。

（4）borderType 表示像素外推法，详见 cv：：bordertypes。

向上取样的代码如下所示。

Image_Processing_06_09.py

```
#-*-coding:utf-8-*-
import cv2
import numpy as np
import matplotlib.pyplot as plt

#读取原始图像
img=cv2.imread('lena.png')

#图像向上取样
r=cv2.pyrUp(img)

#显示图像
cv2.imshow('original',img)
cv2.imshow('PyrUp',r)

#等待显示
cv2.waitKey()
cv2.destroyAllWindows()
```

输出结果如图 6-16 所示，它将原始图像扩大为原图像的四倍。

图 6-16　向上一次取样

多次向上取样的代码如下。

Image_Processing_06_10.py

```
#-*-coding:utf-8-*-
import cv2
import numpy as np
import matplotlib.pyplot as plt

#读取原始图像
img=cv2.imread('lena2.png')

#图像向上取样
r1=cv2.pyrUp(img)
r2=cv2.pyrUp(r1)
r3=cv2.pyrUp(r2)

#显示图像
cv2.imshow('original',img)
cv2.imshow('PyrUp1',r1)
cv2.imshow('PyrUp2',r2)
cv2.imshow('PyrUp3',r3)

#等待显示
```

```
cv2.waitKey()
cv2.destroyAllWindows()
```

输出结果如图 6-17 所示，每次向上取样均为上次图像的四倍，但图像的清晰度会降低。

图 6-17　多次向上取样

6.4 本 章 小 结

本章主要介绍图像的量化处理和采样处理，首先从基本概率到操作，然后到扩展进行全方位讲解，并且补充了基于 K-Means 聚类算法的量化处理和局部马赛克特效处理，最后补充了图像金字塔相关知识。本章知识点能够将生活中的图像转换为数字图像，更好地为后续的图像处理提供帮助。

参 考 文 献

[1] 冈萨雷斯. 数字图像处理[M]. 3 版. 北京：电子工业出版社，2013.

[2] 阮秋琦. 数字图像处理学[M]. 3 版. 北京：电子工业出版社，2008.

[3] 毛星云，冷雪飞. OpenCV3 编程入门[M]. 北京：电子工业出版社，2015.

第 7 章　Python 图像的点运算处理

图像的点运算是指对图像中的每个像素依次进行灰度变换的运算，主要用于改变一幅图像的灰度分布范围，通过一定的变换函数将图像的灰度值进行转换，生成新的图像的过程。点运算是图像处理中的基础技术，常见的包括灰度化处理、灰度线性变换、灰度非线性变换、阈值化处理等。

7.1　图像点运算的概述

图像点运算（point operation）指对于一幅输入图像，将产生一幅输出图像，输出图像的每个像素点的灰度值由输入像素点决定。点运算实际上是灰度到灰度的映射过程，通过映射变换来增强或者减弱图像的灰度。还可以对图像进行求灰度直方图、线性变换、非线性变换以及图像骨架的提取。它与相邻的像素之间没有运算关系，是一种简单有效的图像处理方法[1]。

它在实际中有很多的应用。

（1）光度学标定（photometric calibration）：希望数字图像的灰度能够真实反映图像的物理特性。如去掉非线性、变换灰度的单位。

（2）对比度增强（contrast enhancement）或对比度扩展（contrast stretching）：将感兴趣特征的对比度扩展，让其占据灰度级的更大部分。

（3）显示标定（display calibration）：显示设备不能线性地将灰度值转化为光强度。因此点运算和显示非线性结合，以保持显示图像时的线性关系。

（4）轮廓线确定：用点运算的方式进行阈值化。

设输入图像为 $A(x, y)$，输出图像为 $B(x, y)$，则点运算可以表示为

$$B(x, y) = f[A(x, y)] \tag{7-1}$$

（1）与几何运算的差别，不会改变图像内像素点之间的空间位置关系。

（2）与局部（邻域）运算的差别，输入像素—输出像素一一对应。

（3）又称为对比度增强，对比度拉伸或灰度变换。

图像的灰度变换可以通过有选择地突出图像感兴趣的特征或者抑制图像中不需要的特征，从而改善图像的质量，凸显图像的细节，提高图像的对比度。它也能有效地改变图像的直方图分布，使图像的像素值分布更为均匀[2,3]。

7.2　图像灰度化处理

图像灰度化是将一幅彩色图像转换为灰度化图像的过程。彩色图像通常包括 R、G、

B 三个分量，分别显示出红绿蓝等各种颜色，灰度化就是使彩色图像的 R、G、B 三个分量相等的过程。灰度图像中每个像素仅具有一种样本颜色，其灰度是位于黑色与白色之间的多级色彩深度，灰度值大的像素点比较亮，反之比较暗，像素值最大为 255（表示白色），像素值最小为 0（表示黑色）。

假设某点的颜色由 RGB（R，G，B）组成，常见灰度处理算法如表 7-1 所示。

表 7-1　灰度处理算法

算法名称	算法公式
最大值灰度处理	Gray = max（R，G，B）
浮点灰度处理	Gray = R×0.3 + G×0.59 + B×0.11
整数灰度处理	Gray = (R×30 + G×59 + B×11)/100
移位灰度处理	Gray = (R×28 + G×151 + B×77)>>8
平均灰度处理	Gray = (R + G + B)/3
加权平均灰度处理	Gray = R×0.299 + G×0.587 + B×0.144

表 7-1 中 Gray 表示灰度处理之后的颜色，然后将原始 RGB（R，G，B）颜色均匀地替换成新颜色 RGB（Gray，Gray，Gray），从而将彩色图像转化为灰度图像。一种常见的方法是将 RGB 三个分量求和再取平均值，但更为准确的方法是设置不同的权重，将 RGB 分量按不同的比例进行灰度划分。例如，人类的眼睛感官蓝色的敏感度最低，绿色的敏感度最高，因此将 RGB 按照 0.299、0.587、0.144 比例加权平均能得到较合理的灰度图像，如下：

$$\text{Gray} = R \times 0.299 + G \times 0.587 + B \times 0.144 \tag{7-2}$$

1. 基于 OpenCV 的图像灰度化处理

在日常生活中，我们看到的大多数彩色图像都是 RGB 类型，但是在图像处理过程中，常常需要用到灰度图像、二值图像、HSV、HSI 等，OpenCV 提供了 cvtColor（）函数实现这些功能。其函数原型如下所示。

```
dst=cv2.cvtColor(src,code[,dst[,dstCn]])
```

（1）src 表示输入图像，需要进行颜色空间变换的原图像。

（2）code 表示转换的代码或标识。

（3）dst 表示输出图像，其大小和深度与 src 一致。

（4）dstCn 表示目标图像通道数，其值为 0 时，由 src 和 code 决定。

该函数的作用是将一个图像从一个颜色空间转换到另一个颜色空间，其中，RGB 是指 Red、Green 和 Blue，一幅图像由这三个通道构成；Gray 表示只有灰度值一个通道；HSV 包含色调、饱和度和明度三个通道。在 OpenCV 中，常见的颜色空间转换标识包括 CV_BGR2BGRA、CV_RGB2GRAY、CV_GRAY2RGB、CV_BGR2HSV、CV_BGR2XYZ、CV_BGR2HLS 等。

下面是调用 cvtColor（）函数将图像进行灰度化处理的代码。

Image_Processing_07_01.py

```
#-*-coding:utf-8-*-
import cv2
import numpy as np

#读取原始图像
src=cv2.imread('miao.png')

#图像灰度化处理
grayImage=cv2.cvtColor(src,cv2.COLOR_BGR2GRAY)

#显示图像
cv2.imshow("src",src)
cv2.imshow("result",grayImage)

#等待显示
cv2.waitKey(0)
cv2.destroyAllWindows()
```

输出结果如图 7-1 所示，图 7-1（a）是彩色的苗族服饰原图，图 7-1（b）是将彩色图像进行灰度化处理之后的灰度图。其中，灰度图将一个像素点的三个颜色变量设置为相等，R=G=B，此时该值称为灰度值。

(a)彩色原图　　(b)灰度化处理后图像

图 7-1　图像灰度化处理

同样，可以调用 grayImage=cv2.cvtColor（src，cv2.COLOR_BGR2HSV）核心代码将彩色图像转换为 HSV 颜色空间，如图 7-2 所示。

(a) 彩色原图　　(b) HSV转换图像

图 7-2　图像 HSV 转换

下面的代码对比了九种常见的颜色空间，包括 BGR、RGB、GRAY、HSV、YCrCb、HLS、XYZ、LAB 和 YUV，并循环显示处理后的图像。

Image_Processing_07_02.py

```
#-*-coding:utf-8-*-
import cv2
import numpy as np
import matplotlib.pyplot as plt

#读取原始图像
img_BGR=cv2.imread('miao.png')

#BGR 转换为 RGB
img_RGB=cv2.cvtColor(img_BGR,cv2.COLOR_BGR2RGB)

#灰度化处理
img_GRAY=cv2.cvtColor(img_BGR,cv2.COLOR_BGR2GRAY)

#BGR 转 HSV
```

```
    img_HSV=cv2.cvtColor(img_BGR,cv2.COLOR_BGR2HSV)

    #BGR 转 YCrCb
    img_YCrCb=cv2.cvtColor(img_BGR,cv2.COLOR_BGR2YCrCb)

    #BGR 转 HLS
    img_HLS=cv2.cvtColor(img_BGR,cv2.COLOR_BGR2HLS)

    #BGR 转 XYZ
    img_XYZ=cv2.cvtColor(img_BGR,cv2.COLOR_BGR2XYZ)

    #BGR 转 LAB
    img_LAB=cv2.cvtColor(img_BGR,cv2.COLOR_BGR2LAB)

    #BGR 转 YUV
    img_YUV=cv2.cvtColor(img_BGR,cv2.COLOR_BGR2YUV)

    #调用 matplotlib 显示处理结果
    titles=['BGR','RGB','GRAY','HSV','YCrCb','HLS','XYZ','LAB','YU
V']
    images=[img_BGR,img_RGB,img_GRAY,img_HSV,img_YCrCb,
            img_HLS,img_XYZ,img_LAB,img_YUV]
    for i in xrange(9):
        plt.subplot(3,3,i+1),plt.imshow(images[i],'gray')
        plt.title(titles[i])
        plt.xticks([]),plt.yticks([])
    plt.show()
```

其运行结果如图 7-3 所示。

2. 基于像素操作的图像灰度化处理

前面介绍了调用 OpenCV 中 cvtColor（）函数实现图像灰度化的处理，下面介绍基于像素操作的图像灰度化处理方法，主要是最大值灰度处理方法、平均灰度处理方法和加权平均灰度处理方法。

1）最大值灰度处理方法

该方法的灰度值等于彩色图像 R、G、B 三个分量中的最大值，公式为

$$\mathrm{gray}(i,j)=\max(R(i,j),G(i,j),B(i,j)) \tag{7-3}$$

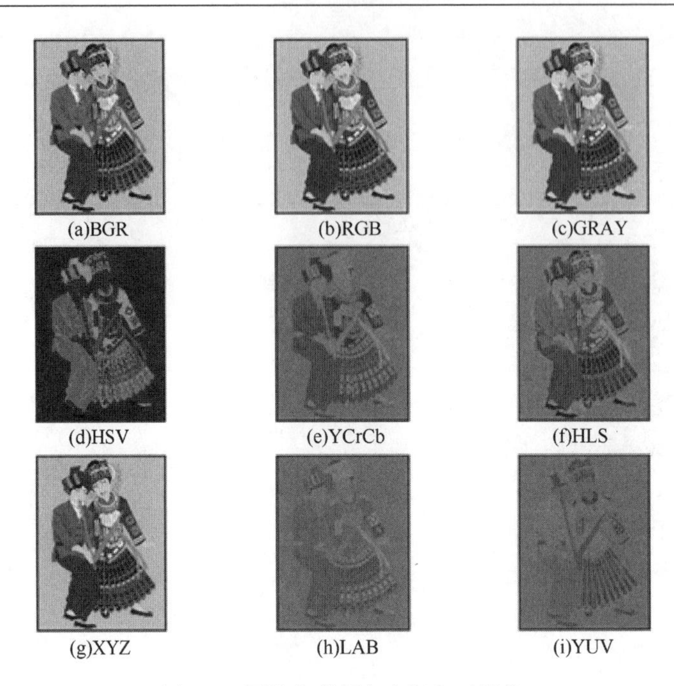

图 7-3　图像九种颜色空间相互转换

该方法灰度化处理后的灰度图亮度很高，实现代码如下。

Image_Processing_07_03.py

```
#-*-coding:utf-8-*-
import cv2
import numpy as np
import matplotlib.pyplot as plt

#读取原始图像
img=cv2.imread('miao.png')

#获取图像高度和宽度
height=img.shape[0]
width=img.shape[1]

#创建一幅图像
grayimg=np.zeros((height,width,3),np.uint8)

#图像最大值灰度处理
for i in range(height):
```

```
for j in range(width):
#获取图像 R G B 最大值
gray=max(img[i,j][0],img[i,j][1],img[i,j][2])
#灰度图像素赋值 gray=max(R,G,B)
grayimg[i,j]=np.uint8(gray)

#显示图像
cv2.imshow("src",img)
cv2.imshow("gray",grayimg)

#等待显示
cv2.waitKey(0)
cv2.destroyAllWindows()
```

其输出结果如图 7-4 所示，其处理效果的灰度偏亮。

图 7-4　图像最大值灰度处理方法效果图

2）平均灰度处理方法

该方法的灰度值等于彩色图像 R、G、B 三个分量灰度值的求和平均值，其计算公式为

$$\mathrm{gray}(i,j)=\frac{R(i,j)+G(i,j)+B(i,j)}{3} \tag{7-4}$$

平均灰度处理方法实现代码如下。

Image_Processing_07_04.py

```
#-*-coding:utf-8-*-
```

```
import cv2
import numpy as np
import matplotlib.pyplot as plt

#读取原始图像
img=cv2.imread('miao.png')

#获取图像高度和宽度
height=img.shape[0]
width=img.shape[1]

#创建一幅图像
grayimg=np.zeros((height,width,3),np.uint8)
print grayimg

#图像平均灰度处理方法
for i in range(height):
 for j in range(width):
 #灰度值为RGB三个分量的平均值
gray=(int(img[i,j][0])+int(img[i,j][1])+int(img[i,j][2]))/3
grayimg[i,j]=np.uint8(gray)

#显示图像
cv2.imshow("src",img)
cv2.imshow("gray",grayimg)

#等待显示
cv2.waitKey(0)
cv2.destroyAllWindows()
```

其输出结果如图 7-5 所示。

3）加权平均灰度处理方法

该方法根据色彩重要性，将三个分量以不同的权值进行加权平均。由于人眼对绿色的敏感度最高，对蓝色的敏感度最低，因此，对 RGB 三分量进行加权平均能得到较合理的灰度图像。

$$\text{gray}(i,j)=0.30\times R(i,j)+0.59\times G(i,j)+0.11\times B(i,j) \tag{7-5}$$

加权平均灰度处理方法实现代码如下所示。

图 7-5 图像平均灰度处理方法效果图

Image_Processing_07_05.py

```
#-*-coding:utf-8-*-
import cv2
import numpy as np
import matplotlib.pyplot as plt

#读取原始图像
img=cv2.imread('miao.png')

#获取图像高度和宽度
height=img.shape[0]
width=img.shape[1]

#创建一幅图像
grayimg=np.zeros((height,width,3),np.uint8)
print grayimg

#图像平均灰度处理方法
for i in range(height):
for j in range(width):
#灰度加权平均法
```

```
gray=0.30 * img[i,j][0]+0.59 * img[i,j][1]+0.11 * img[i,j][2]
grayimg[i,j]=np.uint8(gray)

#显示图像
cv2.imshow("src",img)
cv2.imshow("gray",grayimg)

#等待显示
cv2.waitKey(0)
cv2.destroyAllWindows()
```

其输出结果如图 7-6 所示。

图 7-6　图像加权平均灰度处理方法效果图

7.2.1　图像的灰度线性变换

图像的灰度线性变换是通过建立灰度映射来调整原始图像的灰度，从而改善图像的质量，凸显图像的细节，提高图像的对比度。灰度线性变换的计算公式为

$$D_B = f(D_A) = \alpha D_A + b \tag{7-6}$$

式中，D_B 为灰度线性变换后的灰度值，D_A 为变换前输入图像的灰度值，α 和 b 为线性变换方程 f（D）的参数，分别表示斜率和截距。

（1）当 $\alpha=1$，$b=0$ 时，保持原始图像。

（2）当 $\alpha=1$，$b!=0$ 时，图像所有的灰度值上移或下移。

（3）当 $\alpha=-1$，$b=255$ 时，原始图像的灰度值反转。

（4）当 $\alpha>1$ 时，输出图像的对比度增强。

（5）当 $0<\alpha<1$ 时，输出图像的对比度减小。

（6）当 $\alpha<0$ 时，原始图像暗区域变亮，亮区域变暗，图像求补。

如图 7-7 所示，显示了图像的灰度线性变换对应的效果图。

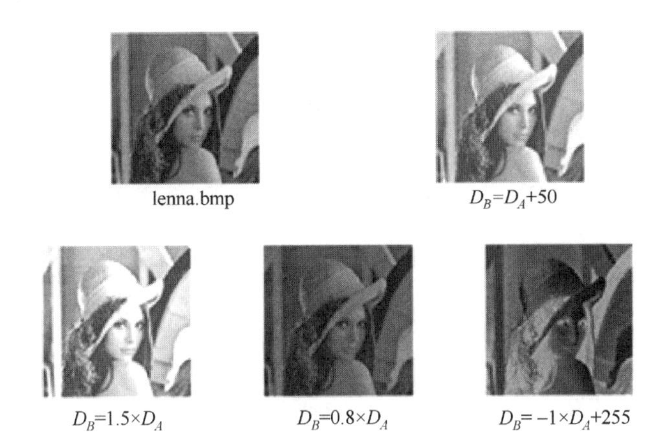

图 7-7 图像的灰度线性变换效果图

1. 图像灰度上移变换：$D_B=D_A+50$

该算法将实现图像灰度值的上移，从而提升图像的亮度，其实现代码如下所示。由于图像的灰度值位于 0～255，所以需要对灰度值进行溢出判断。

Image_Processing_07_06.py

```
#-*-coding:utf-8-*-
import cv2
import numpy as np
import matplotlib.pyplot as plt

#读取原始图像
img=cv2.imread('miao.png')

#图像灰度转换
grayImage=cv2.cvtColor(img,cv2.COLOR_BGR2GRAY)

#获取图像高度和宽度
height=grayImage.shape[0]
width=grayImage.shape[1]
```

```
#创建一幅图像
result=np.zeros((height,width),np.uint8)
#图像灰度上移变换 DB=DA+50
for i in range(height):
 for j in range(width):

 if(int(grayImage[i,j]+50)>255):
gray=255
 else:
gray=int(grayImage[i,j]+50)

 result[i,j]=np.uint8(gray)

#显示图像
cv2.imshow("Gray Image",grayImage)
cv2.imshow("Result",result)

#等待显示
cv2.waitKey(0)
cv2.destroyAllWindows()
```

其输出结果如图 7-8 所示，图像的所有灰度值上移 50，图像变得更白了。注意，纯黑色对应的灰度值为 0，纯白色对应的灰度值为 255。

图 7-8　图像灰度值上移变换

2. 图像对比度增强变换：$D_B = D_A \times 1.5$

该算法将增强图像的对比度，Python 实现代码如下所示。

Image_Processing_07_07.py

```
#-*-coding:utf-8-*-
import cv2
import numpy as np
import matplotlib.pyplot as plt

#读取原始图像
img=cv2.imread('miao.png')

#图像灰度转换
grayImage=cv2.cvtColor(img,cv2.COLOR_BGR2GRAY)

#获取图像高度和宽度
height=grayImage.shape[0]
width=grayImage.shape[1]

#创建一幅图像
result=np.zeros((height,width),np.uint8)

#图像对比度增强变换 DB=DA×1.5
for i in range(height):
 for j in range(width):

 if(int(grayImage[i,j]*1.5)>255):
gray=255
 else:
gray=int(grayImage[i,j]*1.5)

 result[i,j]=np.uint8(gray)

#显示图像
cv2.imshow("Gray Image",grayImage)
cv2.imshow("Result",result)
```

其输出结果如图 7-9 所示，图像的所有灰度值增强 1.5 倍。

图 7-9　图像线性对比度增强

3. 图像对比度减弱变换：$D_B = D_A \times 0.8$

该算法将减弱图像的对比度，Python 实现代码如下所示。

Image_Processing_07_08.py

```
#-*-coding:utf-8-*-
import cv2
import numpy as np
import matplotlib.pyplot as plt

#读取原始图像
img=cv2.imread('miao.png')

#图像灰度转换
grayImage=cv2.cvtColor(img,cv2.COLOR_BGR2GRAY)

#获取图像高度和宽度
height=grayImage.shape[0]
width=grayImage.shape[1]
```

```
#创建一幅图像
result=np.zeros((height,width),np.uint8)

#图像对比度减弱变换 DB=DA×0.8
for i in range(height):
 for j in range(width):
gray=int(grayImage[i,j] *0.8)
result[i,j]=np.uint8(gray)

#显示图像
cv2.imshow("Gray Image",grayImage)
cv2.imshow("Result",result)

#等待显示
cv2.waitKey(0)
cv2.destroyAllWindows()
```

其输出结果如图 7-10 所示，图像的所有灰度值减弱，图像变得更暗。

图 7-10 图像线性对比度减弱

4. 图像灰度反色变换：$D_B = 255 - D_A$

反色变换又称为线性灰度求补变换，它是对原图像的像素值进行反转，即黑色变为白色，白色变为黑色的过程。其 Python 实现代码如下所示。

Image_Processing_07_09.py

```
#-*-coding: utf-8-*-
import cv2
import numpy as np
import matplotlib.pyplot as plt

#读取原始图像
img=cv2.imread('miao.png')

#图像灰度转换
grayImage=cv2.cvtColor(img,cv2.COLOR_BGR2GRAY)

#获取图像高度和宽度
height=grayImage.shape[0]
width=grayImage.shape[1]

#创建一幅图像
result=np.zeros((height,width),np.uint8)

#图像灰度反色变换 DB=255-DA
for i in range(height):
 for j in range(width):
gray=255-grayImage[i,j]
result[i,j]=np.uint8(gray)

#显示图像
cv2.imshow("Gray Image",grayImage)
cv2.imshow("Result",result)

#等待显示
cv2.waitKey(0)
cv2.destroyAllWindows()
```

其输出结果如图 7-11 所示，图像处理前后的灰度值是互补的。

图像灰度反色变换在医学图像处理中有一定的应用，如图 7-12 所示。

图 7-11　图像灰度反色变换

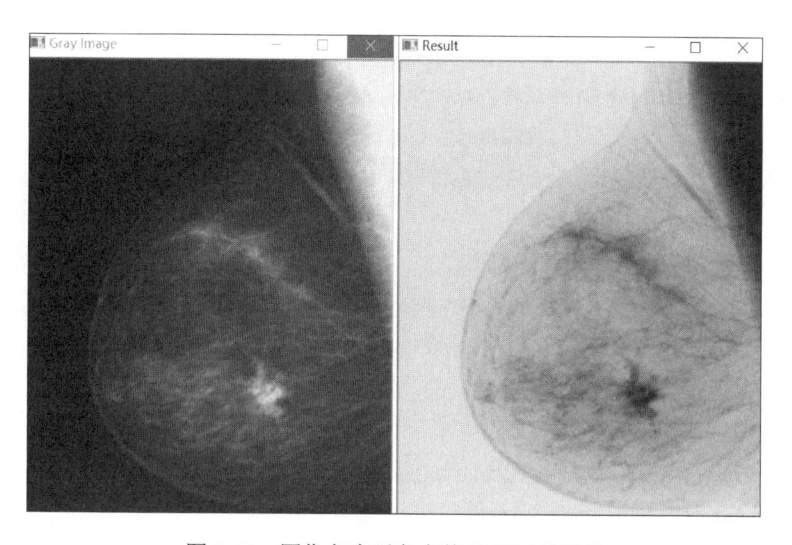

图 7-12　图像灰度反色变换处理医学图像

7.2.2　图像的灰度非线性变换

图像的灰度非线性变换主要包括对数变换、幂次变换、指数变换、分段函数变换，通过非线性关系对图像进行灰度处理，下面主要介绍三种常见类型的灰度非线性变换。

1. 图像灰度非线性变换

原始图像的灰度值按照 $D_B = D_A \times D_A/255$ 的公式进行非线性变换，其代码如下。

Image_Processing_07_10.py

```
#-*-coding:utf-8-*-
import cv2
```

```
import numpy as np
import matplotlib.pyplot as plt

#读取原始图像
img=cv2.imread('miao.png')

#图像灰度转换
grayImage=cv2.cvtColor(img,cv2.COLOR_BGR2GRAY)

#获取图像高度和宽度
height=grayImage.shape[0]
width=grayImage.shape[1]

#创建一幅图像
result=np.zeros((height,width),np.uint8)

#图像灰度非线性变换：DB=DA×DA/255
for i in range(height):
    for j in range(width):
        gray=int(grayImage[i,j])*int(grayImage[i,j])/255
        result[i,j]=np.uint8(gray)

#显示图像
cv2.imshow("Gray Image",grayImage)
cv2.imshow("Result",result)

#等待显示
cv2.waitKey(0)
cv2.destroyAllWindows()
```

图像灰度非线性变换的输出结果如图 7-13 所示。

2. 图像灰度对数变换

图像灰度的对数变换一般表示为

$$D_B = c \times \log(1 + D_A) \tag{7-7}$$

式中，c 为尺度比较常数，D_A 为原始图像灰度值，D_B 为变换后的目标灰度值。如图 7-14 所示，它表示对数曲线下的灰度值变化情况。其中，x 表示原始图像的灰度值，y 表示对数变换之后的目标灰度值。

图 7-13　图像灰度非线性变换

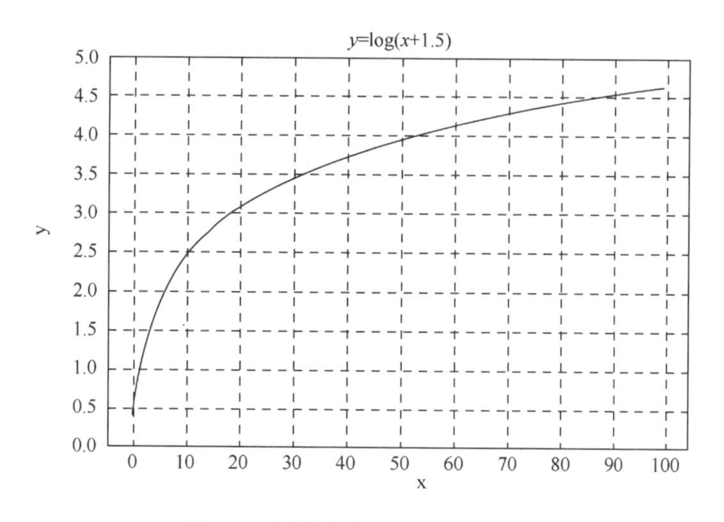

图 7-14　图像灰度对数变换示意图

由于对数曲线在像素值较低的区域斜率大，在像素值较高的区域斜率较小，所以图像经过对数变换后，较暗区域的对比度将有所提升。这种变换可用于增强图像的暗部细节，从而用来扩展被压缩的高值图像中的较暗像素。

对数变换实现了扩展低灰度值而压缩高灰度值的效果，广泛地应用于频谱图像的显示中。一个典型的应用是傅里叶频谱，其动态范围可能宽达 $0\sim10^6$。直接显示频谱时，图像显示设备的动态范围往往不能满足要求，从而丢失大量的暗部细节；而在使用对数变换之后，图像的动态范围被合理地非线性压缩，从而可以清晰地显示。

在图 7-15 中，未经变换的频谱经过对数变换后，增加了低灰度区域的对比度，从而增强了暗部的细节。

图 7-15　图像对数变换对比图

下面的代码实现了图像灰度的对数变换。

Image_Processing_07_11.py

```
#-*-coding:utf-8-*-
import numpy as np
import matplotlib.pyplot as plt
import cv2

#绘制曲线
def log_plot(c):
        x=np.arange(0, 256,0.01)
        y=c * np.log(1+x)
        plt.plot(x,y,'r',linewidth=1)
        plt.rcParams['font.sans-serif']=['SimHei']#正常显示中文标签
        plt.title(u'对数变换函数')
        plt.xlable('x')
        plt.ylable('y')
        plt.xlim(0,255),plt.ylim(0,255)
        plt.show()

#对数变换
def log(c,img):
 output=c * np.log(1.0+img)
 output=np.uint8(output+0.5)
 return output

#读取原始图像
img=cv2.imread('test.png')
```

```
#绘制对数变换曲线
log_plot(42)

#图像灰度对数变换
output=log(42,img)

#显示图像
cv2.imshow('Input',img)
cv2.imshow('Output',output)

#等待显示
cv2.waitKey(0)
cv2.destroyAllWindows()
```

图 7-16 表示经过对数函数处理后的效果图，对数变换对于整体对比度偏低并且灰度值偏低的图像增强效果较好。

图 7-16　图像灰度对数变换

对应的对数函数曲线如图 7-17 所示。其中，x 表示原始图像的灰度值，y 表示对数变换之后的目标灰度值。

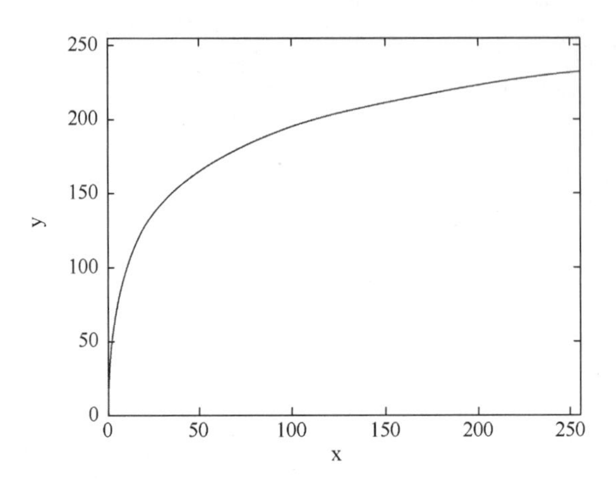

图 7-17　图像灰度对数变换曲

3. 图像灰度伽马变换

伽马变换又称为指数变换或幂次变换，是另一种常用的灰度非线性变换。图像灰度的伽马变换一般表示为

$$D_B = c \times D_A^{\gamma} \tag{7-8}$$

（1）当 $\gamma>1$ 时，会拉伸图像中灰度级较高的区域，压缩灰度级较低的部分。

（2）当 $\gamma<1$ 时，会拉伸图像中灰度级较低的区域，压缩灰度级较高的部分。

（3）当 $\gamma=1$ 时，该灰度变换是线性的，此时通过线性方式改变原图像。

Python 实现图像灰度的伽马变换代码如下，主要调用幂函数实现。

Image_Processing_07_12.py

```
#-*-coding:utf-8-*-
import numpy as np
import matplotlib.pyplot as plt
import cv2

#绘制曲线
def gamma_plot(c,v):
    x=np.arange(0,256,0.01)
    y=c*x**v
    plt.plot(x,y,'r',linewidth=1)
```

```
    plt.rcParams['font.sans-serif']=['SimHei']#正常显示中文标签
    plt.title(u'伽马变换函数')
    plt.xlable('x')
    plt.ylable('y')
    plt.xlim([0,255]),plt.ylim([0,255])
    plt.show()

#伽马变换
def gamma(img,c,v):
    lut=np.zeros(256,dtype=np.float32)
    for i in range(256):
        lut[i]=c * i ** v
    output_img=cv2.LUT(img,lut)#像素灰度值的映射
    output_img=np.uint8(output_img+0.5)
    return output_img

#读取原始图像
img=cv2.imread('test.png')

#绘制伽马变换曲线
gamma_plot(0.00000005,4.0)

#图像灰度伽马变换
output=gamma(img,0.00000005,4.0)

#显示图像
cv2.imshow('Imput',img)
cv2.imshow('Output',output)

#等待显示
cv2.waitKey(0)
cv2.destroyAllWindows()
```

图 7-18 表示经过伽马变换处理后的效果图，伽马变换对于图像对比度偏低，并且整体亮度值偏高（或由于相机过曝）情况下的图像增强效果明显。

图 7-18　图像灰度伽马变换

对应的伽马变换曲线如图 7-19 所示。其中，x 表示原始图像的灰度值，y 表示伽马变换之后的目标灰度值。

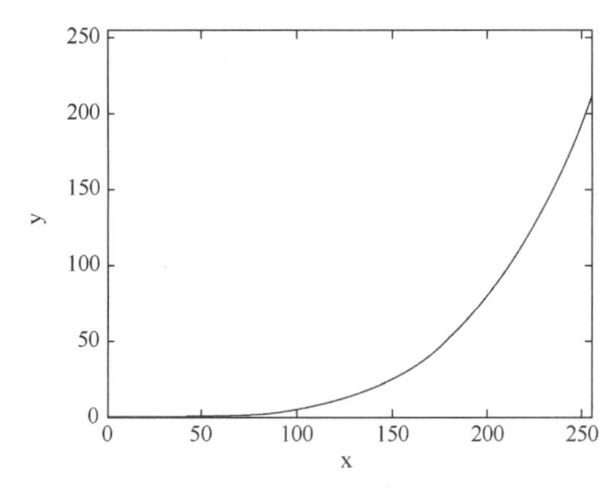

图 7-19　图像灰度伽马变换曲线

7.3　图像阈值化处理

图像阈值化（binarization）旨在剔除掉图像中一些低于或高于一定值的像素，从而提取图像中的物体，将图像的背景和噪声区分开。图像阈值化可以理解为一个简单的图像分割操作，阈值又称为临界值，它的目的是确定出一个范围，然后这个范围内的像素点使用同一种方法处理，而阈值之外的部分则使用另一种方法处理或保持原样。

灰度化处理后的图像中，每个像素都只有一个灰度值，其大小表示明暗程度。阈值化处理可以将图像中的像素划分为两类颜色，常见的阈值化算法为

$$\text{Gray}(i,j)=\begin{cases}255, & \text{Gray}(i,j)\geqslant T\\ 0, & \text{Gray}(i,j)<T\end{cases} \tag{7-9}$$

当某个像素点的灰度 Gray（i，j）小于阈值 T 时，其像素设置为 0，表示黑色；当灰

度 Gray（i，j）大于或等于阈值 T 时，其像素值为 255，表示白色。

在 Python 的 OpenCV 库中，提供了固定阈值化函数 threshold（）和自适应阈值化函数 adaptiveThreshold（），将一幅图像进行阈值化处理。

7.3.1　固定阈值化处理

OpenCV 中提供了函数 threshold（）实现固定阈值化处理，其函数原型如下。

```
dst=cv2.threshold(src,thresh,maxval,type[,dst])
```

（1）src 表示输入图像的数组，8 位或 32 位浮点类型的多通道数。

（2）thresh 表示阈值。

（3）maxval 表示最大值，当参数阈值类型 type 选择 CV_THRESH_BINARY 或 CV_THRESH_BINARY_INV 时，该参数为阈值类型的最大值。

（4）type 表示阈值类型。

（5）dst 表示输出的阈值化处理后的图像，其类型和通道数与 src 一致。

threshold（）函数不同类型的处理算法如表 7-2 所示。

表 7-2　图像阈值化处理不同类型对比

算法原型	算法含义
threshold（Gray，127，255，cv2.THRESH_BINARY）	大于阈值的像素点的灰度值设为最大值，小于阈值的像素点灰度值设定为 0
threshold（Gray，127，255，cv2.THRESH_BINARY_INV）	大于阈值的像素点的灰度值设定为 0，而小于该阈值的设定为 255
threshold（Gray，127，255，cv2.THRESH_TRUNC）	小于阈值的像素点的灰度值不改变，反之将像素点的灰度值设定为该阈值
threshold（Gray，127，255，cv2.THRESH_TOZERO）	小于阈值的像素点的灰度值不进行任何改变，而大于阈值的部分，其灰度值全部变为 0
threshold（Gray，127，255，cv2.THRESH_TOZERO_INV）	大于该阈值的像素点的灰度值不进行任何改变，小于该阈值的部分其灰度值全部设定为 0

其对应的阈值化描述如图 7-20 所示。

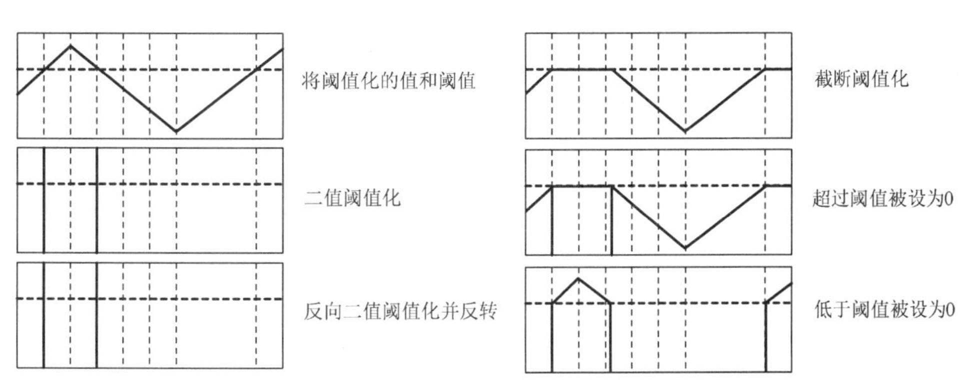

图 7-20　不同阈值类型的处理过程

阈值化处理广泛应用于各行各业，如生物学中的细胞图分割、交通领域的车牌识别等。通过阈值化处理将图像转换为黑白两色，从而为后续的图像识别和图像分割提供更好的支撑作用。下面详细讲解五种阈值化处理算法。

1. 二进制阈值化

该函数的原型为 threshold（Gray，127，255，cv2.THRESH_BINARY）。其方法首先要选定一个特定的阈值量，如 127，再按照如下所示的规则进行阈值化处理。

$$\mathrm{dst}(x,y)=\begin{cases}\max\mathrm{val} & ,\mathrm{src}(x,y)>\mathrm{thresh}\\ 0 & ,\mathrm{src}(x,y)\leqslant \mathrm{thresh}\end{cases} \tag{7-10}$$

当前像素点的灰度值大于 thresh 阈值时（如 127），其像素点的灰度值设定为最大值（如 8 位灰度值最大为 255）；否则，像素点的灰度值设置为 0。如阈值为 127 时，像素点的灰度值为 163，则阈值化设置为 255；像素点的灰度值为 82，则阈值化设置为 0。

二进制阈值化处理的 Python 代码如下所示。

Image_Processing_07_13.py

```
#-*-coding:utf-8-*-
import cv2
import numpy as np

#读取图像
src=cv2.imread('miao.png')

#灰度图像处理
grayImage=cv2.cvtColor(src,cv2.COLOR_BGR2GRAY)

#二进制阈值化处理
r,b=cv2.threshold(grayImage,127,255,cv2.THRESH_BINARY)

#显示图像
cv2.imshow("src",src)
cv2.imshow("result",b)

#等待显示
cv2.waitKey(0)
cv2.destroyAllWindows()
```

输出结果如图 7-21 所示。像素值大于 127 的设置为 255，小于等于 127 的设置为 0。

2. 反二进制阈值化

该函数的原型为 threshold（Gray，127，255，cv2.THRESH_BINARY_INV）。其方法首先要选定一个特定的阈值量，如 127，再按照如下所示的规则进行阈值化处理。

图 7-21　图像二进制阈值化处理

$$\mathrm{dst}(x,y)=\begin{cases}0 & ,\mathrm{src}(x,y)>\mathrm{thresh}\\ \mathrm{max\ val} & ,\mathrm{src}(x,y)\leqslant \mathrm{thresh}\end{cases} \tag{7-11}$$

当前像素点的灰度值大于 thresh 阈值时（如 127），其像素点的灰度值设定为 0；否则，像素点的灰度值设置为最大值。如阈值为 127 时，像素点的灰度值为 211，则阈值化设置为 0；像素点的灰度值为 101，则阈值化设置为 255。

反二进制阈值化处理的 Python 代码如下所示。

Image_Processing_07_14.py

```
#-*-coding:utf-8-*-
import cv2
```

```
import numpy as np

#读取图像
src=cv2.imread('miao.png')

#灰度图像处理
grayImage=cv2.cvtColor(src,cv2.COLOR_BGR2GRAY)

#反二进制阈值化处理
r,b=cv2.threshold(grayImage,127,255,cv2.THRESH_BINARY_INV)

#显示图像
cv2.imshow("src",src)
cv2.imshow("result",b)

#等待显示
cv2.waitKey(0)
cv2.destroyAllWindows()
```

输出结果如图 7-22 所示。

图 7-22　图像反二进制阈值化处理

3. 截断阈值化

该函数的原型为 threshold（Gray，127，255，cv2.THRESH_TRUNC）。图像中大于该阈值的像素点设定为该阈值，小于或等于该阈值的保持不变，如 127。新的阈值产生规则如下。

$$\mathrm{dst}(x,y)=\begin{cases}\mathrm{threshold} & ,\mathrm{src}(x,y)>\mathrm{thresh}\\ \mathrm{src}(x,y) & ,\mathrm{src}(x,y)\leqslant \mathrm{thresh}\end{cases} \tag{7-12}$$

例如，阈值为 127 时，像素点的灰度值为 167，则阈值化设置为 127；像素点的灰度值为 82，则阈值化设置为 82。截断阈值化处理的 Python 代码如下所示。

Image_Processing_07_15.py

```
#-*-coding:utf-8-*-
import cv2
import numpy as np

#读取图像
src=cv2.imread('miao.png')

#灰度图像处理
grayImage=cv2.cvtColor(src,cv2.COLOR_BGR2GRAY)

#截断阈值化处理
r,b=cv2.threshold(grayImage,127,255,cv2.THRESH_TRUNC)

#显示图像
cv2.imshow("src",src)
cv2.imshow("result",b)

#等待显示
cv2.waitKey(0)
cv2.destroyAllWindows()
```

输出结果如图 7-23 所示，图像经过截断阈值化处理将灰度值处理为 0～127。

图 7-23　图像截断阈值化处理

4. 阈值化为 0

该函数的原型为 threshold（Gray，127，255，cv2.THRESH_TOZERO）。按照如下公式对图像的灰度值进行处理。

$$\mathrm{dst}(x,y)=\begin{cases}\mathrm{src}(x,y) & ,\mathrm{src}(x,y)>\mathrm{thresh}\\ 0 & ,\mathrm{src}(x,y)\leqslant \mathrm{thresh}\end{cases} \tag{7-13}$$

当前像素点的灰度值大于 thresh 阈值时（如 127），其像素点的灰度值保持不变；否则，像素点的灰度值设置为 0。如阈值为 127 时，像素点的灰度值为 211，则阈值化设置为 211；像素点的灰度值为 101，则阈值化设置为 0。

图像阈值化为 0 处理的 Python 代码如下所示。

Image_Processing_07_16.py

```
#-*-coding:utf-8-*-
import cv2
import numpy as np

#读取图像
src=cv2.imread('miao.png')

#灰度图像处理
grayImage=cv2.cvtColor(src,cv2.COLOR_BGR2GRAY)

#阈值化为 0 处理
```

```
r,b=cv2.threshold(grayImage,127,255,cv2.THRESH_TOZERO)

#显示图像
cv2.imshow("src",src)
cv2.imshow("result",b)

#等待显示
cv2.waitKey(0)
cv2.destroyAllWindows()
```

输出结果如图 7-24 所示，该算法将比较亮的部分保持不变，比较暗的部分处理为 0。

5. 反阈值化为 0

该函数的原型为 threshold（Gray，127，255，cv2.THRESH_TOZERO_INV）。按照如下公式对图像的灰度值进行处理。

$$\mathrm{dst}(x,y)=\begin{cases}0 & ,\mathrm{src}(x,y)>\mathrm{thresh}\\ \mathrm{src}(x,y) & ,\mathrm{src}(x,y)\leqslant \mathrm{thresh}\end{cases} \tag{7-14}$$

图 7-24　图像阈值化为 0 处理

当前像素点的灰度值大于 thresh 阈值时（如 127），其像素点的灰度值设置为 0；否则，像素点的灰度值保持不变。如阈值为 127 时，像素点的灰度值为 211，则阈值化设置为 0；像素点的灰度值为 101，则阈值化设置为 101。

图像反阈值化为 0 处理的 Python 代码如下所示。

Image_Processing_07_17.py

```
#-*-coding:utf-8-*-
import cv2
import numpy as np

#读取图像
src=cv2.imread('miao.png')

#灰度图像处理
GrayImage=cv2.cvtColor(src,cv2.COLOR_BGR2GRAY)

#反阈值化为 0 处理
r,b=cv2.threshold(GrayImage,127,255,cv2.THRESH_TOZERO_INV)

#显示图像
cv2.imshow("src",src)
cv2.imshow("result",b)

#等待显示
cv2.waitKey(0)
cv2.destroyAllWindows()
```

输出结果如图 7-25 所示。

图 7-25　图像反阈值化为 0 处理

下面的代码是五种固定阈值化处理的对比结果。

Image_Processing_07_18.py

```
#-*-coding:utf-8-*-
import cv2
import numpy as np
import matplotlib.pyplot as plt

#读取图像
img=cv2.imread('miao.png')
grayImage=cv2.cvtColor(img,cv2.COLOR_BGR2GRAY)

#阈值化处理
ret,thresh1=cv2.threshold(grayImage,127,255,cv2.THRESH_BINARY)
ret,thresh2=cv2.threshold(grayImage,127,255,cv2.THRESH_BINARY_
INV)
ret,thresh3=cv2.threshold(grayImage,127,255,cv2.THRESH_TRUNC)
ret,thresh4=cv2.threshold(grayImage,127,255,cv2.THRESH_TOZERO)
ret,thresh5=cv2.threshold(grayImage,127,255,cv2.THRESH_TOZERO_
INV)

#显示结果
titles=['(a)Gray Image','(b)BINARY','(c)BINARY_INV','(d)TRUNC',
      '(e)TOZERO','(f)TOZERO_INV']
images=[grayImage,thresh1,thresh2,thresh3,thresh4,thresh5]
for i in xrange(6):
plt.subplot(2,3,i+1),plt.imshow(images[i],'gray')
plt.title(titles[i])
plt.xticks([]),plt.yticks([])
plt.show()
```

输出结果如图 7-26 所示。

7.3.2 自适应阈值化处理

前面介绍的是固定阈值化处理方法，而当同一幅图像上的不同部分具有不同亮度时，上述方法就不再适用。此时需要采用自适应阈值化处理方法，根据图像上的每一个小区域，计算与其对应的阈值，从而使得同一幅图像上的不同区域采用不同的阈值，在亮度不同的情况下得到更好的结果。

图 7-26　图像固定阈值化处理对比结果

自适应阈值化处理在 OpenCV 中调用 cv2.adaptiveThreshold（）函数实现，其原型如下所示。

```
dst=adaptiveThreshold(src,maxValue,adaptiveMethod,thresholdType,
blockSize,C[,dst])
```

（1）src 表示输入图像。

（2）maxValue 表示给像素赋的满足条件的最大值。

（3）adaptiveMethod 表示要适用的自适应阈值算法，常见取值包括 ADAPTIVE_THRESH_MEAN_C（阈值取邻域的平均值）或 ADAPTIVE_THRESH_ GAUSSIAN_C（阈值取自邻域的加权和平均值，权重分布为一个高斯函数分布）。

（4）thresholdType 表示阈值类型，取值必须为 THRESH_BINARY 或 THRESH_BINARY_INV。

（5）blockSize 表示计算阈值的像素邻域大小，取值为 3、5、7 等。

（6）C 表示一个常数，阈值等于平均值或者加权平均值减去这个常数。

（7）dst 表示输出的阈值化处理后的图像，其类型和尺寸需与 src 一致。

当阈值类型为 THRESH_BINARY 时，其灰度图像转换为阈值化图像的计算公式为

$$\mathrm{dst}(x,y)=\begin{cases}\mathrm{maxValue} & ,\mathrm{src}(x,y)>T(x,y)\\ 0 & ,\mathrm{src}(x,y)\leqslant T(x,y)\end{cases} \tag{7-15}$$

当阈值类型为 THRESH_BINARY_INV 时，其灰度图像转换为阈值化图像的计算

公式为

$$\mathrm{dst}(x,y)=\begin{cases}0 & ,\mathrm{src}(x,y)>T(x,y)\\ \mathrm{maxValue} & ,\mathrm{src}(x,y)\leqslant T(x,y)\end{cases} \tag{7-16}$$

式中，dst(x，y)为阈值化处理后的灰度值，T(x，y)为计算每个单独像素的阈值，其取值如下。

（1）当 adaptiveMethod 参数采用 ADAPTIVE_THRESH_MEAN_C 时，阈值 T(x，y)为 blockSize×blockSize 邻域内（x，y）减去参数 C 的平均值。

（2）当 adaptiveMethod 参数采用 ADAPTIVE_THRESH_GAUSSIAN_C 时，阈值 T(x，y)为 blockSize×blockSize 邻域内（x，y）减去参数 C 与高斯窗交叉相关的加权总和。

下面的代码是对比固定阈值化与自适应阈值化处理的方法。

Image_Processing_07_19.py

```
# -*- coding: utf-8 -*-
import cv2
import numpy as np
import matplotlib.pyplot as plt
import matplotlib

#读取图像
img=cv2.imread('miao.png')

#图像灰度化处理
grayImage=cv2.cvtColor(img,cv2.COLOR_BGR2GRAY)

#固定值阈值化处理
r,thresh1==cv2.threshold(grayImage,127,255,cv2.THRESH_BINARY)

#自适应阈值化处理方法一
thresh2=cv2.adaptiveThreshold(grayImage,255,
cv2.ADAPTIVE_THRESH_MEAN_C, cv2.THRESH_BINARY,11,2)

#自适应阈值化处理方法二
thresh3=cv2.adaptiveThreshold(grayImage,255,
cv2.ADAPTIVE_THRESH_GAUSSIAN_C,cv2.THRESH_BINARY, 11, 2)

#设置字体
matplotlib.rcParams['font.sans-serif']=['SimHei']
```

```
#显示图像
titles=[u'(a)灰度图像',u'(b)全局阈值',u'(c)自适应平均阈值',u'(d)自适应高斯阈值']
images=[grayImage,thresh1,thresh2,thresh3]
for i in xrange(4):
    plt.subplot(2,2,i+1)
    plt.imshow(images[i],'gray')
    plt.title(titles[i])
    plt.xticks([])
    plt.yticks([])
plt.show()
```

输出结果如图 7-27 所示，图 7-27（a）为灰度化处理图像；图 7-27（b）为固定阈值化处理图像（cv2.threshold）；图 7-27（c）为邻域平均值分割，噪声较多；图 7-27（d）为邻域加权平均值分割，采用高斯函数分布，其效果相对较好。

图 7-27　图像固定阈值化处理对比结果

7.4　本 章 小 结

本章主要介绍了图像点运算相关知识，从灰度化处理到灰度线性变换和灰度非线性变换，通过编写 Python 代码处理像素矩阵实现相关功能；接着介绍了图像阈值化处理，调用 OpenCV 的 threshold（）实现固定阈值化处理，调用 adaptiveThreshold（）函数实现自适应阈值化处理。本章知识为后续的图像处理奠定了良好的基础。

参 考 文 献

[1]　冈萨雷斯. 数字图像处理[M]. 3 版. 阮秋琦，译. 北京：电子工业出版社，2013.

[2]　张铮，王艳平，薛桂香等. 数字图像处理与机器视觉——Visual C＋＋与 Matlab 实现[M]. 北京：人民邮电出版社，2014.

[3]　阮秋琦. 数字图像处理学[M]. 3 版. 北京：电子工业出版社，2008.

[4]　毛星云，冷雪飞. OpenCV3 编程入门[M]. 北京：电子工业出版社，2015.

第 8 章　Python 图像形态学处理

数学形态学是一门建立在格论和拓扑学基础之上的图像分析学科，是数学形态学图像处理的基本理论。其基本的运算包括腐蚀和膨胀、开运算和闭运算、图像顶帽运算和图像底帽运算、骨架抽取、形态学梯度、Top-hat 变换等。

8.1　数学形态学概述

数学形态学是一种应用于图像处理和模式识别领域的新方法。数学形态学（也称图像代数）表示以形态为基础对图像进行分析的数学工具，其基本思想是用具有一定形态的结构元素去量度和提取图像中对应形状以达到对图像分析和识别的目的。数学形态学的应用可以简化图像数据，保持它们基本的形状特征，并除去不相干的结构。数学形态学的算法有天然的并行实现的结构，主要针对的是二值图像（0 或 1）。在图像处理方面，二值形态学经常应用于图像分割、细化、抽取骨架、边缘提取、形状分析、角点检测、分水岭算法等。由于其算法简单且能够并行运算所以经常应用到硬件中[1,2]。

常见的图像形态学运算包括腐蚀、膨胀、开运算、闭运算、梯度运算、顶帽运算和底帽运算等。主要通过 morphologyEx（）函数实现，它能利用基本的膨胀和腐蚀技术，来执行更加高级的形态学变换，如开闭运算、形态学梯度、顶帽、黑帽等，也可以实现最基本的图像膨胀和腐蚀。其函数原型如下[3]。

```
dst=cv2.morphologyEx(src,model,kernel)
```

（1）src 表示原始图像。

（2）model 表示图像进行形态学处理，包括以下几类。

①cv2.MORPH_OPEN：开运算（opening operation）。

②cv2.MORPH_CLOSE：闭运算（closing operation）。

③cv2.MORPH_GRADIENT：形态学梯度（morphological gradient）。

④cv2.MORPH_TOPHAT：顶帽运算（top hat）。

⑤cv2.MORPH_BLACKHAT：黑帽运算（black hat）。

（3）kernel 表示卷积核，可以用 numpy.ones（）函数构建。

8.2　图 像 腐 蚀

图像的腐蚀（erosion）和膨胀（dilation）是两种基本的形态学运算，主要用来寻找图像中的极小区域和极大区域。图像腐蚀类似于“领域被蚕食”，它将图像中的高亮区域或白色部分进行缩减细化，其运行结果比原图的高亮区域更小。

设 A，B 为集合，A 被 B 的腐蚀，记为 $A\text{-}B$，其定义为

$$A\text{-}B=\{x|B_x\subseteq A\} \tag{8-1}$$

该公式表示图像 A 用卷积模板 B 来进行腐蚀处理，通过模板 B 与图像 A 进行卷积计算，得出 B 覆盖区域的像素点最小值，并用这个最小值来替代参考点的像素值。如图 8-1 所示，将图 8-1（a）所示的原始图像 A 腐蚀处理为图 8-1（c）所示的效果图 $A\text{-}B$。

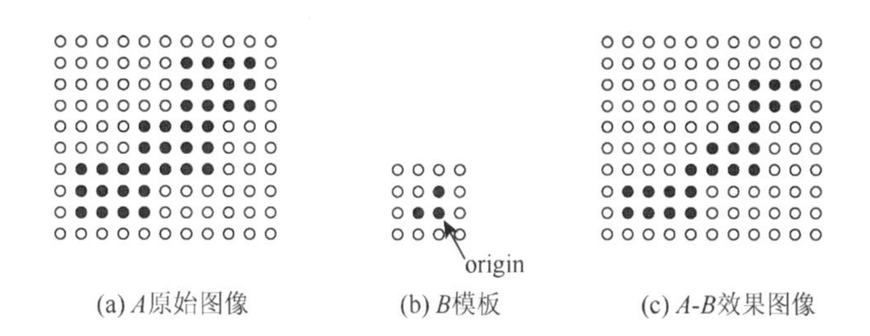

图 8-1　图像腐蚀处理原理

图像腐蚀主要包括二值图像和卷积核两个输入对象，卷积核是腐蚀中的关键数组，采用 Numpy 库可以生成。卷积核的中心点逐个像素扫描原始图像，被扫描到的原始图像中的像素点，只有当卷积核对应的元素值均为 1 时，其值才为 1，否则将其像素值修改为 0。

在 Python 中，主要调用 OpenCV 的 erode（）函数实现图像腐蚀。其函数原型如下。

```
dst=cv2.erode(src，kernel,iterations)
```

（1）src 表示原始图像。

（2）kernel 表示卷积核。

（3）iterations 表示迭代次数，默认值为 1，表示进行一次腐蚀操作。

可以采用函数 numpy.ones（(5，5)，numpy.uint8）创建 5×5 的卷积核，如下。

$$\begin{bmatrix}1&1&1&1&1\\1&1&1&1&1\\1&1&1&1&1\\1&1&1&1&1\\1&1&1&1&1\end{bmatrix} \tag{8-2}$$

图像腐蚀操作的代码如下所示。

Image_Processing_08_01.py

```
#-*-coding:utf-8-*-
import cv2
```

```
import numpy as np

#读取图像
src=cv2.imread('test01.jpg',cv2.IMREAD_UNCHANGED)
#设置卷积核
kernel=np.ones((5,5),np.uint8)

#图像腐蚀处理
erosion=cv2.erode(src,kernel)

#显示图像
cv2.imshow("src",src)
cv2.imshow("result",erosion)

#等待显示
cv2.waitKey(0)
cv2.destroyAllWindows()
```

输出结果如图 8-2 所示，图 8-2（a）表示原图，图 8-2（b）是腐蚀处理后的图像，可以发现图像中的干扰细线（噪声）被清洗干净。

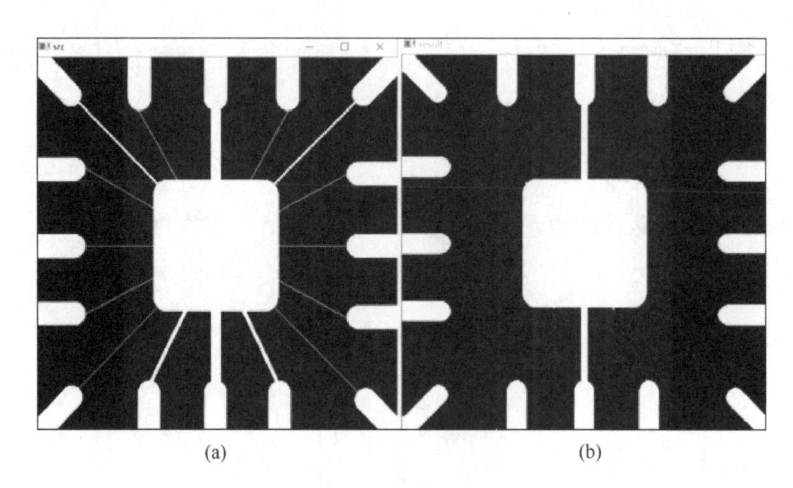

(a)　　(b)

图 8-2　图像腐蚀处理

如果腐蚀之后的图像仍然存在噪声，可以设置迭代次数进行多次腐蚀操作。如进行 9 次腐蚀操作的核心代码如下。

```
erosion=cv2.erode (src, kernel, iterations=9)
```

最终经过 9 次腐蚀处理的输出图像如图 8-3 所示。

图 8-3 多次腐蚀处理后的图像

8.3 图 像 膨 胀

图像膨胀是腐蚀操作的逆操作，类似于“领域扩张”，它将图像中的高亮区域或白色部分进行扩张，其运行结果比原图的高亮区域更大。

设 A，B 为集合，$\varnothing$ 为空集，A 被 B 的膨胀，记为 $A \oplus B$，其中 $\oplus$ 为膨胀算子，膨胀定义为

$$A \oplus B = \{x | B_x \cap A \neq \varnothing\} \tag{8-3}$$

该公式表示用 B 来对图像 A 进行膨胀处理，其中 B 是一个卷积模板，其形状可以为正方形或圆形，通过模板 B 与图像 A 进行卷积计算，扫描图像中的每一个像素点，用模板元素与二值图像元素做与运算，如果都为 0，那么目标像素点为 0，否则为 1。从而计算 B 覆盖区域的像素点最大值，并用该值替换参考点的像素值实现图像膨胀。将图 8-4（a）所示的原始图像 A 膨胀处理为图 8-4（c）所示的效果图 $A \oplus B$。

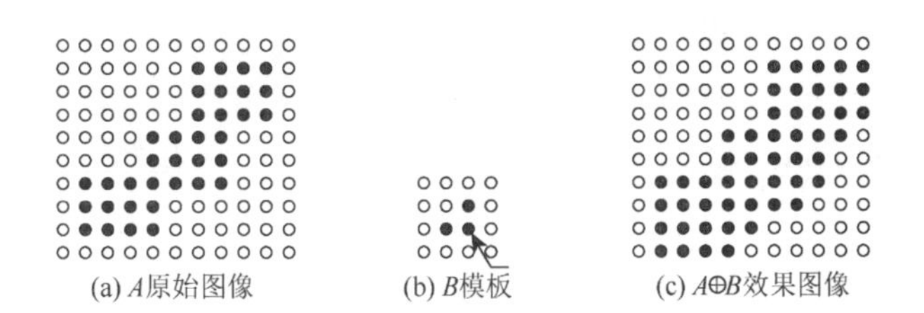

图 8-4 图像膨胀处理原理图

图像被腐蚀处理后，将去除噪声，但同时会压缩图像，而图像膨胀操作可以去除噪声

并保持原有形状，如图 8-5 所示。

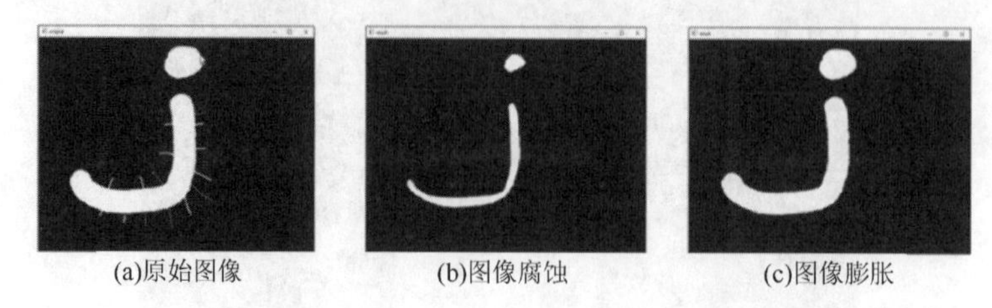

(a)原始图像　　(b)图像腐蚀　　(c)图像膨胀

图 8-5　图像腐蚀和膨胀操作对比图

在 Python 中，主要调用 OpenCV 的 dilate（）函数实现图像腐蚀。其函数原型如下。

dst=cv2.dilate(src，kernel,iterations)

（1）src 表示原始图像。

（2）kernel 表示卷积核，可以用 numpy.ones（）函数构建。

（3）iterations 表示迭代次数，默认值为 1，表示进行一次膨胀操作。

图像膨胀操作的代码如下所示。

Image_Processing_08_02.py

```
#-*-coding:utf-8-*-
import cv2
import numpy as np

#读取图像
src=cv2.imread('test02.png',cv2.IMREAD_UNCHANGED)

#设置卷积核
kernel=np.ones((5,5),np.uint8)

#图像膨胀处理
erosion=cv2.dilate(src,kernel)

#显示图像
cv2.imshow("src",src)
cv2.imshow("result",erosion)

#等待显示
cv2.waitKey(0)
cv2.destroyAllWindows()
```

输出结果如图 8-6 所示。

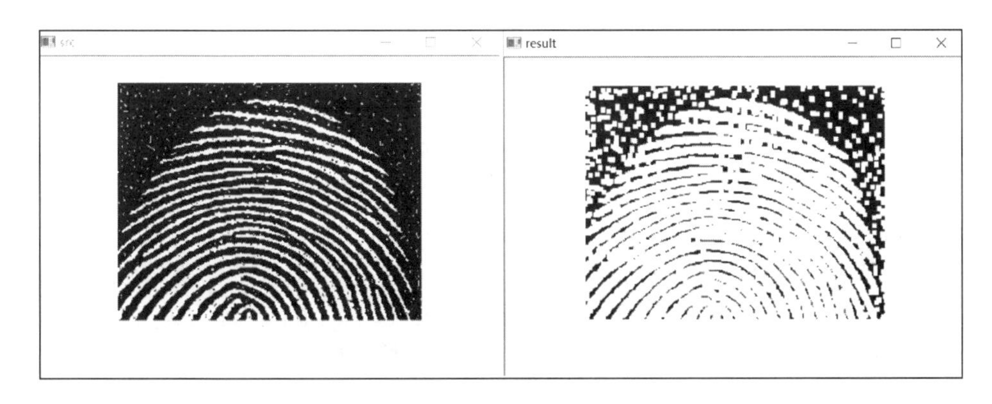

图 8-6　图像膨胀处理

8.4　图像开运算

开运算一般能平滑图像的轮廓，削弱狭窄部分，去掉较细的突出。闭运算也能平滑图像的轮廓，与开运算相反，它一般融合窄的缺口和细长的弯口，去掉小洞，填补轮廓上的缝隙。

图像开运算是图像依次经过腐蚀、膨胀处理的过程，图像被腐蚀后将去除噪声，但同时也压缩了图像，然后对腐蚀过的图像进行膨胀处理，可以在保留原有图像的基础上去除噪声。其原理如图 8-7 所示。

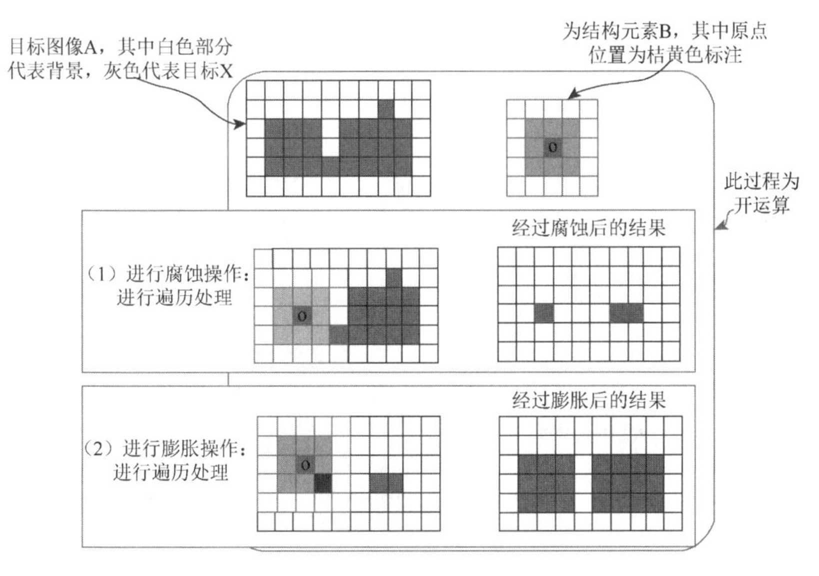

图 8-7　图像开运算原理图

设 A 是原始图像，B 是结构元素图像，则集合 A 被结构元素 B 开运算，记为 $A \circ B$，其定义为

$$A \circ B = (A - B) \oplus B \tag{8-4}$$

换句话说，A 被 B 开运算就是 A 被 B 腐蚀后的结果再被 B 膨胀。

图像开运算在 OpenCV 中主要使用函数 morphologyEx（），它是形态学扩展的一组函数，其函数原型如下。

```
dst=cv2.morphologyEx(src,cv2.MORPH_OPEN,kernel)
```

（1）src 表示原始图像。

（2）cv2.MORPH_OPEN 表示图像进行开运算处理。

（3）kernel 表示卷积核，可以用 numpy.ones（）函数构建。

图像开运算的代码如下所示。

Image_Processing_08_03.py

```
#-*-coding: utf-8-*-
import cv2
import numpy as np

#读取图像
src=cv2.imread('test01.png',cv2.IMREAD_UNCHANGED)

#设置卷积核
kernel=np.ones((5,5),np.uint8)

#图像开运算
result=cv2.morphologyEx(src,cv2.MORPH_OPEN,kernel)

#显示图像
cv2.imshow("src",src)
cv2.imshow("result",result)

#等待显示
cv2.waitKey(0)
cv2.destroyAllWindows()
```

输出结果如图 8-8 所示，图 8-8（a）为原始图像，图 8-8（b）为处理后的图像，可以看到原始图像中的噪声点被去除了部分。

但处理后的图像中仍然有部分噪声，如果想更彻底地去除，可以将卷积设置为 10×10 的模板，代码如下所示。

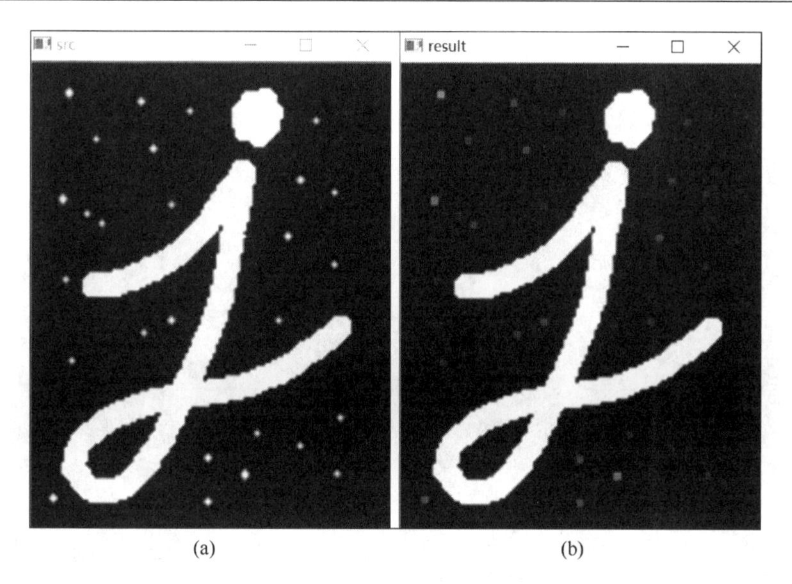

(a)　　(b)

图 8-8　图像开运算处理

Image_Processing_08_04.py

```
#-*-coding:utf-8-*-
import cv2
import numpy as np

#读取图像
src=cv2.imread('test01.png',cv2.IMREAD_UNCHANGED)

#设置卷积核
kernel=np.ones((10,10),np.uint8)

#图像开运算
result=cv2.morphologyEx(src,cv2.MORPH_OPEN,kernel)

#显示图像
cv2.imshow("src",src)
cv2.imshow("result",result)

#等待显示
cv2.waitKey(0)
cv2.destroyAllWindows()
```

运行结果如图 8-9 所示。

图 8-9　卷积 10×10 模板的开运算效果图

8.5　图像闭运算

图像闭运算是图像依次经过膨胀、腐蚀处理的过程，先膨胀后腐蚀有助于过滤前景物体内部的小孔或物体上的小黑点。其原理如图 8-10 所示。

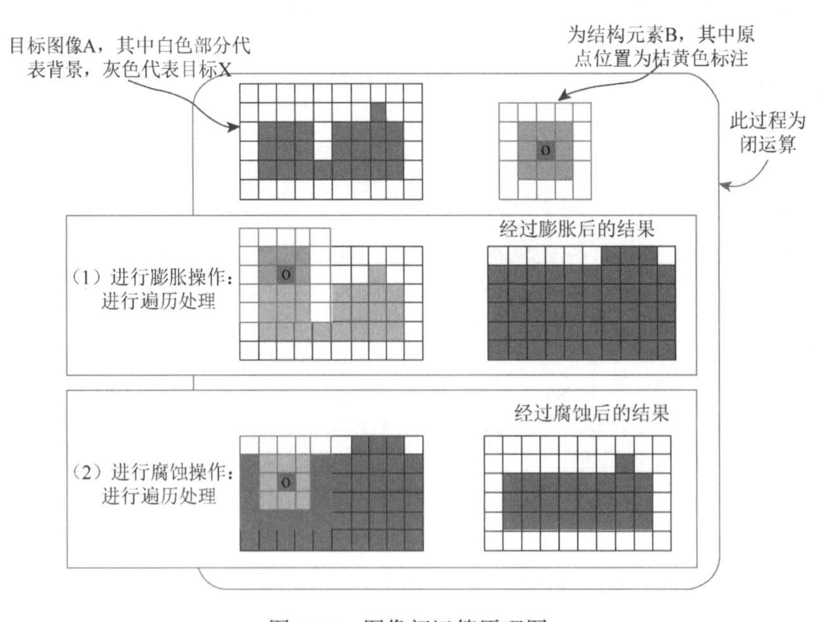

图 8-10　图像闭运算原理图

设 A 是原始图像，B 是结构元素图像，则集合 A 被结构元素 B 闭运算，记为 $A \cdot B$，其定义为

$$A \cdot B = (A \oplus B) - B \tag{8-5}$$

换句话说，A 被 B 闭运算就是 A 被 B 膨胀后的结果再被 B 腐蚀。

图像闭运算在 OpenCV 中主要使用函数 morphologyEx（），其函数原型如下。

```
dst=cv2.morphologyEx(src,cv2.MORPH_CLOSE,kernel)
```

（1）src 表示原始图像。

（2）cv2.MORPH_CLOSE 表示图像进行闭运算处理。

（3）kernel 表示卷积核，可以用 numpy.ones（）函数构建。

图像闭运算的代码如下所示。

Image_Processing_08_05.py

```
#-*-coding:utf-8-*-
import cv2
import numpy as np

#读取图像
src=cv2.imread('test03.png',cv2.IMREAD_UNCHANGED)

#设置卷积核
kernel=np.ones((10,10),np.uint8)

#图像闭运算
result=cv2.morphologyEx(src,cv2.MORPH_CLOSE,kernel)

#显示图像
cv2.imshow("src",src)
cv2.imshow("result",result)

#等待显示
cv2.waitKey(0)
cv2.destroyAllWindows()
```

输出结果如图 8-11 所示，它有效地去除了图像中间的小黑点（噪声）。

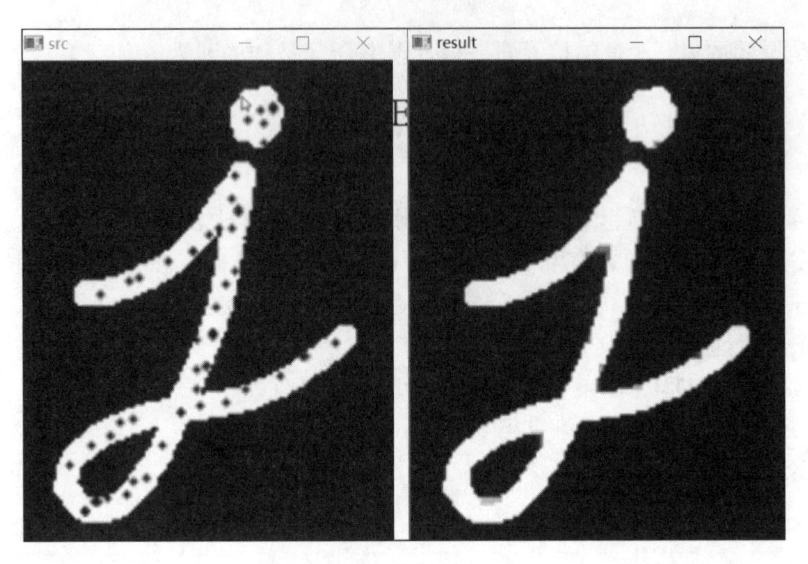

图 8-11　图像闭运算处理

8.6　图像梯度运算

图像梯度运算是图像膨胀处理减去图像腐蚀处理后的结果，从而得到图像的轮廓，其原理如图 8-12（a）表示原始图像，图 8-12（b）表示膨胀处理后的图像，图 8-12（c）表示腐蚀处理后的图像，图 8-12（d）表示图像梯度运算的效果图。

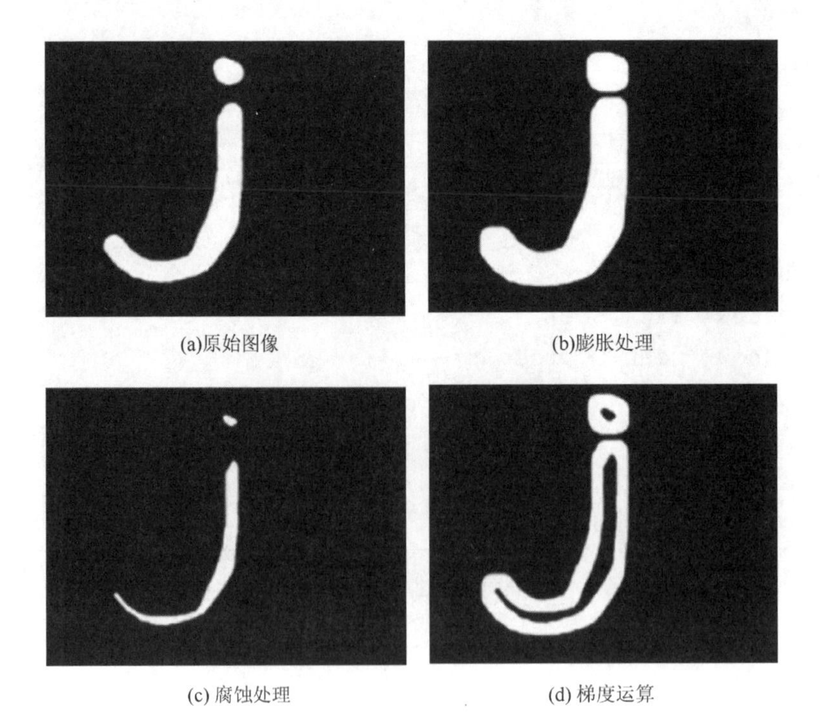

(a)原始图像　(b)膨胀处理

(c) 腐蚀处理　(d) 梯度运算

图 8-12　图像梯度运算原理

在 Python 中，图像梯度运算主要调用 morphologyEx（）实现，其函数原型如下。

```
dst=cv2.morphologyEx(src,cv2.MORPH_GRADIENT,kernel)
```

（1）src 表示原始图像。
（2）cv2.MORPH_GRADIENT 表示图像进行梯度运算处理。
（3）kernel 表示卷积核，可以用 numpy.ones（）函数构建。
图像梯度运算的实现代码如下。

Image_Processing_08_06.py

```
#-*-coding:utf-8-*-
import cv2
import numpy as np

#读取图像
src=cv2.imread('test04.png',cv2.IMREAD_UNCHANGED)

#设置卷积核
kernel=np.ones((10,10),np.uint8)

#图像梯度运算
result=cv2.morphologyEx(src,cv2.MORPH_GRADIENT,kernel)

#显示图像
cv2.imshow("src",src)
cv2.imshow("result",result)

#等待显示
cv2.waitKey(0)
cv2.destroyAllWindows()
```

图像梯度运算处理的结果如图 8-13 所示，图 8-13（a）为原始图像，图 8-13（b）为梯度运算处理后的效果图。

(a)　　(b)

图 8-13　图像梯度运算处理

8.7　图像顶帽运算

图像顶帽运算（top-hat transformation）又称为图像礼帽运算，它是用原始图像减去图像开运算后的结果，常用于解决由于光照不均匀图像分割出错的问题。其公式为

$$T_{\text{hat}}(A) = A - (A \circ B) \tag{8-6}$$

图像顶帽运算是用一个结构元通过开运算从一幅图像中删除物体，顶帽运算用于暗背景上的亮物体，它的一个重要用途是校正不均匀光照的影响。其效果如图 8-14 所示。

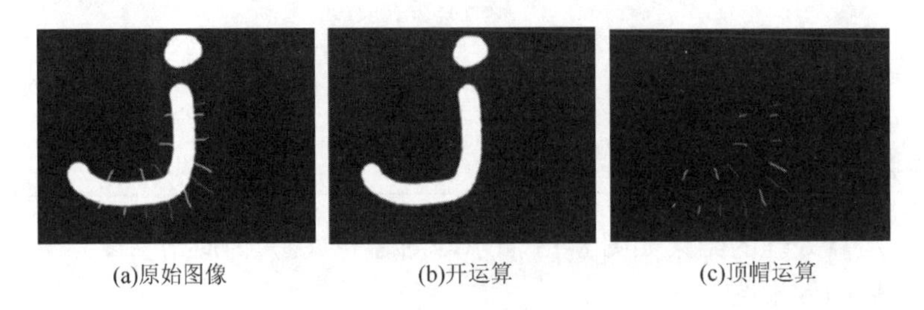

(a)原始图像　　(b)开运算　　(c)顶帽运算

图 8-14　图像顶帽运算原理图

在 Python 中，图像顶帽运算主要调用 morphologyEx（）实现，其函数原型如下。

```
dst=cv2.morphologyEx(src, cv2.MORPH_TOPHAT,kernel)
```

（1）src 表示原始图像。

（2）cv2.MORPH_TOPHAT 表示图像顶帽运算。

（3）kernel 表示卷积核，可以用 numpy.ones（）函数构建。

假设存在一张光照不均匀的米粒图像，如图 8-15 所示，我们需要调用图像顶帽运算解决光照不均匀的问题。其 Python 代码如下所示。

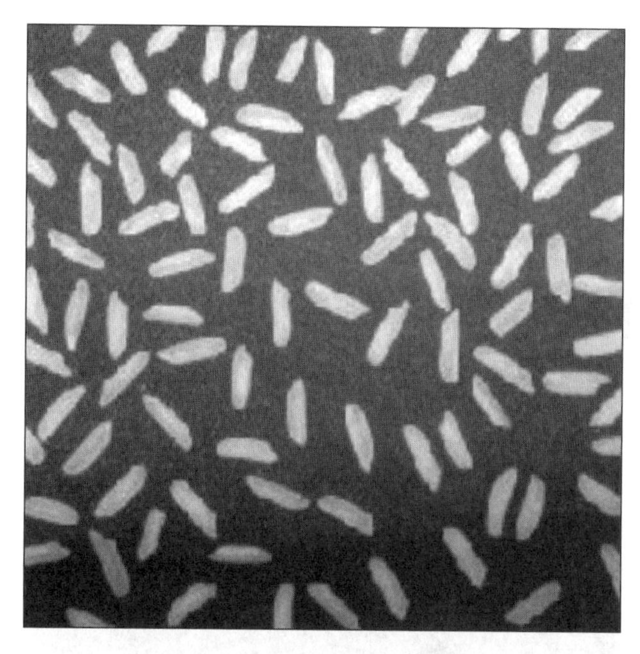

图 8-15 光照不均匀的米粒图像

Image_Processing_08_07.py

```
#-*-coding:utf-8-*-
import cv2
import numpy as np

#读取图像
src=cv2.imread('test06.png',cv2.IMREAD_UNCHANGED)

#设置卷积核
kernel=np.ones((10,10),np.uint8)

#图像顶帽运算
result=cv2.morphologyEx(src,cv2.MORPH_TOPHAT,kernel)

#显示图像
cv2.imshow("src",src)
cv2.imshow("result",result)
```

```
#等待显示
cv2.waitKey(0)
cv2.destroyAllWindows()
```

其运行结果如图 8-16 所示，可以看到顶帽运算后的图像删除了大部分非均匀背景，并将米粒与背景分离开。

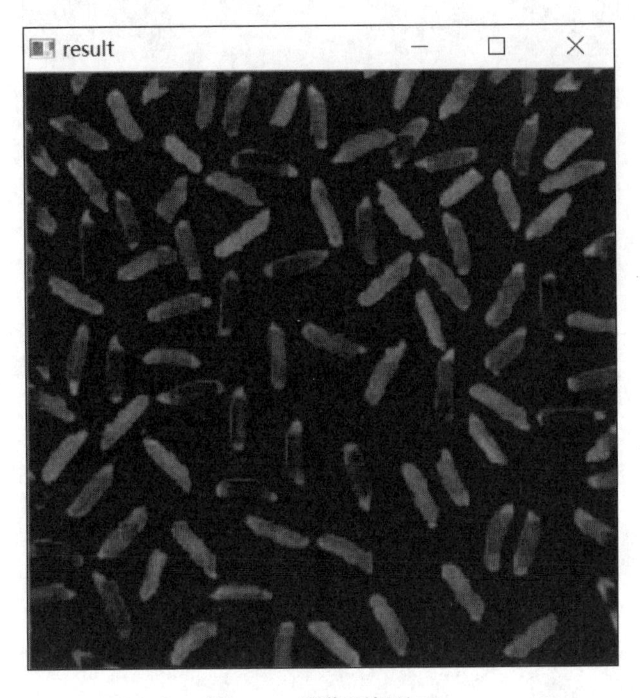

图 8-16　图像顶帽处理

为什么图像顶帽运算会消除光照不均匀的效果呢？通常可以利用灰度三维图来解释该算法。灰度三维图主要调用 Axes3D 包实现，对原图绘制灰度三维图的代码如下。

Image_Processing_08_08.py

```
#-*-coding:utf-8-*-
import numpy as np
import cv2 as cv
import matplotlib.pyplot as plt
from mpl_toolkits.mplot3d import Axes3D
from matplotlib import cm
from matplotlib.ticker import LinearLocator,FormatStrFormatter

#读取图像
```

```
img=cv.imread("test06.png")
img=cv.cvtColor(img,cv.COLOR_BGR2GRAY)
imgd=np.array(img)#image 类转 numpy

#准备数据
sp=img.shape
h=int(sp[0])      #图像高度(rows)
w=int(sp[1])      #图像宽度(colums)of image

#绘图初始处理
fig=plt.figure(figsize=(16,12))
ax=fig.gca(projection="3d")

x=np.arange(0,w,1)
y=np.arange(0,h,1)
x,y=np.meshgrid(x,y)
z=imgd
surf=ax.plot_surface(x,y,z,cmap=cm.coolwarm)

#自定义 z 轴
ax.set_zlim(-10,255)
ax.zaxis.set_major_locator(LinearLocator(10))#设置 z 轴网格线的疏密
#将 z 的 value 字符串转为 float 并保留两位小数
ax.zaxis.set_major_formatter(FormatStrFormatter('%.02f'))

# 设置坐标轴的 label 和标题
ax.set_xlabel('x',size=15)
ax.set_ylabel('y',size=15)
ax.set_zlabel('z',size=15)
ax.set_title("surface plot",weight='bold',size=20)

#添加右侧的色卡条
fig.colorbar(surf,shrink=0.6,aspect=8)
plt.show()
```

运行结果如图 8-17 所示。其中，x 表示原图像中的宽度坐标，y 表示原图像中的高度坐标，z 表示像素点（x，y）的灰度值。

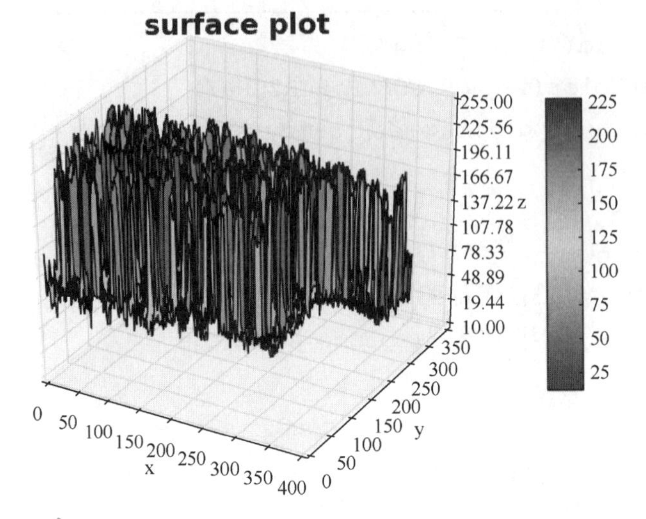

图 8-17　原始图像对应的灰度三维图

从图像中的像素走势显示了该图受各部分光照不均匀的影响，从而造成背景灰度不均匀现象，其中凹陷对应图像中灰度值比较小的区域。通过图像白帽运算后的图像灰度三维图如图 8-18 所示，对应的灰度更集中于 10～100，由此证明了不均匀的背景被大致消除了，有利于后续的阈值分割或图像分割。

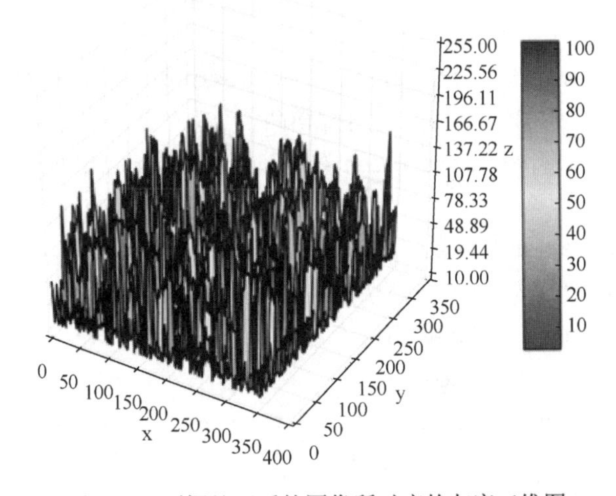

图 8-18　顶帽处理后的图像所对应的灰度三维图

8.8　图像底帽运算

图像底帽运算（bottom-hat transformation）又称为图像黑帽运算，它是用图像闭运算操作减去原始图像后的结果，从而获取图像内部的小孔或前景色中黑点，也常用于解决由

于光照不均匀图像分割出错的问题。其公式为

$$B_{hat}(A) = (A \cdot B) - A \tag{8-7}$$

图像底帽运算是用一个结构元通过闭运算从一幅图像中删除物体，常用于校正不均匀光照的影响。其效果图如图 8-19 所示。

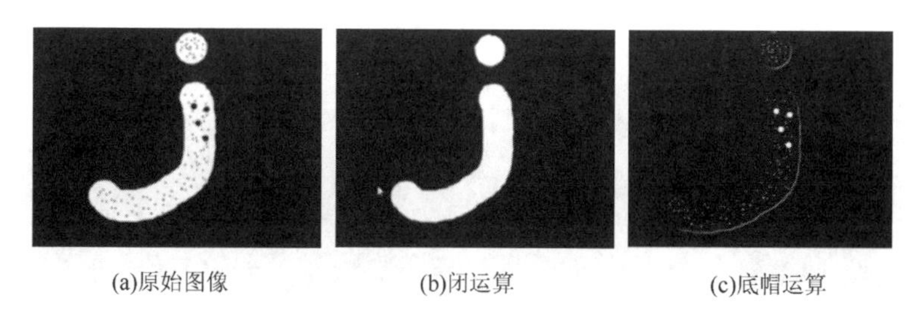

(a)原始图像　(b)闭运算　(c)底帽运算

图 8-19　图像底帽运算原理图

在 Python 中，图像底帽运算主要调用函数 morphologyEx（）实现，其函数原型如下。

```
dst=cv2.morphologyEx(src,cv2.MORPH_BLACKHAT,kernel)
```

（1）src 表示原始图像。

（2）cv2.MORPH_BLACKHAT 表示图像底帽或黑帽运算。

（3）kernel 表示卷积核，可以用 numpy.ones（）函数构建。

Python 实现图像底帽运算的代码如下所示。

Image_Processing_08_09.py

```
#-*-coding:utf-8-*-
import cv2
import numpy as np

#读取图像
src=cv2.imread('test06.png',cv2.IMREAD_UNCHANGED)

#设置卷积核
kernel=np.ones((10,10),np.uint8)

#图像黑帽运算
result=cv2.morphologyEx(src,cv2.MORPH_BLACKHAT,kernel)

#显示图像
cv2.imshow("src",src)
cv2.imshow("result",result)
```

```
#等待显示
cv2.waitKey(0)
cv2.destroyAllWindows()
```

其运行结果如图8-20所示。

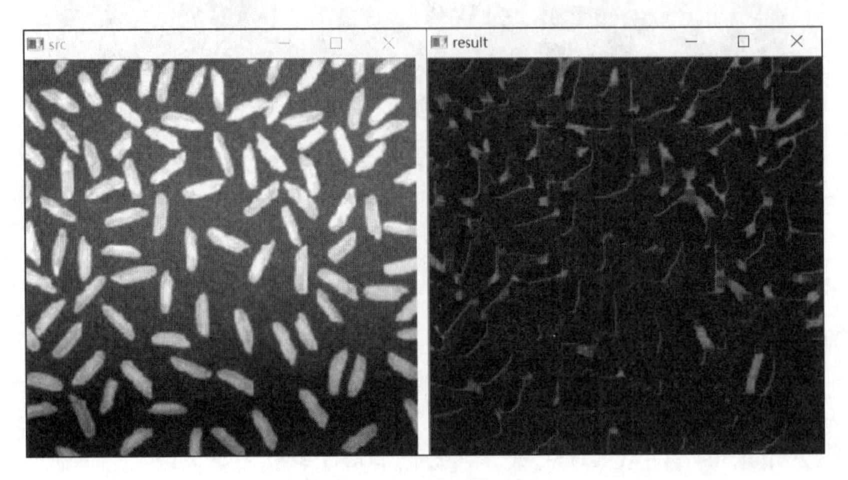

图8-20　图像底帽处理

8.9　本章小结

本章主要介绍了图像数学形态学知识，结合原理和代码详细介绍了图像腐蚀、图像膨胀、图像开运算、图像闭运算、图像顶帽运算和图像底帽运算等操作，为后续的图像分割和图像识别提供有效支撑。

参考文献

[1]　冈萨雷斯. 数字图像处理[M]. 3版. 阮秋琦，译. 北京：电子工业出版社，2013.

[2]　阮秋琦. 数字图像处理学[M]. 3版. 北京：电子工业出版社，2008.

[3]　毛星云，冷雪飞. OpenCV3编程入门[M]. 北京：电子工业出版社，2015.

第三篇　图 像 增 强

第 9 章　Python 直方图统计

图像灰度直方图（histogram）是灰度级分布的函数，是对图像中灰度级分布的统计[1]。灰度直方图是将数字图像中的所有像素，按照灰度值的大小，统计其出现的频率并绘制相关图形[2]。本章主要介绍 Matplotlib 和 OpenCV 绘制直方图的两种方法，对比灰度处理算法前后的直方图，实现掩模直方图绘制、图像 H-S 直方图、直方图判断黑夜白天等内容。

9.1　图像直方图概述

灰度直方图是灰度级的函数，描述的是图像中每种灰度级像素的个数，反映图像中每种灰度出现的频率。假设存在一幅 6 像素×6 像素的图像，统计其 1～6 灰度级的出现频率，并绘制如图 9-1 所示的柱状图，其中横坐标表示灰度级，纵坐标表示灰度级出现的频率。

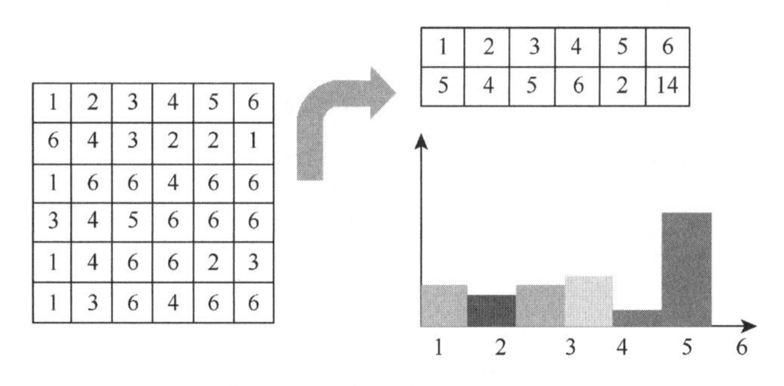

图 9-1　图像直方图统计原理

如果灰度级为 0～255（最小值 0 为黑色，最大值 255 为白色），同样可以绘制对应的直方图，如图 9-2 所示，图 9-2（a）是一幅灰度图像（Lena 灰度图），图 9-2（b）是对应各像素点的灰度级频率。

为了让图像各灰度级的出现频数形成固定标准的形式，可以通过归一化方法对图像直方图进行处理，将待处理的原始图像转换成相应的标准形式[3]。假设变量 r 表示图像中像素灰度级，归一化处理后会将 r 限定在下述范围：

$$0 \leqslant r \leqslant 1 \tag{9-1}$$

在灰度级中，r 为 0 时表示黑色，r 为 1 时表示白色。对于一幅给定图像，每个像素值位于[0，1]区间，计算原始图像的灰度分布，用概率密度函数 P（r）实现。为了更好地进行数字图像处理，必须引入离散形式。在离散形式下，用 r_k 表示离散灰度级，P（r_k）代替 P（r），并满足：

(a)灰度图像

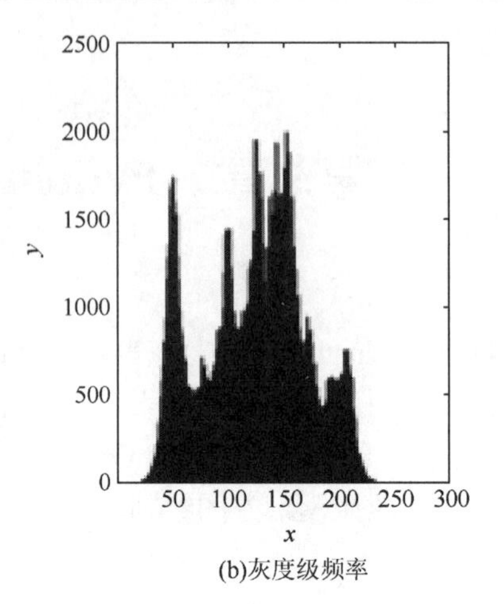

(b)灰度级频率

图 9-2　灰度直方图

$$P_r(r_k)=\frac{n_k}{n},\ 0\leqslant r_k\leqslant 1,\ k=0,1,2,\cdots,l-1 \tag{9-2}$$

式中，n_k 为图像中出现 r_k 这种灰度的像素数，n 为图像中像素总数，$\frac{n_k}{n}$ 为概率论中的频数，l 是灰度级总数（通常 l 为 256 级灰度）。在直角坐标系中做出 r_k 和 P（r_k）的关系图，则成为灰度级的直方图[4]。

假设存在一幅 3 像素×3 像素的图像，其像素值如公式（9-3）所示，则归一化直方图的步骤如下。

$$\begin{bmatrix} 1 & 1 & 3 \\ 2 & 3 & 5 \\ 5 & 1 & 4 \end{bmatrix} \tag{9-3}$$

首先统计各灰度级对应的像素个数。用 x 数组统计像素点的灰度级，y 数组统计具有该灰度级的像素个数。其中，灰度为 1 的像素共三个，灰度为 2 的像素共一个，灰度为 3 的像素共两个，灰度为 4 的像素共一个，灰度为 5 的像素共两个。

$$\begin{aligned} x&=[1,2,3,4,5] \\ y&=[3,1,2,1,2] \end{aligned} \tag{9-4}$$

然后统计总像素个数，如下：

$$n=3+1+2+1+2=9 \tag{9-5}$$

最后统计各灰度级的出现概率，通过公式（9-6）进行计算，其结果如下：

$$p=\frac{y}{n}=\left[\frac{3}{9},\frac{1}{9},\frac{2}{9},\frac{1}{9},\frac{2}{9}\right] \tag{9-6}$$

绘制的归一化图形如图 9-3 所示，横坐标表示图像中各个像素点的灰度级，纵坐标表示出现这个灰度级的概率。

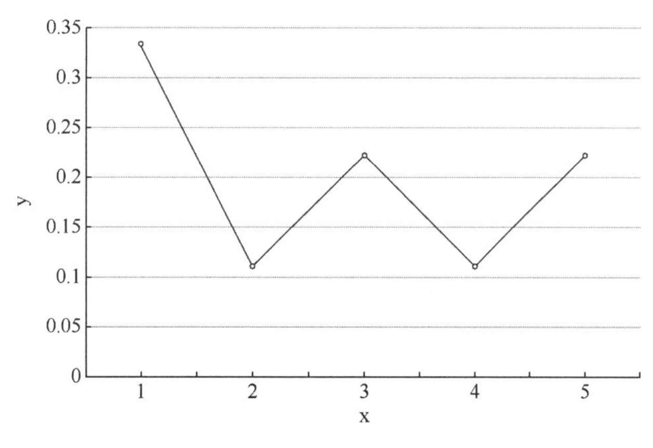

图 9-3　图像直方图归一化操作结果

直方图广泛应用于计算机视觉领域，在使用边缘和颜色确定物体边界时，通过直方图能更好地选择边界阈值，进行阈值化处理。同时，直方图对物体与背景有较强对比的景物的分割特别有用，可以应用于检测视频中场景的变换及图像中的兴趣点，简单物体的面积和综合光密度也可以通过图像的直方图计算而得[5]。

9.2　Matplotlib 绘制直方图

Matplotlib 是 Python 强大的数据可视化工具，主要用于绘制各种 2D 图形[6]。本节 Python 绘制直方图主要调用 matplotlib.pyplot 库中 hist（）函数实现，它会根据数据源和像素级绘制直方图。其函数主要包括五个常用的参数，如下所示。

```
n,bins,patches=plt.hist(arr,bins=50,normed=1,facecolor='green',
alpha=0.75)
```

（1）arr 表示需要计算直方图的一维数组。

（2）bins 表示直方图显示的柱数，可选项，默认值为 10。

（3）normed 表示是否将得到的直方图进行向量归一化处理，默认值为 0。

（4）facecolor 表示直方图颜色。

（5）alpha 表示透明度。

（6）n 为返回值，表示直方图向量。

（7）bins 为返回值，表示各个 bin 的区间范围。

（8）patches 为返回值，表示返回每个 bin 里面包含的数据，是一个列表。

图像直方图的 Python 实现代码如下所示，该示例主要是通过 matplotlib.pyplot 库中的 hist（）函数绘制的。注意，读取的 picture.bmp 图像的像素为二维数组，而 hist（）函数的数据源必须是一维数组，通常需要通过函数 ravel（）拉直图像。

Image_Processing_09_01.py

```
#coding: utf-8
```

```
import cv2
import numpy as np
import matplotlib.pyplot as plt

#读取图像
src=cv2.imread('picture.bmp')

#绘制直方图
plt.hist(src.ravel(),256)
plt.xlable("x")
plt.ylable("y")
plt.show()

#显示原始图像
cv2.imshow("src",src)

#等待显示
cv2.waitKey(0)
cv2.destroyAllWindows()
```

读取显示的 Lena 原始灰度图像如图 9-4 所示。

图 9-4　Lena 原始灰度图像

最终的灰度直方图如图 9-5 所示，它将 Lena 图 256 级灰度和各个灰度级的频数绘制出来。其中，x 轴表示图像的 256 级灰度，y 轴表示各个灰度级的频数。

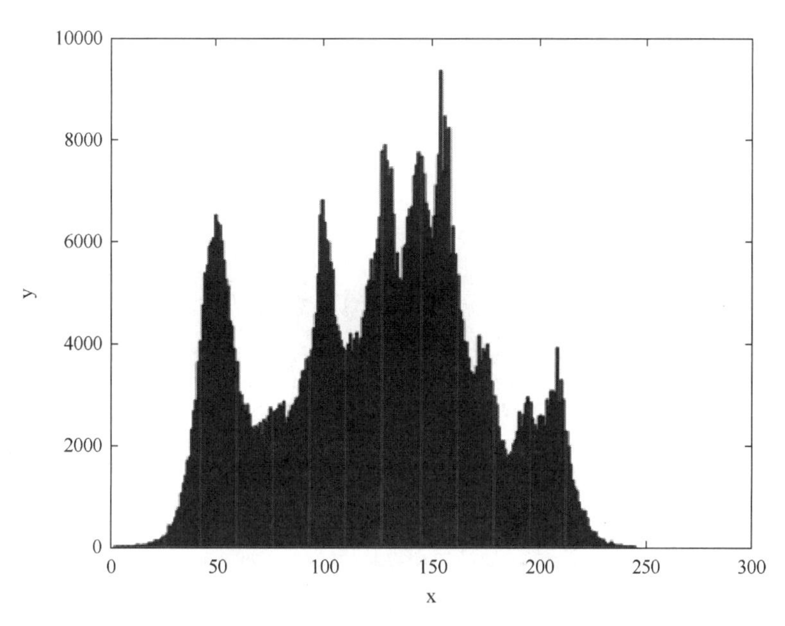

图 9-5　Lena 灰度图像对应的直方图

如果调用 plt.hist（arr，bins=256，normed=1，facecolor='green'，alpha=0.75）函数，则绘制的直方图是经过标准化处理，并且颜色为绿色、透明度为 0.75 的直方图，如图 9-6 所示。

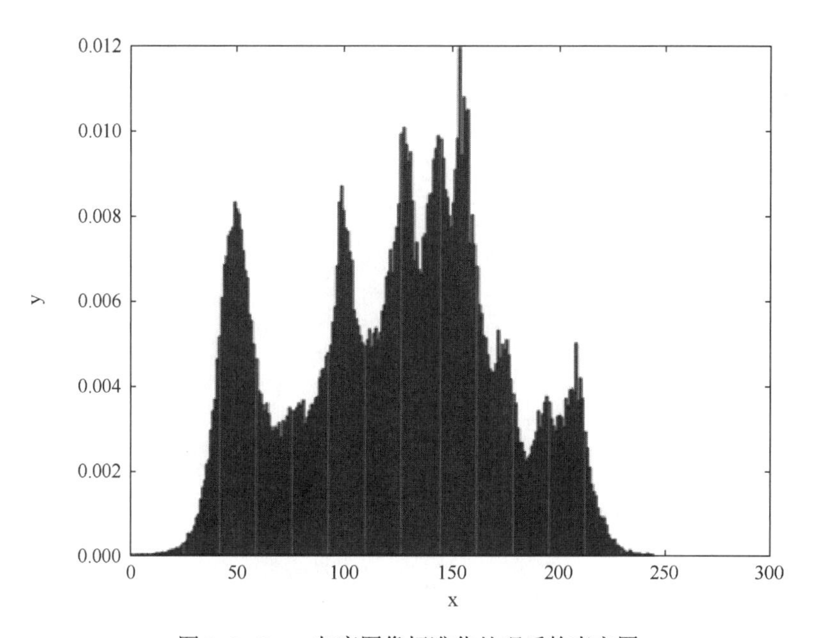

图 9-6　Lena 灰度图像标准化处理后的直方图

彩色直方图是高维直方图的特例，它统计彩色图像 RGB 各分量出现的频率，即彩色概率分布信息。彩色图像的直方图和灰度直方图一样，只是分别画出三个通道的直方图，然后再进行叠加，其代码如下。Lena 彩色原始图像如图 9-7 所示。

图 9-7　Lena 彩色原始图像

Image_Processing_09_02.py

```
#coding:utf-8
import cv2
import numpy as np
import matplotlib.pyplot as plt

#读取图像
src=cv2.imread('Lena.png')

#获取 BGR 三个通道的像素值
b,g,r=cv2.split(src)
print r,g,b

#绘制直方图
plt.figure("Lena")
#蓝色分量
plt.hist(b.ravel(),bins=256,normed=1,facecolor='b',edgecolor='
b',hold=1)
#绿色分量
plt.hist(g.ravel(),bins=256,normed=1,facecolor='g',edgecolor='
```

```
g',hold=1)
    #红色分量
    plt.hist(r.ravel(),bins=256,normed=1,facecolor='r',edgecolor='
r',hold=1)
    plt.xlable("x")
    plt.ylable("y")
    plt.show()

    #显示原始图像
    cv2.imshow("src",src)

    #等待显示
    cv2.waitKey(0)
    cv2.destroyAllWindows()
```

绘制的彩色直方图如图 9-8 所示，包括红色、绿色、蓝色三种对比。

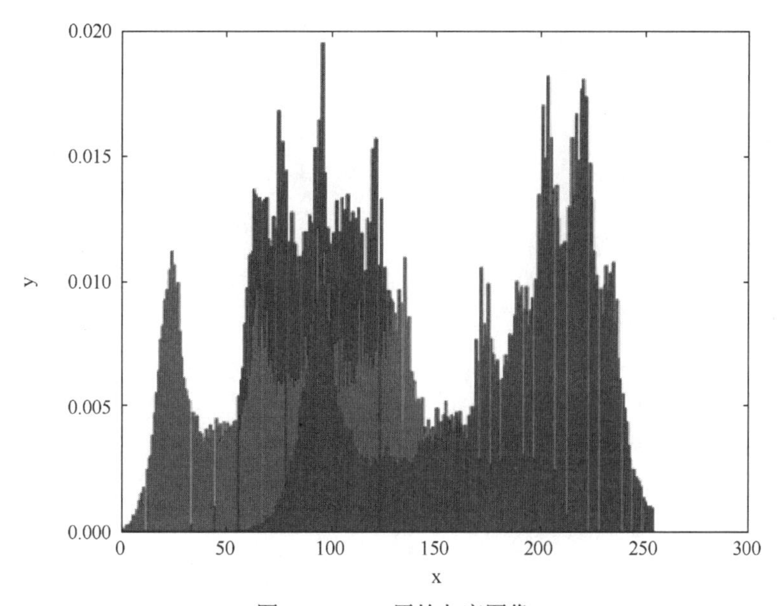

图 9-8　Lena 原始灰度图像

如果希望将三个颜色分量的柱状图分开绘制并进行对比，则使用如下代码实现，调用 plt.figure（figsize=（8，6））函数绘制窗口，以及 plt.subplot（）函数分别绘制四个子图[7]。

Image_Processing_09_03.py

```
    #coding:utf-8
    import cv2
```

```
import numpy as np
import matplotlib.pyplot as plt
import matplotlib

#读取图像
src=cv2.imread('Lena.jpg')

#转换为 RGB 图像
img_rgb=cv2.cvtColor(src,cv2.COLOR_BGR2RGB)

#获取 BGR 三个通道的像素值
b,g,r=cv2.split(src)
print r,g,b

plt.figure(figsize=(8,6))

#设置字体
matplotlib.rcParams['font.sans-serif']=['SimHei']

#原始图像
plt.subplot(221)
plt.imshow(img_rgb)
plt.axis('off')
plt.title(u"(a)原图像")

#绘制蓝色分量直方图
plt.subplot(222)
plt.hist(b.ravel(),bins=256,normed=1,facecolor='b',edgecolor='
b',hold=1)
plt.xlabel("x")
plt.ylabel("y")
plt.title(u"(b)蓝色分量直方图")

#绘制绿色分量直方图
plt.subplot(223)
plt.hist(g.ravel(),bins=256,normed=1,facecolor='g',edgecolor='
g',hold=1)
```

```
    plt.xlabel("x")
    plt.ylabel("y")
    plt.title(u"(c)绿色分量直方图")

    #绘制红色分量直方图
    plt.subplot(224)
    plt.hist(r.ravel(),bins=256,normed=1,facecolor='r',edgecolor='
r',hold=1)
    plt.xlabel("x")
    plt.ylabel("y")
    plt.title(u"(d)红色分量直方图")
    plt.show()
```

最终输出的图形如图 9-9 所示。

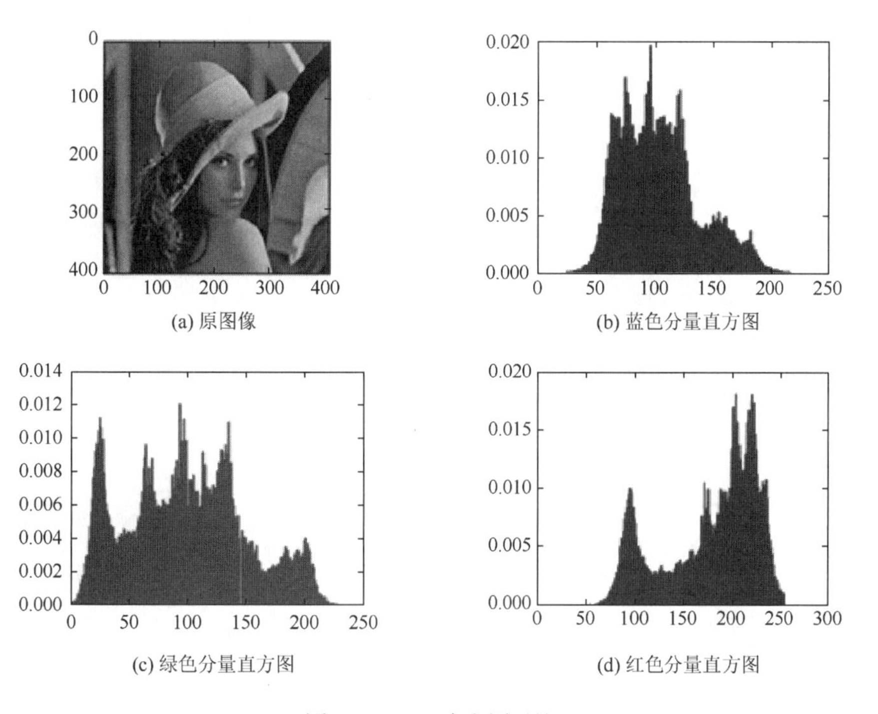

图 9-9　Lena 直方图对比

9.3　OpenCV 绘制直方图

9.2 节介绍了如何调用 matplotlib 库绘制直方图，本节介绍使用 OpenCV 库绘制直方图的方法。在 OpenCV 中可以使用 calcHist()函数计算直方图，计算完成之后采用 OpenCV 中的绘图函数，如绘制矩形的 rectangle（）函数，绘制线段的 line（）函数来完成[7]。其中，cv2.calcHist（）的函数原型如下。

```
hist=cv2.calcHist(images,channels,mask,histSize,ranges,accum
ulate)
```

（1）hist 表示直方图，返回一个二维数组。

（2）images 表示输入的原始图像。

（3）channels 表示指定通道，通道编号需要使用中括号，输入图像是灰度图像时，它的值为[0]，彩色图像则为[0]、[1]、[2]，分别表示蓝色（B）、绿色（G）、红色（R）。

（4）mask 表示可选的操作掩码。如果要统计整幅图像的直方图，则该值为 None；如果要统计图像的某一部分直方图，需要掩模来计算。

（5）histSize 表示灰度级的个数，需要使用中括号，如[256]。

（6）ranges 表示像素值范围，如[0，255]。

（7）accumulate 表示累计叠加标识，默认为 false，如果被设置为 true，则直方图在开始分配时不会被清零，该参数允许从多个对象中计算单个直方图，或者用于实时更新直方图；多个直方图的累积结果用于对一组图像的直方图计算。

下面的代码是计算图像各灰度级的大小、形状及频数，调用 plot（）函数绘制直方图曲线。

Image_Processing_09_04.py

```
#encoding:utf-8
import cv2
import numpy as np
import matplotlib.pyplot as plt
import matplotlib

#读取图像
src=cv2.imread('Picture.bmp')

#计算 256 灰度级的图像直方图
hist=cv2.calcHist([src],[0],None,[256],[0,255])

#输出直方图大小、形状、数量
print(hist.size)
print(hist.shape)
print(hist)

#设置字体
matplotlib.rcParams['font.sans-serif']=['SimHei']

#显示原始图像和绘制的直方图
```

```
plt.subplot(121)
plt.imshow(src,'gray')
plt.axis('off')
plt.title(u"(a)Lena 灰度图像")
plt.subplot(122)
plt.plot(hist, color='r')
plt.xlabel("x")
plt.ylabel("y")
plt.title(u"(b)直方图曲线")
plt.show()
```

上述代码绘制的 Lena 灰度图像及所对应的直方图曲线如图 9-10 所示。

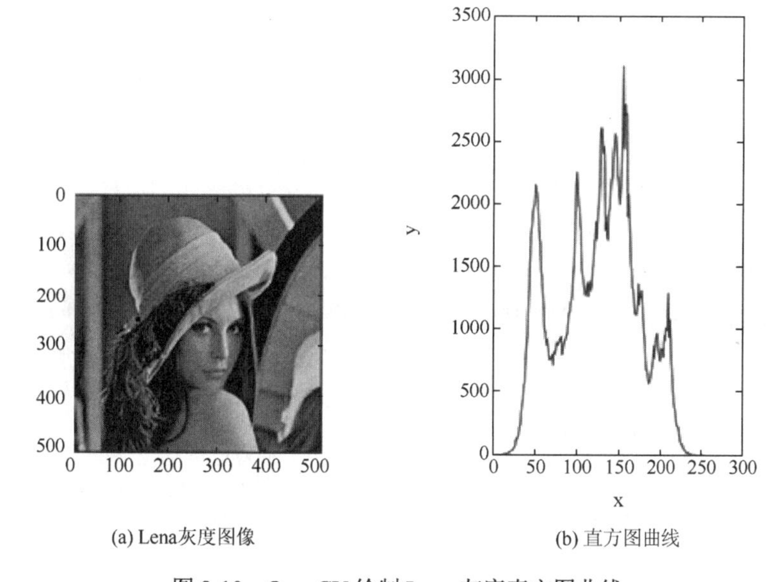

(a) Lena灰度图像　　(b) 直方图曲线

图 9-10　OpenCV 绘制 Lena 灰度直方图曲线

同时输出直方图的大小、形状及数量，如下所示。

```
256
(256L,1L)
[[7.000e+00]
[1.000e+00]
[0.000e+00]
[6.000e+00]
[2.000e+00]
....
```

```
[1.000e+00]
[3.000e+00]
[2.000e+00]
[1.000e+00]
[0.000e+00]]
```

彩色图像调用 OpenCV 绘制直方图的算法与灰度图像一样，只是从 B、G、R 三个分量分别进行计算及绘制，详见如下代码。

Image_Processing_09_05.py

```
#encoding:utf-8
import cv2
import numpy as np
import matplotlib.pyplot as plt
import matplotlib

#读取图像
src=cv2.imread('Lena.png')

#转换为 RGB 图像
img_rgb=cv2.cvtColor(src,cv2.COLOR_BGR2RGB)

#计算直方图
histb=cv2.calcHist([src],[0],None,[256],[0,255])
histg=cv2.calcHist([src],[1],None,[256],[0,255])
histr=cv2.calcHist([src],[2],None,[256],[0,255])

#设置字体
matplotlib.rcParams['font.sans-serif']=['SimHei']

#显示原始图像和绘制的直方图
plt.subplot(121)
plt.imshow(img_rgb,'gray')
plt.axis('off')
plt.title(u"(a)Lena 原始图像")
plt.subplot(122)
plt.plot(histb,color='b')
plt.plot(histg,color='g')
```

```
plt.plot(histr,color='r')
plt.xlabel("x")
plt.ylabel("y")
plt.title(u"(b)直方图曲线")
plt.show()
```

最终绘制的 Lena 彩色图像及其对应的彩色直方图曲线如图 9-11 所示。

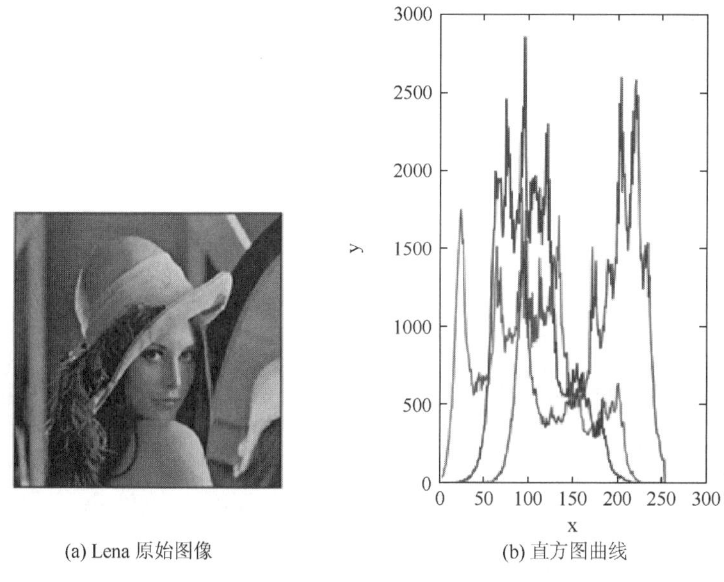

(a) Lena 原始图像　　(b) 直方图曲线

图 9-11　OpenCV 绘制 Lena 彩色图像及其直方图曲线

9.4　掩模直方图

如果要统计图像的某一部分直方图，就需要使用掩模（蒙板）来进行计算。假设将要统计的部分设置为白色，其余部分设置为黑色，然后使用该掩模进行直方图绘制，其完整代码如下所示。

Image_Processing_09_06.py

```
#coding:utf-8
import cv2
import numpy as np
import matplotlib.pyplot as plt
import matplotlib

#读取图像
img = cv2.imread('yxz.jpg')
```

```
#转换为 RGB 图像
img_rgb = cv2.cvtColor(img, cv2.COLOR_BGR2RGB)

#设置掩模
mask = np.zeros(img.shape[:2], np.uint8)
mask[100:300,100:300]=255
masked_img=cv2.bitwise_and(img, img, mask=mask)

#图像直方图计算
hist_full=cv2.calcHist([img],[0],None,[256],[0,256])#通道[0]-灰
度图

#图像直方图计算(含掩模)
hist_mask = cv2.calcHist([img],[0],mask,[256],[0,256])

plt.figure(figsize=(8,6))

#设置字体
matplotlib.rcParams['font.sans-serif']=['SimHei']

#原始图像
plt.subplot(221)
plt.imshow(img_rgb, 'gray')
plt.axis('off')
plt.title(u"(a)原始图像")

#绘制模模
plt.subplot(222)
plt.imshow(mask,'gray')
plt.axis('off')
plt.title(u"(b)掩模")

#绘制掩模设置后的图像
plt.subplot(223)
plt.imshow(masked_img, 'gray')
plt.axis('off')
```

```
plt.title(u"(c)图像掩模处理")

#绘制直方图
plt.subplot(224)
plt.plot(hist_full)
plt.plot(hist_mask)
plt.title(u"(d)直方图曲线")
plt.xlabel("x")
plt.ylabel("y")
plt.show()
```

其运行结果如图 9-12 所示，它使用了一个 200×200 像素的掩模进行实验，并在图中右下角绘制了两条直方图曲线，蓝色的曲线为原始图像的灰度值直方图分布情况，绿色波动更小的曲线为掩模直方图曲线。

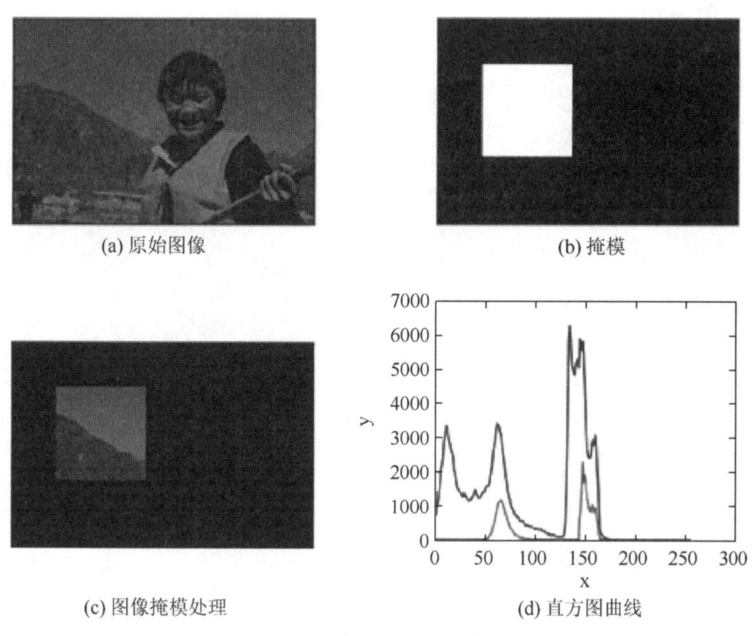

(a) 原始图像　(b) 掩模　(c) 图像掩模处理　(d) 直方图曲线

图 9-12　掩模直方图曲线

9.5　图像灰度变换直方图对比

第 7 章详细介绍了图像灰度变换和阈值变换，本节将结合直方图分别对比图像灰度变换前后的变化，方便读者更清晰地理解灰度变换和阈值变换。

1. 灰度上移变换图像直方图对比

图像灰度上移变换使用的表达式为 $D_B = D_A + 50$。该算法将实现图像灰度值的上移，从而提升图像的亮度，结合直方图对比的实现代码如下所示。

Image_Processing_09_07.py

```
#coding:utf-8
import cv2
import numpy as np
import matplotlib.pyplot as plt

#读取图像
img = cv2.imread('picture.bmp')

#图像灰度转换
grayImage = cv2.cvtColor(img, cv2.COLOR_BGR2GRAY)

#获取图像高度和宽度
height = grayImage.shape[0]
width = grayImage.shape[1]
result = np.zeros((height, width), np.uint8)

#图像灰度上移变换 DB=DA+50
for i in range(height):
    for j in range(width):
        if(int(grayImage[i,j]+50)>255):
            gray=255
        else:
            gray=int(grayImage[i,j]+50)

        result[i,j]=np.uint8(gray)

#计算原图的直方图
hist=cv2.calcHist([img],[0],None,[256],[0,255])

#计算灰度变换的直方图
hist_res=cv2.calcHist([result],[0],None,[256],[0,255])

#原始图像
plt.figure(figsize=(8, 6))
plt.subplot(221),plt.imshow(img,'gray'),plt.title("(a)"),plt.a
```

```
xis('off')

    #绘制掩模
    plt.subplot(222),plt.plot(hist),plt.title("(b)"),plt.xlabel("x
"), plt.ylabel("y")

    #绘制掩模设置后的图像
    plt.subplot(223),plt.imshow(result,'gray'),plt.title("(c)"),pl
t.axis('off')

    #绘制直方图
    plt.subplot(224), plt.plot(hist_res), plt.title("(d)"),
plt.xlabel("x"), plt.ylabel("y")
    plt.show()
```

其运行结果如图 9-13 所示，其中图 9-13（a）和图 9-13（b）表示原始图像及其对应的灰度直方图，图 9-13（c）和图 9-13（d）表示灰度上移后的图像及其对应的直方图。对比发现，图 9-13（d）比图 9-13（b）的灰度级整体高了 50，曲线整体向右平移了 50 个单位。

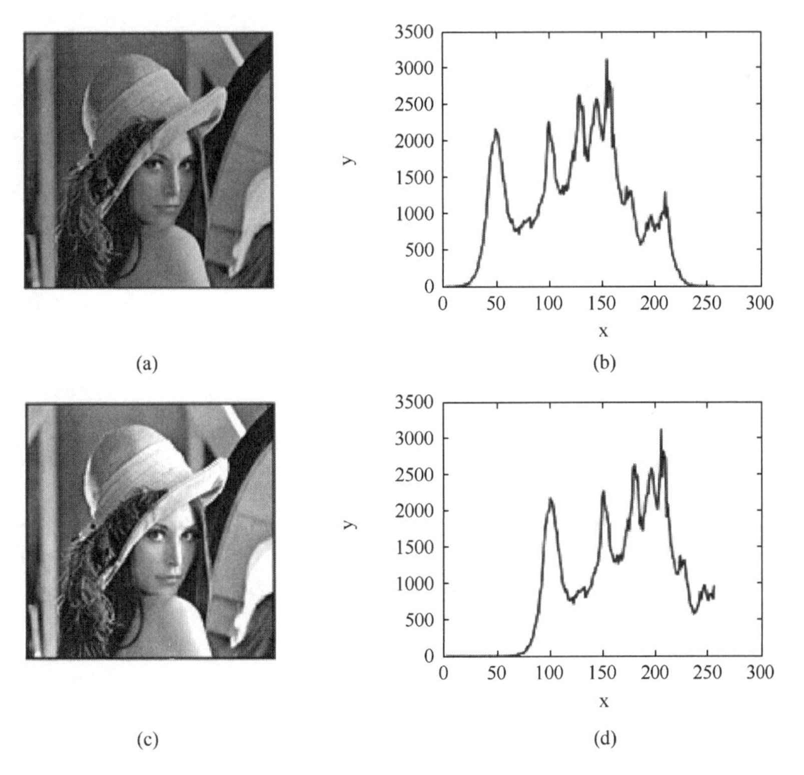

图 9-13　图像灰度上移直方图对比

2. 灰度减弱图像直方图对比

该算法将减弱图像的对比度，使用的表达式为 $D_B = D_A \times 0.8$。Python 结合直方图实现灰度对比度减弱的代码如下所示。

Image_Processing_09_08.py

```
#coding:utf-8
import cv2
import numpy as np
import matplotlib.pyplot as plt

#读取图像
img=cv2.imread('picture.bmp')

#图像灰度转换
grayImage=cv2.cvtColor(img,cv2.COLOR_BGR2GRAY)

#获取图像高度和宽度
height=grayImage.shape[0]
width=grayImage.shape[1]
result=np.zeros((height,width),np.uint8)

#图像对比度减弱变换 DB=DA×0.8
for i in range(height):
    for j in range(width):
        gray=int(grayImage[i,j]*0.8)
        result[i,j]=np.uint8(gray)

#计算原图的直方图
hist=cv2.calcHist([img],[0],None,[256],[0,255])

#计算灰度变换的直方图
hist_res=cv2.calcHist([result],[0],None,[256],[0,255])

#原始图像
plt.figure(figsize=(8, 6))
plt.subplot(221),plt.imshow(img,'gray'),plt.title("(a)"),plt.a
xis('off')
```

```
    #绘制掩模
    plt.subplot(222),plt.plot(hist),plt.title("(b)"),plt.xlabel
("x"), plt.ylabel("y")

    #绘制掩模设置后的图像
    plt.subplot(223),plt.imshow(result,'gray'),plt.title("(c)"),
plt.axis('off')

    #绘制直方图
    plt.subplot(224),plt.plot(hist_res),plt.title("(d)"),plt.
xlabel("x"), plt.ylabel("y")
    plt.show()
```

其运行结果如图 9-14 所示，其中图 9-14（a）和图 9-14（b）表示原始图像和对应的灰度直方图，图 9-14（c）和图 9-14（d）表示灰度减弱或对比度缩小的图像及对应的直方图。图 9-14（d）比图 9-14（b）的灰度级整体缩小了 80%，绘制的曲线更加密集。

3. 图像反色变换直方图对比

该算法将图像的颜色反色，对原图像的像素值进行反转，即黑色变为白色，白色变为黑色，使用的表达式为 $D_B=255-D_A$。实现代码如下所示。

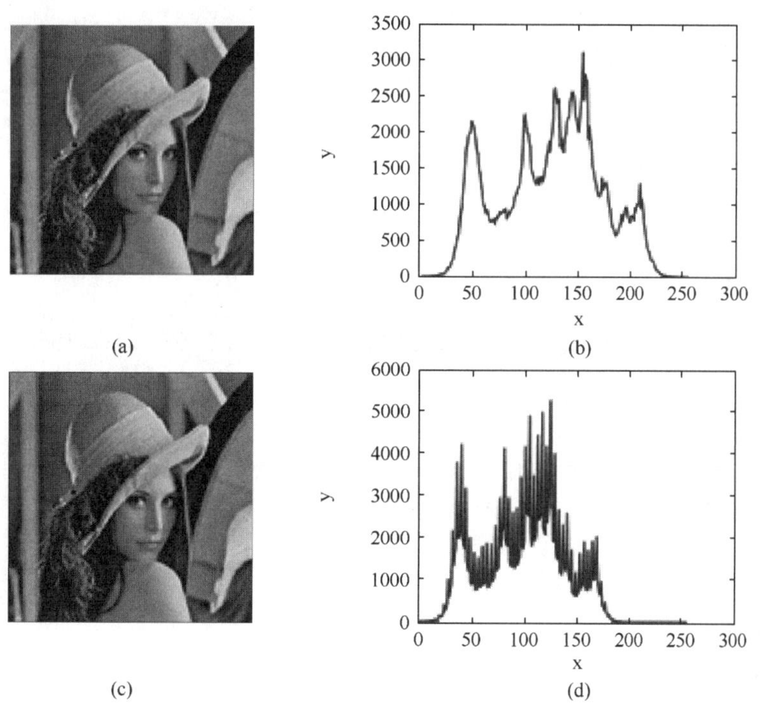

图 9-14　图像灰度减弱直方图对比

Image_Processing_09_09.py

```
#coding:utf-8
import cv2
import numpy as np
import matplotlib.pyplot as plt

#读取图像
img=cv2.imread('picture.bmp')

#图像灰度转换
grayImage=cv2.cvtColor(img,cv2.COLOR_BGR2GRAY)

#获取图像高度和宽度
height=grayImage.shape[0]
width=grayImage.shape[1]
result=np.zeros((height, width), np.uint8)

#图像灰度反色变换 DB=255-DA
for i in range(height):
    for j in range(width):
        gray=255-grayImage[i,j]
        result[i,j]=np.uint8(gray)

#计算原图的直方图
hist=cv2.calcHist([img],[0],None,[256],[0,255])

#计算灰度变换的直方图
hist_res=cv2.calcHist([result],[0],None,[256],[0,255])

#原始图像
plt.figure(figsize=(8,6))
plt.subplot(221),plt.imshow(img,'gray'),plt.title("(a)"),plt.a
xis('off')

#绘制掩模
plt.subplot(222),plt.plot(hist),plt.title("(b)"),plt.xlabel("x
"),plt.ylabel("y")
```

```
    #绘制掩模设置后的图像
    plt.subplot(223),plt.imshow(result,'gray'),plt.title("(c)"),pl
t.axis('off')

    #绘制直方图
    plt.subplot(224),plt.plot(hist_res),plt.title("(d)"),plt.xlabe
l("x"),plt.ylabel("y")
    plt.show()
```

其运行结果如图 9-15 所示，其中图 9-15（a）和图 9-15（b）表示原始图像和对应的灰度直方图，图 9-15（c）和图 9-15（d）表示灰度反色变换图像及对应的直方图。图 9-15（d）与图 9-15（b）是反相对称的，整个灰度值满足 $D_B = 255-D_A$ 表达式。

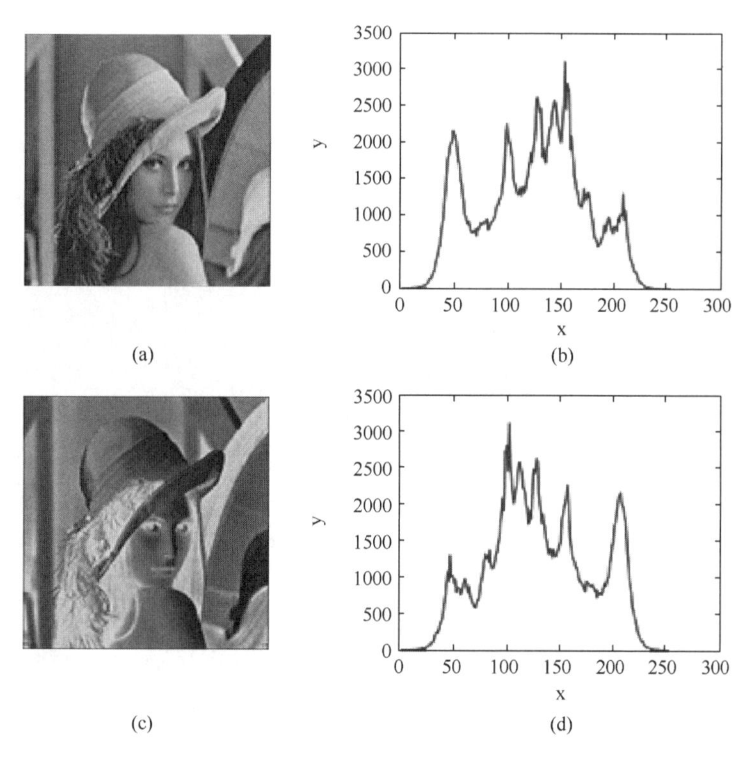

图 9-15　图像灰度反色变换直方图对比

4. 图像对数变换直方图对比

该算法将增加低灰度区域的对比度，从而增强暗部的细节，使用的表达式为

$$D_B = c \times \log(1 + D_A)$$

下面的代码实现了图像灰度的对数变换及直方图对比。

Image_Processing_09_10.py

```
#coding:utf-8
import cv2
import numpy as np
import matplotlib.pyplot as plt

#读取图像
img=cv2.imread('picture.bmp')

#图像灰度转换
grayImage=cv2.cvtColor(img,cv2.COLOR_BGR2GRAY)

#获取图像高度和宽度
height=grayImage.shape[0]
width=grayImage.shape[1]
result=np.zeros((height,width),np.uint8)

#图像灰度对数变换
for i in range(height):
    for j in range(width):
        gray = 42 * np.log(1.0+grayImage[i,j])
        result[i,j]=np.uint8(gray)

#计算原图的直方图
hist=cv2.calcHist([img],[0],None,[256],[0,255])

#计算灰度变换的直方图
hist_res=cv2.calcHist([result],[0],None,[256],[0,255])

#原始图像
plt.figure(figsize=(8,6))
plt.subplot(221),plt.imshow(img,'gray'),plt.title("(a)"),plt.a
xis('off')

#绘制原始图像直方图
plt.subplot(222),plt.plot(hist),plt.title("(b)"),plt.xlabel("x
"),plt.ylabel("y")
```

```
    #灰度变换后的图像
    plt.subplot(223),plt.imshow(result,'gray'),plt.title("(c)"),
plt.axis('off')

    #灰度变换图像的直方图
    plt.subplot(224),plt.plot(hist_res),plt.title("(d)"),plt.
xlabel("x"),plt.ylabel("y")
    plt.show()
```

其运行结果如图 9-16 所示，其中图 9-16（a）和图 9-16（b）表示原始图像及其对应的灰度直方图，图 9-16（c）和图 9-16（d）表示灰度对数变换图像及其对应的直方图。

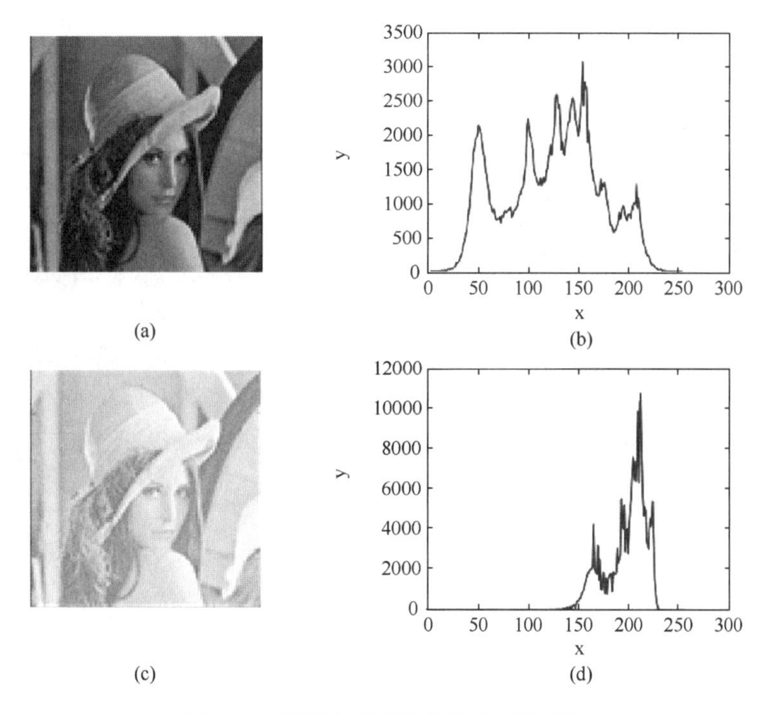

图 9-16　图像灰度对数变换直方图对比

5. 图像阈值化处理直方图对比

该算法原型为 threshold（Gray，127，255，cv2.THRESH_BINARY），当前像素点的灰度值大于 thresh 阈值时（如 127），其像素点的灰度值设定为最大值（如 8 位灰度值最大为 255）；否则，像素点的灰度值设置为 0。二进制阈值化处理及直方图对比的 Python 代码如下所示。

Image_Processing_09_11.py

```
    #coding:utf-8
```

```
import cv2
import numpy as np
import matplotlib.pyplot as plt

#读取图像
img=cv2.imread('picture.bmp')

#图像灰度转换
grayImage=cv2.cvtColor(img,cv2.COLOR_BGR2GRAY)

#二进制阈值化处理
r,result=cv2.threshold(grayImage,127,255,cv2.THRESH_BINARY)

#计算原图的直方图
hist=cv2.calcHist([img],[0],None,[256],[0,256])

#计算阈值化处理的直方图
hist_res=cv2.calcHist([result],[0],None,[256],[0,256])

#原始图像
plt.figure(figsize=(8,6))
plt.subplot(221),plt.imshow(img,'gray'),plt.title("(a)"),plt.
axis('off')

#绘制原始图像直方图
plt.subplot(222),plt.plot(hist),plt.title("(b)"),plt.xlabel
("x"),plt.ylabel("y")

#阈值化处理后的图像
plt.subplot(223),plt.imshow(result,'gray'),plt.title("(c)"),
plt.axis('off')

#阈值化处理图像的直方图
plt.subplot(224),plt.plot(hist_res),plt.title("(d)"),plt.
xlabel("x"),plt.ylabel("y")
plt.show()
```

其运行结果如图 9-17 所示，其中图 9-17（a）和图 9-17（b）表示原始图像及其对应的灰度直方图，图 9-17（c）和图 9-17（d）表示图像阈值化处理及其对应的直方图，由图 9-17（d）可以看到，灰度值仅仅分布于 0（黑色）和 255（白色）两种灰度级。

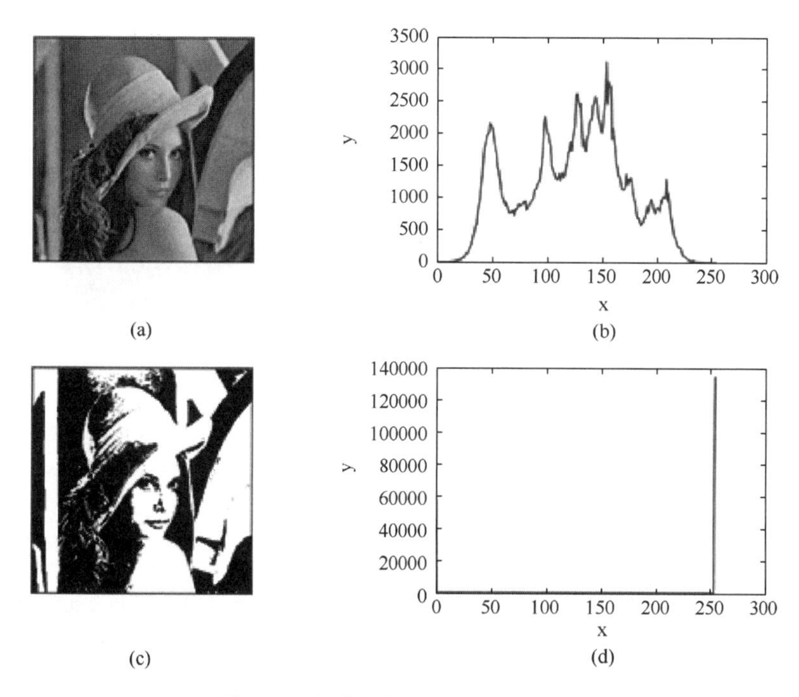

图 9-17　图像阈值化处理直方图对比

9.6　图像 H-S 直方图

为了刻画图像中颜色的直观特性，常常需要分析图像的 HSV 空间下的直方图特性。HSV 空间是由色调、饱和度、明度构成的，因此在进行直方图计算时，需要先将原 RGB 图像转化为 HSV 颜色空间图像，然后将对应的 H 和 S 通道进行单元划分，在其二维空间上计算相对应直方图，再计算直方图空间上的最大值并归一化绘制相应的直方图信息，从而形成色调-饱和度直方图（或 H-S 直方图）。该直方图通常应用在目标检测、特征分析以及目标特征跟踪等场景。

由于 H 和 S 分量与人感受颜色的方式是紧密相连的，V 分量与图像的彩色信息无关，这些特点使得 HSV 模型非常适合借助人的视觉系统来感知彩色特性的图像处理算法。下面是具体的实现代码，使用 matplotlib.pyplot 库中的 imshow（）函数来绘制具有不同颜色映射的 2D 直方图。

Image_Processing_09_12.py

```
#coding:utf-8
import cv2
import numpy as np
```

```
    import matplotlib.pyplot as plt

    #读取图像
    img=cv2.imread('Lena.png')

    #转换为 RGB 图像
    img_rgb=cv2.cvtColor(img,cv2.COLOR_BGR2RGB)

    #图像 HSV 转换
    hsv=cv2.cvtColor(img,cv2.COLOR_BGR2HSV)

    #计算 H-S 直方图
    hist=cv2.calcHist(hsv,[0,1],None,[180,256],[0,180,0,256])

    #原始图像
    plt.figure(figsize=(8, 6))
    plt.subplot(121),plt.imshow(img_rgb,'gray'),plt.title("(a)"),
plt.axis('off')

    #绘制 H-S 直方图
    plt.subplot(122), plt.imshow(hist, interpolation='nearest'),
plt.title("(b)")
    plt.xlabel("x"), plt.ylabel("y")
    plt.show()
```

图 9-18 表示原始输入图像和它对应的彩色直方图，其中 x 轴表示饱和度（S），y 轴表示色调（H）。在直方图中，可以看到 H=140 和 S=130 附近的一些高值，它对应于艳丽的色调。

(a)

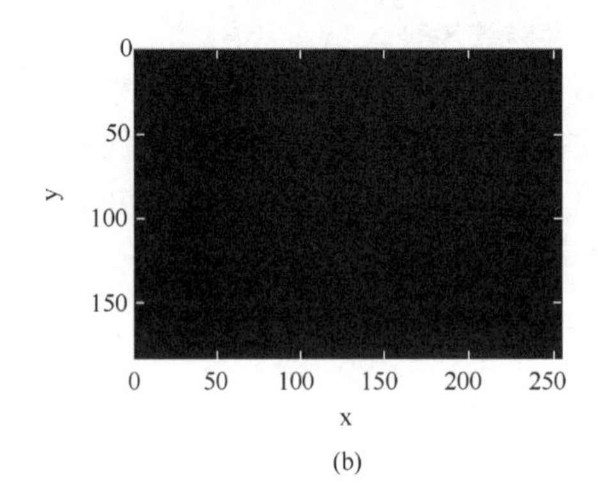

(b)

图 9-18　图像 H-S 直方图

9.7　直方图判断黑夜白天

本节介绍两个应用直方图的案例，第一个是通过直方图来判断一幅图像是黑夜或白天。常见的方法是通过计算图像的灰度平均值、灰度中值或灰度标准差，再与自定义的阈值进行对比，从而判断是黑夜还是白天。

（1）灰度平均值：该值等于图像中所有像素灰度值之和除以图像的像素个数。

（2）灰度中值：对图像中所有像素灰度值进行排序，然后获取所有像素最中间的值，即灰度中值。

（3）灰度标准差：又常称均方差，是离均差平方的算术平均数的平方根。标准差能反映一个数据集的离散程度，是总体各单位标准值与其平均数离差平方的算术平均数的平方根。如果一幅图看起来灰蒙蒙的，那灰度标准差就小；如果一幅图看起来很鲜艳，那对比度就很大，标准差也大。

下面是计算灰度 Lena 图的灰度平均值、灰度中值和灰度标准差的代码。

Image_Processing_09_13.py

```
#coding:utf-8
import cv2
import numpy as np
import matplotlib.pyplot as plt

#函数：获取图像的灰度平均值
def fun_mean(img,height,width):
    sum_img=0
    for i in range(height):
        for j in range(width):
            sum_img=sum_img+int(img[i,j])
    mean=sum_img/(height * width)
    return mean

#函数：获取中位数
def fun_median(data):
    length=len(data)
    data.sort()
    if(length%2)==1:
        z=length//2
        y=data[z]
    else:
```

```
        y=(int(data[length//2])+int(data[length//2-1]))/2
return y

#读取图像
img=cv2.imread('picture.bmp')

#图像灰度转换
grayImage=cv2.cvtColor(img,cv2.COLOR_BGR2GRAY)

#获取图像高度和宽度
height=grayImage.shape[0]
width=grayImage.shape[1]

#计算图像的灰度平均值
mean=fun_mean(grayImage,height,width)
print u"灰度平均值:",mean

#计算图像的灰度中位数
value=grayImage.ravel()#获取所有像素值
median=fun_median(value)
print u"灰度中值:",median

#计算图像的灰度标准差
std=np.std(value,ddof=1)
print u"灰度标准差",std
```

其运行结果如图 9-19 所示，其灰度平均值为 123，灰度中值为 129，灰度标准差为 48.39。

(a) 原始图像

```
>>>
灰度平均值： 123
灰度中值： 129
灰度标准差 48.38520420408104
>>>
```

(b) 处理结果

图 9-19　图像灰度平均值、灰度中值和灰度标准差计算

下面介绍另一种用来判断图像是白天还是黑夜的方法，其基本步骤如下。

（1）读取原始图像，转换为灰度图，并获取图像的所有像素值。

（2）设置灰度阈值并计算该阈值以下的像素个数。例如，像素的阈值设置为 50，统计低于 50 的像素值个数。

（3）设置比例参数，对比该参数与低于该阈值的像素占比，如果低于参数则预测为白天，高于参数则预测为黑夜。例如，该参数设置为 0.8，像素的灰度值低于阈值 50 的个数占整幅图像所有像素个数的 90%，则认为该图像偏暗，故预测为黑夜；否则预测为白天。

具体实现的代码如下所示。

Image_Processing_09_14.py

```
#encoding:utf-8
import cv2
import numpy as np
import matplotlib.pyplot as plt

#函数：判断黑夜或白天
def func_judge(img):
    #获取图像高度和宽度
    height=grayImage.shape[0]
    width=grayImage.shape[1]
    piexs_sum=height * width
    dark_sum=0  #偏暗像素个数
    dark_prop=0 #偏暗像素所占比例

    for i in range(height):
        for j in range(width):
            if img[i,j]<50:#阈值为 50
                dark_sum+=1

    #计算比例
    print dark_sum
    print piexs_sum
    dark_prop=dark_sum * 1.0/piexs_sum
    if dark_prop>=0.8:
        print("This picture is dark!",dark_prop)
    else:
        print("This picture is bright!",dark_prop)
```

```
#读取图像
img=cv2.imread('day.png')

#转换为 RGB 图像
img_rgb=cv2.cvtColor(img,cv2.COLOR_BGR2RGB)

#图像灰度转换
grayImage=cv2.cvtColor(img,cv2.COLOR_BGR2GRAY)

#计算 256 灰度级的图像直方图
hist=cv2.calcHist([grayImage],[0],None,[256],[0,255])

#判断黑夜或白天
func_judge(grayImage)

#显示原始图像和绘制的直方图
plt.subplot(121),plt.imshow(img_rgb,'gray'),plt.axis('off'),
plt.title("(a)")
plt.subplot(122), plt.plot(hist, color='r'), plt.xlabel("x"),
plt.ylabel("y"), plt.title("(b)")

plt.show()
```

第一幅测试图输出的结果如图 9-20 所示，最终输出结果为“('This picture is bright! ', 0.010082704388303882)”，该预测为白天。

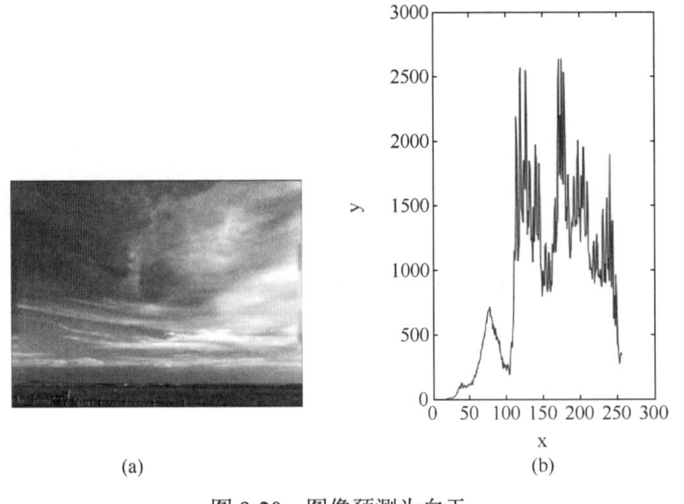

(a)　　(b)

图 9-20　图像预测为白天

第二幅测试图输出的结果如图 9-21 所示，最终输出结果为“('This picture is dark！',0.8511824175824175)”，该预测为黑夜。

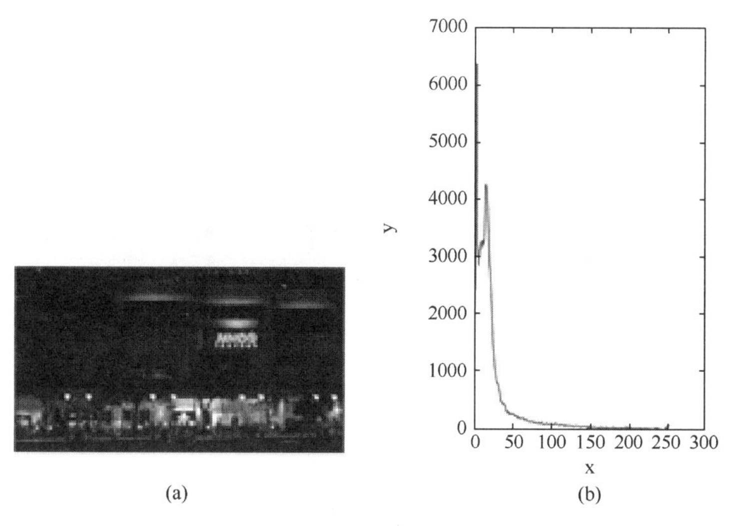

(a)　(b)

图 9-21　图像预测为黑夜

9.8 本 章 小 结

本章主要介绍了图像直方图相关知识点，包括 Matplotlib 和 OpenCV 两种统计及绘制直方图的方法，然后介绍了掩模直方图和 H-S 直方图，并结合第 7 章灰度变换对比了常见算法变换前后的直方图，应用直方图实现黑夜和白天的判断。

参 考 文 献

[1] 冈萨雷斯. 数字图像处理[M]. 3 版. 北京：电子工业出版社，2013.

[2] 张恒博，欧宗瑛. 一种基于色彩和灰度直方图的图像检索方法[J]. 计算机工程，2004，30（10）：20-22.

[3] 苗锡奎，孙劲光，张语涵. 图像归一化与伪 Zernike 矩的鲁棒水印算法研究[J]. 计算机应用研究，2010，27（3）：1052-1054.

[4] 阮秋琦. 数字图像处理学[M]. 3 版. 北京：电子工业出版社，2008.

[5] 李立源，龚坚，陈维南. 基于二维灰度直方图最佳一维投影的图像分割方法[J]. 自动化学报，1996，22（3）：315-322.

[6] 杨秀璋，颜娜. Python 网络数据爬取及分析从入门到精通（分析篇）[M]. 北京：北京航天航空大学出版社，2018.

[7] 毛星云，冷雪飞. OpenCV3 编程入门[M]. 北京：电子工业出版社，2015.

第 10 章　Python 图像增强

图像增强是将原来不清晰的图像变清晰或强调某些兴趣特征，扩大图像中不同物体特征之间的差别，抑制不感兴趣的特征，改善图像质量，丰富图像信息，从而加强图像的识别和处理，满足某些特殊分析的需要。本章主要介绍图像增强的基础概念，重点阐述直方图均衡化处理及彩色直方图均衡化处理，第 11 章和第 12 章将详细介绍图像平滑和图像锐化处理。

10.1　图像增强概述

图像增强（image enhancement）是指按照某种特定的需求，突出图像中有用的信息，去除或者削弱无用的信息。图像增强的目的是使处理后的图像更适合人眼的视觉特性或易于机器识别。在医学成像、遥感成像、人物摄影等领域，图像增强技术都有着广泛的应用。图像增强同时可以作为目标识别、目标跟踪、特征点匹配、图像融合、超分辨率重构等图像处理算法的预处理算法[1]。

随着消费型和专业型数码相机的日益普及，海量的图像数据正在产生，但由于场景条件的影响，很多在高动态范围场景、昏暗环境或特殊光线条件下拍摄的图像视觉效果不佳，需要进行后期增强处理压缩、拉伸动态范围或提取一致色感才能满足显示和印刷的要求。图 10-1 所示是需要进行增强处理的图像的举例。

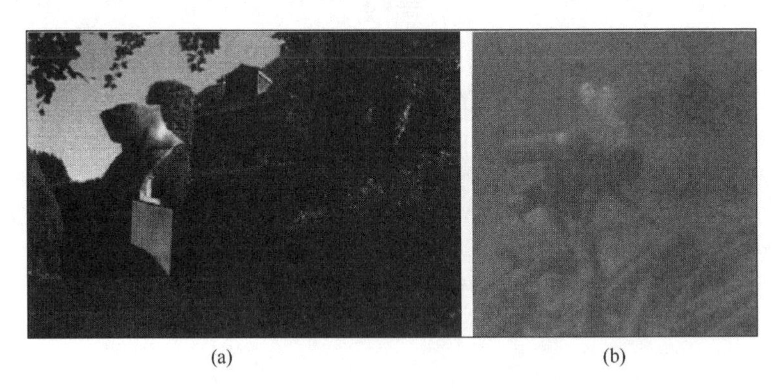

(a)　　(b)

图 10-1　需进行增强处理的图像举例

图 10-1（a）为一幅在高动态范围的场景中拍摄的图像，图中左上角天空区域亮度很高，但右侧大半边的树所在区域却很暗，细节几乎不可见，需采用色调映射方法进行增强，以压缩动态范围增强暗处细节；图 10-1（b）为一幅在水下拍摄的图像，整体动态范围很低，细节辨识不清，全图都需要进行对比度增强[2]。

图像增强通常划分为如图 10-2 所示的分类，其中最重要的是图像平滑和图像锐化处理，分别在第 10 章和第 11 章介绍。

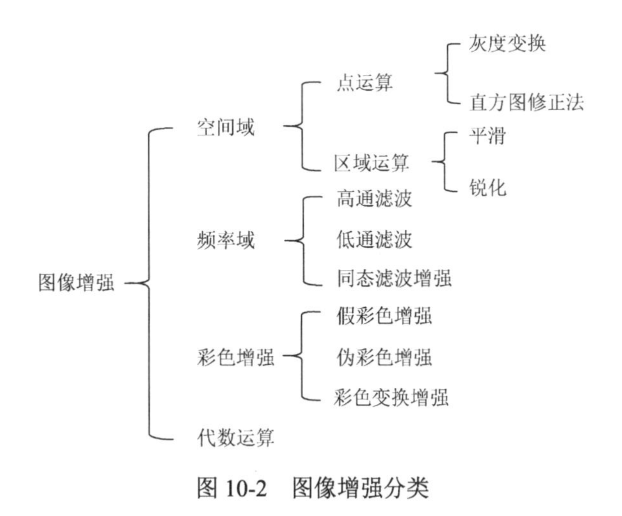

图 10-2　图像增强分类

图像增强按其变换处理所在的作用域不同而分为空间域方法和频率域方法两大类。而由于具体的应用目的不同，其图像实际增强处理所用到的方法和增强的内容有一定的差异，但图像增强处理的各目标和方法并不互相排斥，某些应用中需要同时联合几种方法来实现最好的增强效果[3]。

1. 空间域

空间域增强通常包含图像灰度级变换、图像直方变换、直方均衡以及使用模糊逻辑和基于优化的增强算法，如使用遗传算法和细菌觅食等算法进行优化处理以达到图像增强的目的。空间域图像增强方法的一般定义为

$$g(x,y)=T[f(x,y)] \tag{10-1}$$

式中，$f(x,y)$ 为输入的待增强的图像，$g(x,y)$ 为处理后的增强图像，T 为空间域变换函数，表示对原图像 $f(x,y)$ 在像素空间所进行的各种变换操作。当 T 操作定义在单个像素点 (x,y) 上时，称该操作为点操作；而空间滤波指 T 操作作用于像素点 (x,y) 的邻域上时的相应处理。

空间域增强方法按处理策略的差异，又可分为全局一致性处理和局部自适应处理。全局一致性方法较为简单，仅对图像空间像素值进行统一的调整，而未考虑像素点在空间中的分布特性；局部自适应方法较复杂，主要针对图像局部对比度、边缘等特殊区域信息进行增强。直方图均衡是图像增强处理中对比度变换调整中最典型的方法。该方法是空间域增强中最常用、最简单有效的方法之一，其采用灰度统计特征，将原始图像中的灰度直方图从较为集中的某个灰度区间转变为均匀分布于整个灰度区域范围的变换方法。全局直方图均衡方法的主要优点是算法简单、速度快，可自动增强图像；全局直方图均衡方法的缺点是对噪声敏感、细节信息易失，在某些结果区域产生过增强问题，且对对比度增强的力

度相对较低。局部直方图均衡的主要优点是局部自适应，可最大限度地增强图像细节；其缺点是增强图像质量操控困难，并会随之引入噪声[4]。

2. 频率域

基于频域的图像增强算法基础为卷积理论，该方法把图像视为波，然后利用信号处理手段来处理图像。其通用的数学表示为

$$G(u,v) = H(u,v) * F(u,v) \tag{10-2}$$

由式（10-2）逆变换后，产生增强后的图像 $g(x,y)$，其表达式为

$$g(x,y) = F^{-1}[G(u,v)] = F^{-1}[H(u,v) * F(u,v)] \tag{10-3}$$

式中，$g(x,y)$ 为增强后的图像，$F(x,y)$ 为原图像的傅里叶变换，$H(x,y)$ 为滤波变换函数，通过大量的实验研究，发现增强处理后的图像具有比原图像更加清晰的细节。常用的滤波方法有低通、高通、带阻及同态滤波等。

频域图像增强方法从本质上是一种间接对图像进行变换处理的方法，其最早的变换理论，由傅里叶的《热分析理论》指出的周期函数表达可由不同频率和不同倍乘系数表达的正/余弦及形式表征。随着图像处理应用的不断发展，频率域变换方法近年来在小波变换基础上发展了具有更高精度和更好稀疏表达特性的方法，更加适合于表达图像的边缘轮廓信息，如 Curvelet 和 Contourlet 变换。这些超小波变换都是基于变换域的新型的多尺度分析方法，在图像对比度增强、降噪、图像融合与分割等方面得到了广泛的应用[5]。

10.2　直方图均衡化

10.2.1　原理知识

直方图均衡化是图像灰度变化的一个重要处理，广泛应用于图像增强领域。它是指通过某种灰度映射将原始图像的像素点均匀地分布在每一个灰度级上，其结果将产生一幅灰度级分布概率均衡的图像。直方图均衡化的中心思想是把原始图像的灰度直方图从比较集中的某个灰度区间转变为全范围均匀分布的灰度区间，通过该处理，增加了像素灰度值的动态范围，从而达到增强图像整体对比度的效果。直方图均衡化包括三个核心步骤。

（1）统计直方图中每个灰度级出现的次数。

（2）计算累计归一化直方图。

（3）重新计算像素点的像素值。

直方图均衡化示意图如图 10-3（a）所示，图 10-3（a）的像素值集中于中心部分，通过均衡化处理后，图像峰值不再这么高，同时 0～50、200～255 灰度值部分存在像素值。简单理解就是将图像的灰度值进行拉伸。

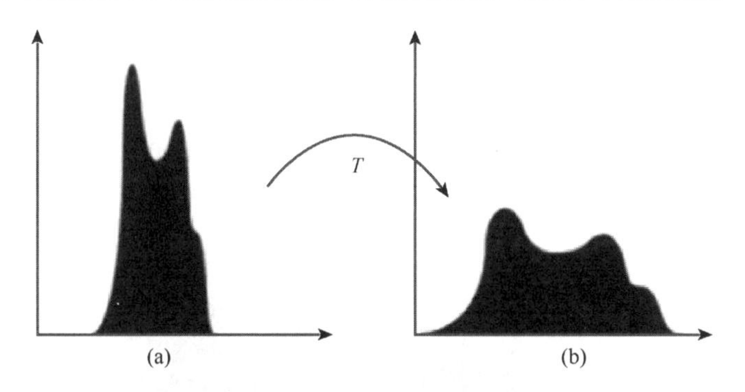

图 10-3　直方图均衡化

将图 10-4（a）像素偏暗的原始图像进行直方图均衡化处理，得到图 10-4（b）的图像色彩更均衡。

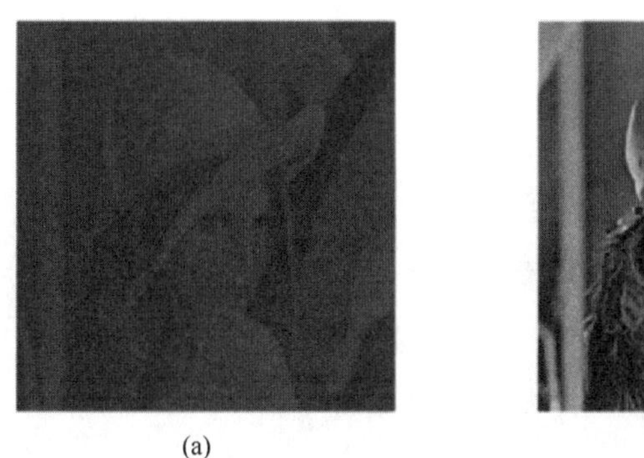

(a)　(b)

图 10-4　直方图均衡化处理

直方图均衡化算法的详细处理过程如下。

首先，计算原始图像直方图的概率密度，如公式（10-4）所示。其中，r_k 表示第 k 个灰度级 $(k=0,1,2,\cdots,L-1)$，L 最大值为 256；n_k 表示图像中灰度级为 r_k 的像素个数；N 表示图像中像素的总个数；P（r_k）表示图像中第 k 个灰度级占总像素数的比例。

$$P(r_k)=\frac{n_k}{N} \tag{10-4}$$

其次，通过灰度变换函数 T 计算新图像灰度级的概率密度。新图像灰度级的概率密度是原始图像灰度级概率密度的累积，如公式（10-5）所示。其中，k 是新图像的灰度级，$k=0,1,2,\cdots,L-1$；r_k 表示原始图像的第 k 个灰度级；s_k 为直方图均衡化处理后的第 k 个灰度级。

$$s_k=T(r_k)=\sum_{j=0}^{k}P(r_j) \tag{10-5}$$

最后，计算新图像的灰度值。由于公式（10-5）计算所得的 s_k 位于 0～1，需要乘以图像的最大灰度级 L，转换为最终的灰度值 res，如公式（10-6）所示。

$$\text{res}=s_k\times L \tag{10-6}$$

图 10-5（a）表示原始图像，图 10-5（b）表示其对应的直方图，x 轴表示 256 个灰度级，y 轴表示各个灰度级出现的频数。图 10-6（a）表示直方图均衡化处理后的图像，图 10-6（b）表示其对应的直方图。从效果图可以看出，经过直方图均衡化处理，图像变得更加清晰，图像的灰度级分布也更加均匀[6]。

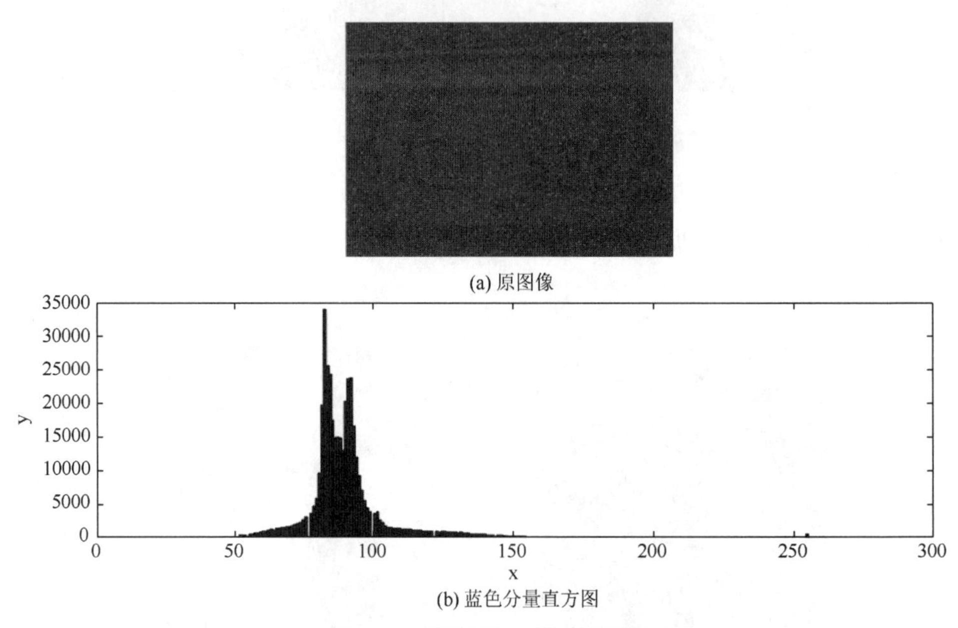

(a) 原图像

(b) 蓝色分量直方图

图 10-5　原始图像及其直方图

(a) 原图像

(b) 蓝色分量直方图

图 10-6　直方图均衡化后的图像及其直方图

下面举一个简单的例子说明直方图均衡化的算法流程。假设存在如公式（10-7）所示的 7 像素×7 像素的图像。

$$\begin{bmatrix} 0 & 1 & 4 & 1 & 7 & 3 & 3 \\ 0 & 0 & 4 & 0 & 0 & 1 & 3 \\ 1 & 2 & 7 & 5 & 7 & 4 & 6 \\ 0 & 4 & 0 & 1 & 1 & 6 & 6 \\ 7 & 1 & 2 & 2 & 7 & 3 & 3 \\ 4 & 5 & 7 & 4 & 2 & 7 & 2 \\ 0 & 7 & 1 & 5 & 2 & 0 & 1 \end{bmatrix} \tag{10-7}$$

首先通过各像素值出现的次数，其统计结果如表 10-1 所示，其中像素值 0 出现了 9 次，像素值 1 出现了 9 次，像素值 7 出现了 8 次。

表 10-1　各像素值统计直方图

像素值	个数
0	9
1	9
2	6
3	5
4	6
5	3
6	3
7	8

其次将表 10-1 的结果进行归一化处理，即当前像素值出现的次数除以总的像素个数（总个数为 49），如像素值 0 的归一化结果为 0.18，像素值 1 的归一化结果为 0.18，依次类推，像素值 7 的归一化结果为 0.16，如表 10-2 所示。

表 10-2　各像素值归一化处理后的直方图

像素值	百分比
0	0.18
1	0.18
2	0.12
3	0.10
4	0.12
5	0.06
6	0.06
7	0.16

然后统计各像素值的累计直方图，如像素值 0 的累计直方图百分比为 0.18，像素值 1 的累计直方图百分比为像素值 0（百分比为 0.184）加上像素值 1（百分比为 0.184），最终结果四舍五入为 0.37，依次类推，像素值 7 的累计直方图百分比为 1.00。如表 10-3 所示。

表 10-3　各像素值的累计直方图

像素值	百分比
0	0.18
1	0.37
2	0.49
3	0.59
4	0.71
5	0.78
6	0.84
7	1.00

最后将各像素值的累计直方图百分比乘以像素范围的最大值，此处的范围为 0～7，故乘以最大值 7，得到一个新的结果，即为直方图均衡化处理的结果，如表 10-4 所示。

表 10-4　各像素值的累计直方图

像素值	累计直方图百分比	计算过程	新的像素值
0	0.18	0.18×7	1
1	0.37	0.37×7	3
2	0.49	0.49×7	3
3	0.59	0.59×7	4
4	0.71	0.71×7	5
5	0.78	0.78×7	5
6	0.84	0.84×7	6
7	1.00	1.00×7	7

表 10-4 将原始像素级的八个结果（0、1、2、3、4、5、6、7）直方图均衡化为六个新的结果（1、3、4、5、6、7），生成如图 10-7 所示的直方图，其中，图 10-7（a）是原始图像各像素级的直方图，图 10-7（b）是直方图均衡化处理后的各像素级直方图，最终结果更加均衡。直方图均衡化可以让色彩细节更丰富，获取更多的信息，常用于人脸识别、车牌识别、医疗图像处理等领域。

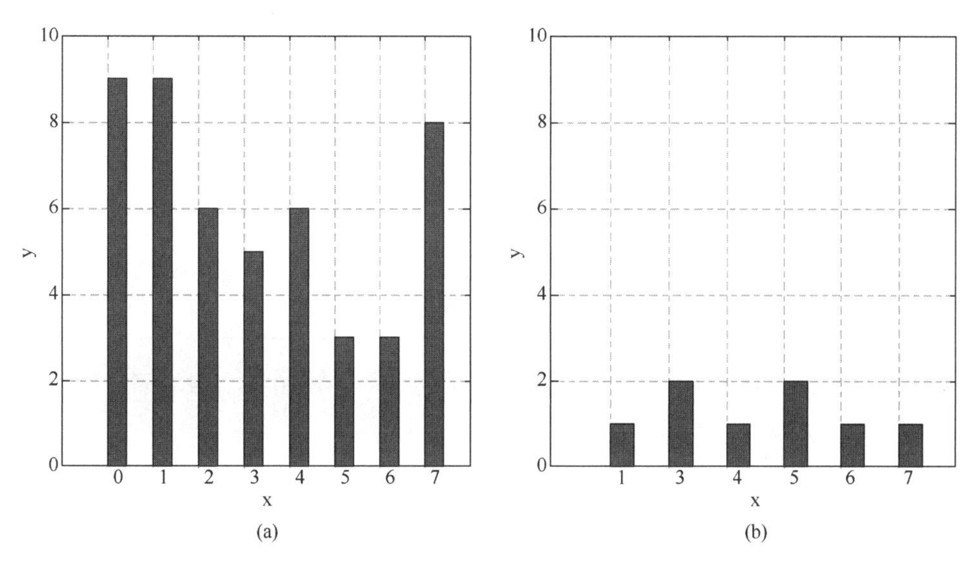

图 10-7　直方图均衡化处理前后的直方图对比

10.2.2　代码实现

Python 调用 OpenCV 中的 cv2.equalizeHist（）函数实现直方图均衡化处理，并且为全局直方图均衡化。其函数原型如下所示，输出的 dst 图像与输入图像 src 具有相同的大小和类型。

dst=cv2.equalizeHist(src)

（1）src 表示输入图像，即原图像。

（2）dst 表示目标图像，直方图均值化处理的结果。

下面是调用 cv2.equalizeHist（）函数实现图像直方图均衡化处理的代码。

Image_Processing_10_01.py

```
#-*-coding:utf-8-*-
import cv2
import numpy as np
import matplotlib.pyplot as plt

#读取图像
img=cv2.imread('test.png')

#灰度转换
gray=cv2.cvtColor(img,cv2.COLOR_BGR2GRAY)

#直方图均衡化处理
```

```
result=cv2.equalizeHist(gray)

#显示图像
cv2.imshow("Input",gray)
cv2.imshow("Result",result)
cv2.waitKey(0)
cv2.destroyAllWindows()
```

输出结果如图 10-8 所示，图 10-8（a）为原始图像，图 10-8（b）为直方图均衡化处理图像，它有效地提升了图像的亮度及细节。

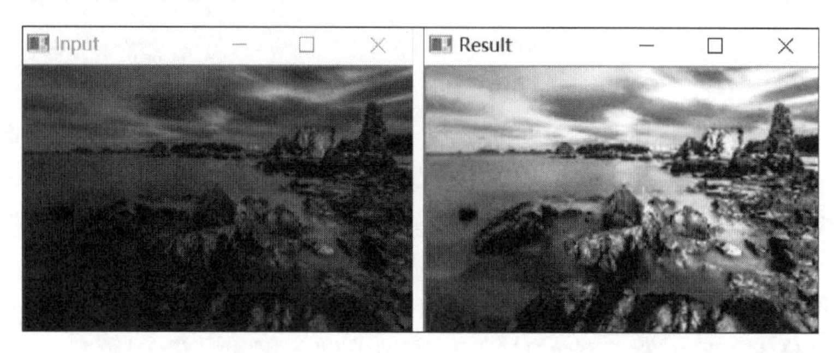

(a)原始图像　　(b)直方图均衡化处理图像

图 10-8　图像直方图均衡化处理

下面的代码调用函数 ravel（）绘制了对应的直方图，并进行直方图均衡化处理前后的图像对比。

Image_Processing_10_02.py

```
#-*-coding:utf-8-*-
import cv2
import numpy as np
import matplotlib.pyplot as plt

#读取图像
img=cv2.imread('lena.bmp')

#灰度转换
gray=cv2.cvtColor(img,cv2.COLOR_BGR2GRAY)

#直方图均衡化处理
result=cv2.equalizeHist(gray)
```

```
#显示图像
plt.subplot(221)
plt.imshow(gray,cmap=plt.cm.gray),plt.axis("off"),plt.title('(
a)')
plt.subplot(222)
plt.imshow(result,cmap=plt.cm.gray),plt.axis("off"),plt.title(
'(b)')
plt.subplot(223)
plt.hist(img.ravel(),256),plt.title('(c)')
plt.subplot(224)
plt.hist(result.ravel(),256),plt.title('(d)')
plt.show()
```

输出结果如图 10-9 所示，图 10-9（a）为原始图像，对应的直方图为图 10-9（c），图 10-9（b）和图 10-9（d）为直方图处理后的图像及其对应的直方图，它让图像的灰度值分布更加均衡。

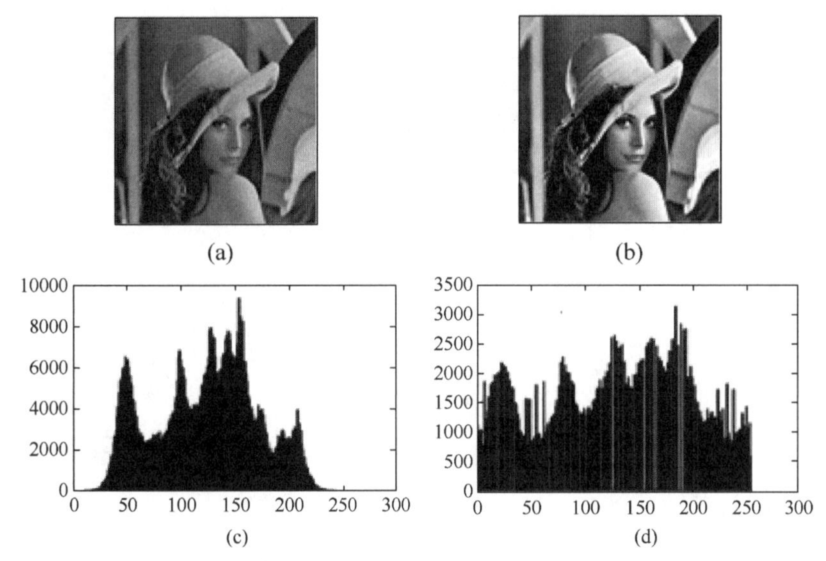

图 10-9　图像直方图均衡化处理

如果需要对彩色图像进行全局直方图均衡化处理，则需要分解 RGB 三色通道，分别进行处理后再进行通道合并。完整代码如下所示。

Image_Processing_10_03.py

```
#-*-coding: utf-8-*-
import cv2
```

```
import numpy as np
import matplotlib.pyplot as plt

#读取图像
img=cv2.imread('yxz.jpg')

#彩色图像均衡化 需要分解通道 对每一个通道均衡化
(b,g,r)=cv2.split(img)
bH=cv2.equalizeHist(b)
gH=cv2.equalizeHist(g)
rH=cv2.equalizeHist(r)

#合并每一个通道
result=cv2.merge((bH,gH,rH))
cv2.imshow("Input",img)
cv2.imshow("Result",result)

#等待显示
cv2.waitKey(0)
cv2.destroyAllWindows()

#绘制直方图
plt.figure("Hist")
#蓝色分量
plt.hist(bH.ravel(),bins=256,normed=1,facecolor='b',edgecolor=
'b',hold=1)
#绿色分量
plt.hist(gH.ravel(),bins=256,normed=1,facecolor='g',edgecolor=
'g',hold=1)
#红色分量
plt.hist(rH.ravel(),bins=256,normed=1,facecolor='r',edgecolor=
'r',hold=1)
plt.xlable("x")
plt.ylable("y")
plt.show()
```

输出结果如图 10-10 所示，图 10-10（a）为彩色原始图像，图 10-10（b）为直方图均衡化处理图像，它有效地提升了图像的亮度及细节。

(a)原始图像　(b)直方图均衡化处理图像

图 10-10　彩色图像直方图均衡化处理

对应的直方图如图 10-11 所示。其中，x 轴表示图像的灰度级，y 轴表示各灰度级所对应的直方图。

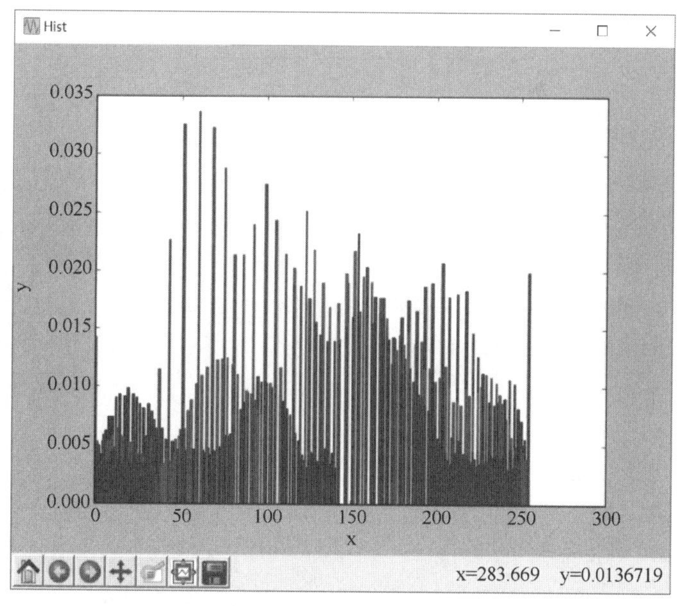

图 10-11　图像直方图

10.3　局部直方图均衡化

10.2 节通过调用 OpenCV 中 equalizeHist（）函数实现直方图均衡化处理，该方法简单高效，但其实它是一种全局意义上的均衡化处理，很多时候这种操作不是很好，会把某些不该调整的部分给均衡处理了。同时，图像中不同的区域灰度分布相差甚远，对它们使用同一种变换常常产生不理想的效果，实际应用中，常常需要增强图像的某些局部区域的细节。

为了解决这类问题，Pizer 等提出了局部自适应直方图均衡（adaptive histogram equalization，AHE）方法，但 AHE 方法仅仅考虑了局部区域的像素，忽略了图像其他区域的像素，且对于图像中相似区域具有过度放大噪声的缺点。为此 Zuiderveld 等提出了对比度受限 CLAHE 的图像增强方法，通过限制局部直方图的高度来限制局部对比度的增强幅度，从而限制噪声的放大及局部对比度的过增强，该方法常用于图像增强，也可以用来进行图像去雾操作。CLAHE 对区域对比度进行了限制，且采用插值来加快计算。

在 OpenCV 中，调用函数 createCLAHE（）实现对比度受限的局部直方图均衡化。它将整个图像分成许多小块（如按 10×10 作为一个小块），那么对每个小块进行均衡化。这种方法主要对于图像直方图不是那么单一的（如存在多峰情况）图像比较实用。其函数原型如下所示。

```
retval=createCLAHE([,clipLimit[,tileGridSize]])
```

（1）clipLimit 表示对比度的大小。

（2）tileGridSize 表示每次处理块的大小。

调用 createCLAHE（）函数实现对比度受限的局部直方图均衡化的代码如下。

Image_Processing_10_04.py

```
#-*-coding:utf-8-*-
import cv2
import numpy as np
import matplotlib.pyplot as plt

#读取图像
img=cv2.imread('lena.bmp')

#灰度转换
gray=cv2.cvtColor(img,cv2.COLOR_BGR2GRAY)

#局部直方图均衡化处理
clahe=cv2.createCLAHE(clipLimit=2,tileGridSize=(10,10))

#将灰度图像和局部直方图相关联,把直方图均衡化应用到灰度图
result=clahe.apply(gray)

#显示图像
plt.subplot(221)
plt.imshow(gray,cmap=plt.cm.gray),plt.axis("off"),plt.title('(
a)')
plt.subplot(222)
plt.imshow(result,cmap=plt.cm.gray),plt.axis("off"),plt.title(
'(b)')
plt.subplot(223)
```

```
plt.hist(img.ravel(),256),plt.title('(c)')
plt.subplot(224)
plt.hist(result.ravel(),256),plt.title('(d)')
plt.show()
```

输出结果如图 10-12 所示，图 10-12（a）为原始图像，对应的直方图为图 10-12（c），图 10-12（b）和图 10-12（d）为对比度受限的局部直方图均衡化处理后的图像及其对应的直方图，它让图像的灰度值分布更加均衡。可以看到，相对于全局的直方图均衡化，这个局部的均衡化似乎得到的效果更自然一点。

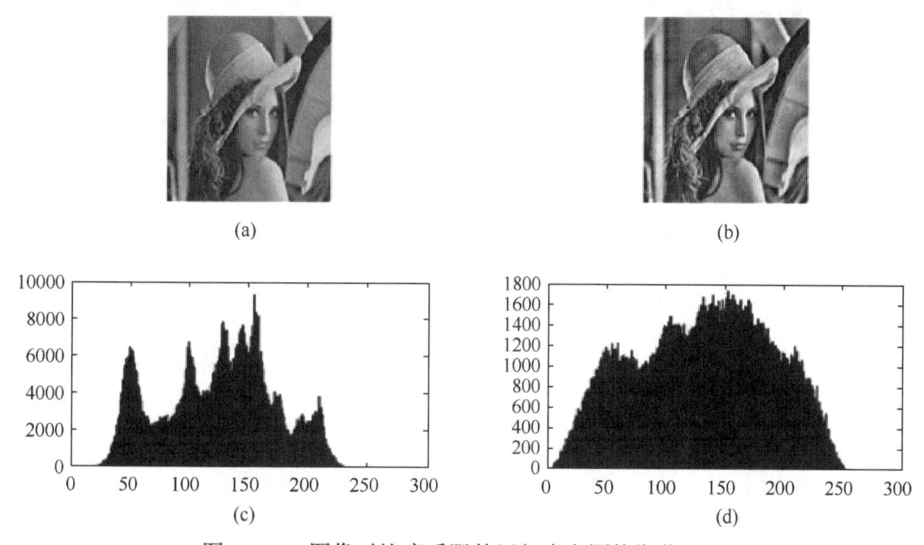

图 10-12　图像对比度受限的局部直方图均衡化处理

10.4　自动色彩均衡化

Retinex 算法是代表性的图像增强算法，它根据人的视网膜和大脑皮质模拟对物体颜色的波长光线反射能力而形成，对复杂环境下的一维条码具有一定范围内的动态压缩，对图像边缘有着一定自适应的增强。自动色彩均衡（automatic color enhancement，ACE）算法是在 Retinex 算法的理论上提出的，它通过计算图像目标像素点和周围像素点的明暗程度及其关系来对最终的像素值进行校正，实现图像的对比度调整，产生类似人体视网膜的色彩恒常性和亮度恒常性的均衡，具有很好的图像增强效果[7]。ACE 算法包括两个步骤：一是对图像进行色彩和空域调整，完成图像的色差校正，得到空域重构图像；二是对校正后的图像进行动态扩展。ACE 算法计算公式为

$$Y = \frac{\sum(g(I(x_0) - I(x)) \cdot w(x_0, x))}{\sum(w(x_0, x))} \tag{10-8}$$

式中，w 为权重参数，离中心点像素越远的 w 值越小；g 为相对对比度调节参数，其计算方法如下；a 为控制参数，该值越大细节增强越明显。

$$g(x)=\max(\min(ax,1.0),-1.0) \tag{10-9}$$

图 10-13 是条形码图像进行 ACE 图像增强后的效果图，通过图像增强后的图 10-13（b）对比度更强，改善了原图像的明暗程度，增强的同时保持了图像的真实性。

(a)原图

(b)增强后效果图

图 10-13　ACE 图像增强效果图

由于 OpenCV 中暂时没有 ACE 算法包，下面是实现彩色直方图均衡化处理的代码。

Image_Processing_10_05.py

```
#-*-coding:utf-8-*-
import cv2
import numpy as np
import math
import matplotlib.pyplot as plt

#线性拉伸处理
#去掉最大最小 0.5%的像素值线性拉伸至[0,1]
def stretchImage(data,s=0.005,bins=2000):
    ht=np.histogram(data,bins);
    d=np.cumsum(ht[0])/float(data.size)
    lmin=0; lmax=bins-1
    while lmin<bins:
        if d[lmin]>=s:
            break
        lmin+=1
    while lmax>=0:
        if d[lmax]<=1-s:
            break
```

```
            lmax-=1
    returnnp.clip((data-ht[1][lmin])/(ht[1][lmax]-ht[1][lmin]),0,
1)

    #根据半径计算权重参数矩阵
    g_para={}
    def getPara(radius=5):
        global g_para
        m=g_para.get(radius,None)
        if m is not None:
            return m
        size=radius*2+1
        m=np.zeros((size,size))
        for h in range(-radius,radius + 1):
              for w in range(-radius,radius + 1):
                    if h==0 and w==0:
                        continue
                    m[radius+h,radius+w]=1.0/math.sqrt(h**2+w**2)
        m/=m.sum()
        g_para[radius]=m
        return m

    #常规的 ACE 实现
    def zmIce(I,ratio=4,radius=300):
        para=getPara(radius)
        height,width=I.shape
        zh,zw=[0]*radius+range(height)+[height-1]*radius,\
            [0]*radius+range(width)+[width-1]*radius
        Z=I[np.ix_(zh,zw)]
        res=np.zeros(I.shape)
        for h in range(radius*2+1):
              for w in range(radius*2+1):
                    if para[h][w]==0:
                        continue
                    res+=(para[h][w]*np.clip((I-Z[h:h+height,w:w+w
idth])*ratio,-1,1))
        return res
```

```
#单通道 ACE 快速增强实现
def zmIceFast(I,ratio,radius):
    height,width=I.shape[:2]
    if min(height,width)<=2:
        return np.zeros(I.shape)+0.5
    Rs=cv2.resize(I,((width + 1)/2,(height+1)/2))
    Rf=zmIceFast(Rs,ratio,radius)                    #递归调用
    Rf=cv2.resize(Rf,(width,height))
    Rs=cv2.resize(Rs,(width,height))

    return Rf+zmIce(I,ratio,radius)-zmIce(Rs,ratio,radius)

#rgb 三通道分别增强 ratio 是对比度增强因子 radius 是卷积模板半径
def zmIceColor(I,ratio=4,radius=3):
    res=np.zeros(I.shape)
    for k in range(3):
        res[:,:,k]=stretchImage(zmIceFast(I[:,:,k],ratio,ra
dius))
    return res

#主函数
if __name__=='__main__':
    img=cv2.imread('test02.png')
    res=zmIceColor(img/255.0)*255
    cv2.imwrite('zmIce.jpg',res)
```

运行结果如图 10-14 和图 10-15 所示，ACE 算法能有效地进行图像去雾处理，实现图像的细节增强。

图 10-14　ACE 图像增强效果图

图 10-15　ACE 图像去雾处理

10.5　本 章 小 结

本章主要介绍了图像增强的基础概念，并详细介绍了全局直方图均衡化、局部直方图均衡化和自动色彩均衡化算法，结合实际案例进行分析。这些算法可以广泛应用于图像增强、图像去噪、图像去雾等领域。

参 考 文 献

[1]　王浩，张叶，沈宏海，等. 图像增强算法综述[J]. 中国光学，2017，10（4）：438-448.

[2]　许欣. 图像增强若干理论方法与应用研究[D]. 南京：南京理工大学，2010.

[3]　李艳梅. 图像增强的相关技术及应用研究[D]. 成都：电子科技大学，2013.

[4]　冈萨雷斯. 数字图像处理[M]. 3 版. 北京：电子工业出版社，2013.

[5]　阮秋琦. 数字图像处理学[M]. 3 版. 北京：电子工业出版社，2008.

[6]　毛星云，冷雪飞. OpenCV3 编程入门[M]. 北京：电子工业出版社，2015.

[7]　Bidon S，Besson O，Tourneret J Y. The adaptive coherence estimator is the generalized likelihood ratio test for a class of heterogeneous environments[J]. IEEE Signal Processing Letters，2008，15：281-284.

第 11 章　Python 图像平滑

在图像产生、传输和应用过程中，通常会导致图像数据丢失或被噪声干扰，从而降低图像的质量。这就需要通过图像平滑方法来消除这些噪声并保留图像的边缘轮廓和线条清晰度，本章将详细介绍五种图像平滑的滤波算法，包括均值滤波、方框滤波、高斯滤波、中值滤波和双边滤波。

11.1　图像平滑概述

一幅图像可能存在着各种寄生效应，这些寄生效应可能在传输中产生，也可能在图像处理过程中产生。一个较好的平滑方法是既能消除这些寄生效应又不使图像的边缘轮廓和线条变模糊，这就是研究图像平滑处理要追求的主要目标。

图像平滑是一项简单且使用频率很高的图像处理方法，可以用来压制、弱化或消除图像中的细节、突变、边缘和噪声，最常见的是用来减少图像上的噪声[1]。什么是图像噪声？噪声是妨碍人的感觉器官所接受信源信息理解的因素，是不可预测只能用概率统计方法认识的随机误差。从图 11-1 中可以观察到此噪声位置随机、大小不规则，称为随机噪声，这是一种常见的噪声类型。

图 11-1　噪声示例

图 11-2 是一个图像平滑的示例，图 11-2（a）是包含噪声的原始输入图像，图 11-2（b）是进行图像平滑后的图像。通过对比容易观察到，在平滑后的图像中，物体中的噪声得到了有效的抑制和消除，但花的边缘部分进行了模糊，这种将图像中的冗余信息进行抑制，即花的噪声进行消除的过程称为图像平滑[2]。

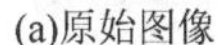

(a)原始图像

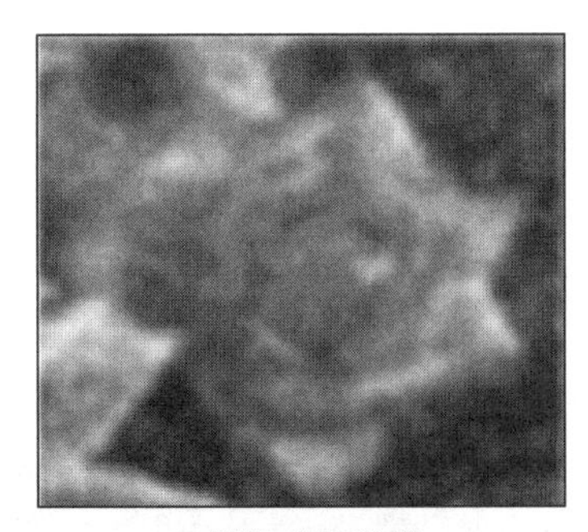

(b)图像平滑后图像

图 11-2　图像平滑实例

一幅图像不可避免地要受到各种噪声源的干扰，所以噪声滤除往往是图像处理中的第一步，滤波效果好坏将直接影响后续处理结果，噪声滤除在图像处理中占有相当重要的地位。噪声滤除算法多种多样，可以从设计方法上分为线性滤波算法和非线性滤波算法两大类。在图像处理中，对邻域中的像素的计算为线性运算时，如利用窗口函数进行平滑加权求和的运算，或者某种卷积运算，都可以称为线性滤波。在数字信号处理和数字图像处理的早期研究中，线性滤波器是噪声抑制处理的主要手段，如均值滤波、方框滤波、高斯滤波等。线性滤波算法对高斯型噪声有较好的滤波效果，而当信号频谱与噪声频谱混叠时或者当信号中含有非叠加性噪声时（如由系统非线性引起的噪声或存在非高斯噪声等），线性滤波器的处理结果就很难令人满意。非线性滤波利用原始图像与模板之间的一种逻辑关系得到结果，如中值滤波、双边滤波等。非线性滤波技术从某种程度上弥补了线性滤波方法的不足，由于它能够在滤除噪声的同时较好地保持图像信号的高频细节，从而得到了广泛的应用。著名学者 Tukey 于 1971 年首次提出了一种非线性滤波器——中值滤波器，从此揭开了非线性滤波方法研究的序幕[3]。非线性滤波技术发展到现在，基于中值滤波的改进算法层出不穷，在非线性滤波算法中占有重要的地位。另外很多新的非线性滤波算法也相继涌现，如基于数学形态学的滤波方法、基于模糊理论的滤波方法、基于神经网络的滤波方法和基于小波分析的滤波方法等，这些都为图像滤波技术的发展提供了新的思路[4, 5]。

后面将详细介绍以下常用的一些滤波器，包括均值滤波、方框滤波、高斯滤波、中值滤波、双边滤波等，如表 11-1 所示。

表 11-1 常见的图像平滑算法

算法名称	OpenCV 函数	滤波方式
均值滤波	blur（）	线性滤波
方框滤波	boxblur（）	线性滤波
高斯滤波	GaussianBlur（）	线性滤波
中值滤波	medianBlur（）	非线性滤波
双边滤波	bilateralFilter（）	非线性滤波

图 11-3 为这五种滤波的效果对比，从滤波的结果可以看出各种滤波算法对图像的作用非常不同，有些变化非常大，有些甚至跟原图一样。在实际应用时，应根据噪声的特点、期望的图像和边缘特征等选择合适的滤波器，这样才能发挥图像滤波的最大优点。

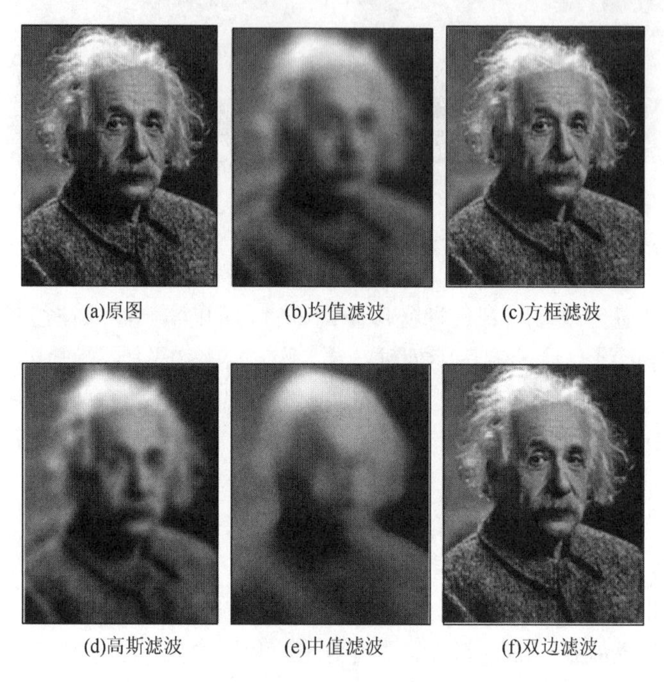

(a)原图　(b)均值滤波　(c)方框滤波

(d)高斯滤波　(e)中值滤波　(f)双边滤波

图 11-3　滤波效果对比

在图像产生、传输和复制过程中，常常会被噪声干扰或出现数据丢失，降低了图像的质量。这就需要对图像进行一定的增强处理以减小这些缺陷带来的影响[6]。

11.2　均 值 滤 波

均值滤波是最简单的一种线性滤波算法，它是指在原始图像上对目标像素给一个模板，该模板包括其周围的邻近像素（以目标像素为中心的周围 8 像素，构成一个滤波模板，即去掉目标像素本身），再用模板中的全体像素的平均值来代替原来的像素值。即均值滤波输出图像的每一个像素值是其周围 $M \times M$ 个像素值的加权平均值。

图 11-4 表示均值滤波处理的过程，中心点的像素值为蓝色背景区域像素值求和的均

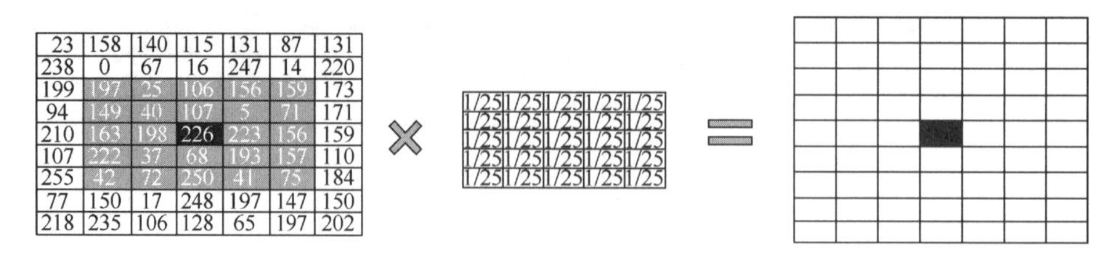

图 11-4　均值滤波处理过程

值。5×5 的矩阵称为模糊内核，针对原始图像内的像素点，均值滤波采用核对其像素逐个进行均值处理，并得到最终的效果图。

其中中心区域的像素值均值滤波处理过程为

$$K=((197+25+106+156+159)+(149+40+107+5+71)+(163+198+226+223+156) \\ +(222+37+68+193+157)+(42+72+250+41+75))/25 \tag{11-1}$$

均值滤波算法比较简单，计算速度较快，对周期性的干扰噪声有很好的抑制作用，但是它不能很好地保护图像的细节，在图像去噪的同时，也破坏了图像的细节部分，从而使图像变得模糊。

Python 调用 OpenCV 中的 cv2.blur ( ) 函数实现均值滤波处理，其函数原型如下所示，输出的 dst 图像与输入图像 src 具有相同的大小和类型。

```
dst=blur(src,ksize[,dst[,anchor[,borderType]]])
```

（1）src 表示输入图像，它可以有任意数量的通道，但深度应为 CV_8U、CV_16U、CV_16S、CV_32F 或 CV_64F。

（2）ksize 表示模糊内核大小，以（宽度，高度）的形式呈现。

（3）anchor 表示锚点，即被平滑的那个点，其默认值 Point（–1，–1）表示位于内核的中央，可省略。

（4）borderType 表示边框模式，用于推断图像外部像素的某种边界模式，默认值为 BORDER_DEFAULT，可省略。

常见的模糊内核包括（3，3）和（5，5），如下：

$$K(3,3)=\frac{1}{9}\begin{bmatrix}1&1&1\\1&1&1\\1&1&1\end{bmatrix} \tag{11-2}$$

$$K(5,5)=\frac{1}{25}\begin{bmatrix}1&1&1&1&1\\1&1&1&1&1\\1&1&1&1&1\\1&1&1&1&1\\1&1&1&1&1\end{bmatrix} \tag{11-3}$$

图像均值滤波的 Python 实现代码如下所示，需要注意的是，代码中使用的是 3×3 的模板，plt.rcParams 用于设置中文汉字正常显示。

Image_Processing_11_01.py

```
#-*-coding:utf-8-*-
import cv2
import numpy as np
import matplotlib.pyplot as plt

#读取图像
img=cv2.imread('lena.png')
```

```
source=cv2.cvtColor(img, cv2.COLOR_BGR2RGB)

#均值滤波
result=cv2.blur(source, (3, 3))

#用于正常显示中文标签
plt.rcParams['font.sans-serif']=['SimHei']

#显示图形
titles=[u'(a)原始图像', u'(b)均值滤波']
images=[source, result]
for i in xrange(2):
      plt.subplot(1, 2, i+1), plt.imshow(images[i], 'gray')
      plt.title(titles[i])
      plt.xticks([]), plt.yticks([])
plt.show()
```

Lena 图输出结果如图 11-5 所示，图 11-5（a）表示含有噪声的待处理原图，图 11-5（b）是均值滤波处理后的图像，图像中的椒盐噪声被去除了。

(a)原始图像

(b)均值滤波

图 11-5　图像 3×3 核的均值滤波处理

如果图像中的噪声仍然存在，可以增加模糊内核的大小，如使用 5×5、10×10，甚至 20×20 的模板。图 11-6 就是使用 10×10 的内核，但是处理后的图像会逐渐变得更模糊。

图像均值滤波是通过模糊内核对图像进行平滑处理，由于模糊内核中的每个权重值都相同，故称为均值。该方法在一定程度上消除了原始图像中的噪声，降低了原始图像的对比度，但也存在一定的缺陷，它在降低噪声的同时使图像变得模糊，尤其是边缘和细节处，而且模糊内核越大，模糊程度越严重。

(a)原始图像

(b)均值滤波

图 11-6　图像 10×10 核的均值滤波处理

11.3　方 框 滤 波

图像平滑利用卷积模板逐一处理图像中每个像素，这一过程可以形象地比作对原始图像的像素进行过滤整理，在图像处理中把邻域像素逐一处理的算法过程称为滤波器。常见的线性滤波器包括均值滤波和方框滤波。

方框滤波又称为盒式滤波，它利用卷积运算对图像邻域的像素值进行平均处理，从而实现消除图像中的噪声。方框滤波和和均值滤波的模糊内核基本一样，区别为是否需要进行均一化处理。Python 调用 OpenCV 中的 cv2.boxFilter（）函数实现方框滤波处理，其函数原型如下所示。

```
dst=boxFilter(src,depth,ksize[,dst[,anchor[,normalize[,borderType]]]])
```

（1）src 表示输入图像。

（2）depth 表示输出图像深度，通常设置为“–1”，表示与原图深度一致。

（3）ksize 表示模糊内核大小，以（宽度，高度）的形式呈现。

（4）dst 表示输出图像，其大小和类型与输入图像相同。

（5）anchor 表示锚点，即被平滑的那个点，其默认值 Point（–1，–1）表示位于内核的中央，可省略。

（6）normalize 表示是否对目标图像进行归一化处理，默认值为 true。

（7）borderType 表示边框模式，用于推断图像外部像素的某种边界模式，默认值为 BORDER_DEFAULT，可省略。

常见的模糊内核 ksize 包括（3，3）和（5，5），如下：

$$K(3,3)=\frac{1}{9}\begin{bmatrix}1&1&1\\1&1&1\\1&1&1\end{bmatrix} \tag{11-4}$$

$$K(5,5)=\frac{1}{25}\begin{bmatrix}1&1&1&1&1\\1&1&1&1&1\\1&1&1&1&1\\1&1&1&1&1\\1&1&1&1&1\end{bmatrix} \tag{11-5}$$

参数 normalize 表示是否对目标图像进行归一化处理。

（1）当 normalize 为 true 时，需要执行归一化处理，方框滤波就变成了均值滤波。其中，归一化就是把要处理的像素值都缩放到一个范围内，以便统一处理和直观量化。

（2）当 normalize 为 false 时，表示非归一化的方框滤波，不进行均值化处理，实际上就是求周围各像素的和。但此时很容易发生溢出，多个像素值相加后的像素值大于 255，溢出后的像素值均设置为 255，即白色。

参数 normalize 的定义为

$$\mathrm{H}=\frac{1}{\alpha}\begin{bmatrix}1&\cdots&1\\\vdots&\ddots&\vdots\\1&\cdots&1\end{bmatrix},\quad \alpha=\begin{cases}\dfrac{1}{\text{width}\times\text{height}}&,\ \text{normalize=true}\\1&,\ \text{normalize=false}\end{cases} \tag{11-6}$$

图像方框滤波的 Python 实现代码如下所示，代码中使用 3×3 的核，normalize=0 表示不进行图像归一化处理。

Image_Processing_11_02.py

```
#-*-coding:utf-8-*-
import cv2
import numpy as np
import matplotlib.pyplot as plt

#读取图像
img=cv2.imread('lena.png')
source=cv2.cvtColor(img,cv2.COLOR_BGR2RGB)

#方框滤波
result=cv2.boxFilter(source,-1,(3,3),normalize=0)

#用于正常显示中文标签
plt.rcParams['font.sans-serif']=['SimHei']

#显示图形
titles=[u'(a)原始图像',u'(b)方框滤波']
images=[source,result]
```

```
for i in xrange(2):
      plt.subplot(1,2,i+1),plt.imshow(images[i],'gray')
      plt.title(titles[i])
      plt.xticks([]),plt.yticks([])
plt.show()
```

方框滤波非归一化处理的输出结果如图 11-7 所示，处理后的效果图中包含很多白色的像素点，这是因为图像像素求和结果发生溢出（超过 255）。由此可见，进行非归一化处理时，得到图像包含白色过多，对源图像的毁坏太大。

(a)原始图像

(b)方框滤波

图 11-7 图像 3×3 核的非归一化方框滤波处理

如果设置 2×2 的模糊内核，其非归一化的方框滤波处理效果更好一些，如图 11-8 所示。核心代码为 cv2.boxFilter（source，–1，（2，2），normalize=0）。

(a)原始图像

(b)方框滤波

图 11-8 图像 2×2 核的非归一化方框滤波处理

下面是使用 3×3 内核进行归一化方框滤波处理的代码，其输出结果与 3×3 内核均值滤波完全相同。

Image_Processing_11_03.py

```
#-*-coding:utf-8-*-
import cv2
import numpy as np
import matplotlib.pyplot as plt

#读取图像
img=cv2.imread('lena.png')
source=cv2.cvtColor(img,cv2.COLOR_BGR2RGB)

#方框滤波
result=cv2.boxFilter(source,-1,(3,3),normalize=1)

#用于正常显示中文标签
plt.rcParams['font.sans-serif']=['SimHei']

#显示图形
titles=[u'(a)原始图像',u'(b)方框滤波']
images=[source,result]
for i in xrange(2):
      plt.subplot(1,2,i+1),plt.imshow(images[i],'gray')
      plt.title(titles[i])
      plt.xticks([]),plt.yticks([])
plt.show()
```

输出结果如图 11-9 所示。

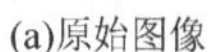

(a)原始图像

(b)方框滤波

图 11-9　图像 3×3 核的归一化方框滤波处理

11.4　高 斯 滤 波

为了克服局部平均法造成图像模糊的弊端，又提出了一些保持边缘细节的局部平滑算法，图像高斯滤波（高斯平滑）就是这样一种算法。它是应用邻域平均思想对图像进行平滑的一种线性平滑滤波，对于抑制服从正态分布的噪声非常有效，适用于消除高斯噪声，广泛应用于图像处理的减噪过程。

图像高斯滤波为图像不同位置的像素值赋予了不同的权重，距离越近的点权重越大，距离越远的点权重越小。它与方框滤波和均值滤波不同，它对邻域内的像素进行平均时，为不同位置的像素赋予不同的权值。通俗地讲，高斯滤波就是对整幅图像进行加权平均的过程，每一个像素点的值，都由其本身和邻域内的其他像素值（权重不同）经过加权平均后得到。

下面是常用的 3×3 和 5×5 内核的高斯滤波模板。

$$K(3,3)=\frac{1}{16}\begin{bmatrix}1 & 2 & 1\\ 2 & 4 & 2\\ 1 & 2 & 1\end{bmatrix} \tag{11-7}$$

$$K(5,5)=\frac{1}{273}\begin{bmatrix}1 & 4 & 7 & 4 & 1\\ 4 & 16 & 26 & 16 & 4\\ 7 & 26 & 41 & 26 & 7\\ 4 & 16 & 26 & 16 & 4\\ 1 & 4 & 7 & 4 & 1\end{bmatrix} \tag{11-8}$$

高斯滤波引入了数学中的高斯函数（正态分布函数），一个二维高斯函数如式（11-9）所示，其中 σ 为标准差。高斯加权平均中，最重要的是 σ 的选取，标准差代表数据离散程度，如果 σ 较小，则高斯分布中心区域将更加聚集，平滑效果更差；反之，如果 σ 较大，高斯分布中心区域将更离散，平滑效果更明显。

$$h(x,y)=\frac{1}{2\pi\sigma^2}\mathrm{e}^{-\frac{x^2+y^2}{2\sigma^2}} \tag{11-9}$$

高斯滤波的核心思想是对高斯函数进行离散化，以离散点上的高斯函数值为权值，对图像中的每个像素点做一定范围邻域内的加权平均，从而有效地消除高斯噪声。高斯滤波让邻近中心的像素点具有更高的重要度，对周围像素计算加权平均值，如图 11-10 所示，其中心位置权重最高为 0.4。

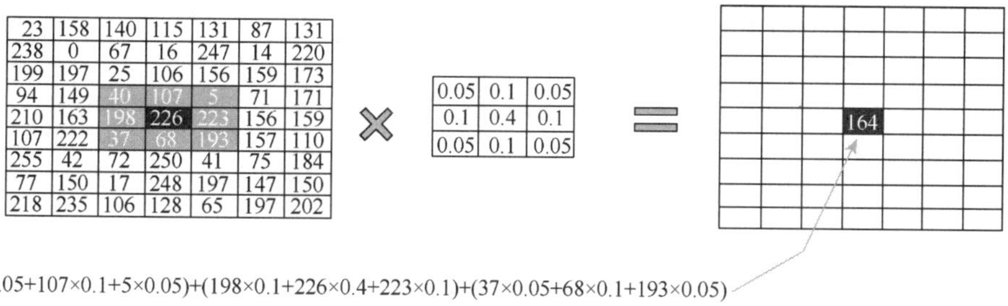

23	158	140	115	131	87	131
238	0	67	16	247	14	220
199	197	25	106	156	159	173
94	149	40	107	5	71	171
210	163	198	226	223	156	159
107	222	37	68	193	157	110
255	42	72	250	41	75	184
77	150	17	248	197	147	150
218	235	106	128	65	197	202

×

0.05	0.1	0.05
0.1	0.4	0.1
0.05	0.1	0.05

=

164

(40×0.05+107×0.1+5×0.05)+(198×0.1+226×0.4+223×0.1)+(37×0.05+68×0.1+193×0.05)

图 11-10　高斯滤波处理过程

Python 中 OpenCV 主要调用 GaussianBlur（）函数实现高斯平滑处理，函数原型如下所示。

dst=GaussianBlur(src,ksize,sigmaX[,dst[,sigmaY[,borderType]]])

（1）src 表示待处理的输入图像。

（2）ksize 表示高斯滤波器模板大小，ksize.width 和 ksize.height 可以不同，但它们都必须是正数和奇数，也可以是零，即（0，0）。

（3）sigmaX 表示高斯核函数在 X 方向的高斯内核标准差。

（4）dst 表示输出图像，其大小和类型与输入图像相同。

（5）sigmaY 表示高斯核函数在 Y 方向的高斯内核标准差。如果 sigmaY 为零，则设置为等于 sigmaX，如果两个 sigma 均为零，则分别从 ksize.width 和 ksize.height 计算得到。

（6）borderType 表示边框模式，用于推断图像外部像素的某种边界模式，默认值为 BORDER_DEFAULT，可省略。

下面是使用 7×7 核模板进行高斯滤波处理的代码。

Image_Processing_11_04.py

```
#-*-coding:utf-8-*-
import cv2
import numpy as np
import matplotlib.pyplot as plt

#读取图像
img=cv2.imread('lena.png')
source=cv2.cvtColor(img,cv2.COLOR_BGR2RGB)

#高斯滤波
result=cv2.GaussianBlur(source,(7,7),0)

#用于正常显示中文标签
plt.rcParams['font.sans-serif']=['SimHei']

#显示图形
titles=[u'(a)原始图像',u'(b)高斯滤波']
images=[source,result]
for i in xrange(2):
    plt.subplot(1,2,i+1),plt.imshow(images[i],'gray')
    plt.title(titles[i])
    plt.xticks([]),plt.yticks([])
plt.show()
```

输出结果如图 11-11 所示，图 11-11（a）为原始图像，图 11-11（b）为高斯滤波处理后的图像。

(a)原始图像

(b)高斯滤波

图 11-11　高斯滤波 7×7 核的处理

图 11-12 是使用 15×15 高斯核模板进行高斯滤波处理的效果图，由图可知，图像在去除噪声的同时也变得更加模糊。

(a)原始图像

(b)高斯滤波

图 11-12　高斯滤波 15×15 核的处理

总之，高斯滤波作为最有效的滤波器之一，对于抑制服从正态分布的噪声非常有效。

11.5　中 值 滤 波

前面介绍的都是线性平滑滤波，它们的中间像素值都是由邻域像素值线性加权得到的，下面介绍一种非线性平滑滤波——中值滤波。中值滤波通过计算每一个像素点某邻域范围内所有像素点灰度值的中值，来替换该像素点的灰度值，从而让周围的像素值更接近真实情况，消除孤立的噪声。

中值滤波对脉冲噪声有良好的滤除作用，特别是在滤除噪声的同时，能够保护图像的边缘和细节，使之不被模糊处理，这些优良特性是线性滤波方法所不具有的，从而使其常常应用于消除图像中的椒盐噪声。

中值滤波算法的计算过程如图 11-13 所示。选择含有五个点的窗口，依次扫描该窗口中的像素，每个像素点所对应的灰度值按照升序或降序排列，然后获取最中间的值来替换该点的灰度值。

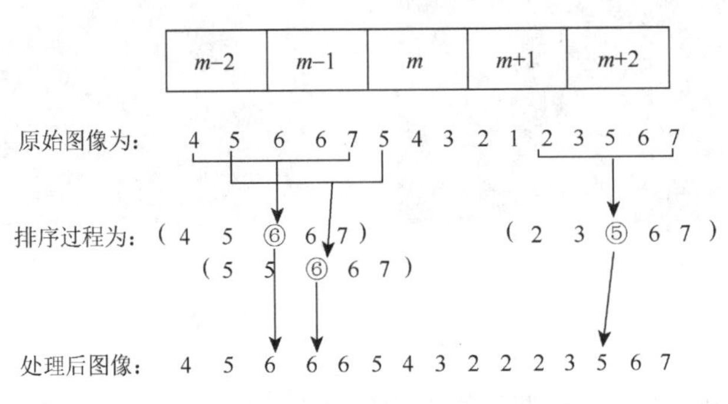

图 11-13　中值滤波算法计算过程

图 11-13 展示的是矩形窗口，常用的窗口还包括正方形、十字形、环形和圆形等，不同形状的窗口会带来不同的过滤效果，其中正方形和圆形窗口适合于外轮廓边缘较长的图像，十字形窗口适合于带尖角形状的图像。

OpenCV 将中值滤波封装在 medianBlur（）函数中，其函数原型如下所示。

```
dst=medianBlur(src,ksize[,dst])
```

（1）src 表示待处理的输入图像。

（2）ksize 表示内核大小，其值必须是大于 1 的奇数，如 3、5、7 等。

（3）dst 表示输出图像，其大小和类型与输入图像相同。

下面是调用 medianBlur（）函数实现中值滤波的代码。

Image_Processing_11_05.py

```
#-*-coding:utf-8-*-
import cv2
import numpy as np
import matplotlib.pyplot as plt

#读取图像
img=cv2.imread('lena.png')
source=cv2.cvtColor(img,cv2.COLOR_BGR2RGB)
```

```
#中值滤波
result=cv2.medianBlur(source,3)

#用于正常显示中文标签
plt.rcParams['font.sans-serif']=['SimHei']

#显示图形
titles=[u'(a)原始图像',u'(b)中值滤波']
images=[source,result]
for i in xrange(2):
      plt.subplot(1,2,i+1),plt.imshow(images[i],'gray')
      plt.title(titles[i])
      plt.xticks([]),plt.yticks([])
plt.show()
```

其运行结果如图 11-14 所示，它有效地过滤掉了 Lena 图中的噪声，并且很好地保护了图像的边缘信息，使之不被模糊处理。

(a)原始图像

(b)中值滤波

图 11-14　中值滤波 3×3 核的处理

11.6　双边滤波

双边滤波（bilateral filter）是由 Tomasi 和 Manduchi[7]在 1998 年发明的一种各向异性滤波，是一种非线性的图像平滑方法，结合了图像的空间邻近度和像素值相似度（即空间域和值域）的一种折中处理，从而达到保边去噪的目的。双边滤波的优势是能够做到边缘的保护，其他的均值滤波、方框滤波和高斯滤波在去除噪声的同时，都会有较明显的边缘模糊，对于图像高频细节的保护效果并不好。

双边滤波比高斯滤波多了一个高斯方差 sigma-d，它是基于空间分布的高斯滤波函数。所以在图像边缘附近，离得较远的像素点不会过于影响图像边缘上的像素点，从而保证了图像边缘附近的像素值得以保存。但是双边滤波也存在一定的缺陷，由于它保存了过多的高频信息，双边滤波不能有效地过滤彩色图像中的高频噪声，只能够对低频信息进行较好的去噪。

在双边滤波器中，输出的像素值依赖于邻域像素值的加权值组合，对输入图像进行局部加权平均得到输出图像 $\hat{f}$ 的像素值，其公式为

$$\hat{f}(x,y)=\frac{\sum_{(i,j)\in D_{x,y}} g(x,y)w(x,y,i,j)}{\sum_{(i,j)\in D_{x,y}} w(x,y,i,j)} \tag{11-10}$$

式中，$D_{x,y}$ 为中心点（x，y）的（$2N+1$）×（$2N+1$）的邻域像素，$\hat{f}(x,y)$ 值依赖邻域像素值 $g(x,y)$ 的加权平均。权重系数 $w(x,y,i,j)$ 取决于空间域核（domain）和值域核（range）的乘积。

空间域核的定义为

$$w_{\mathrm{d}}(x,y,i,j)=\exp\left(-\frac{(x-i)^2+(y-j)^2}{2\sigma_d^2}\right) \tag{11-11}$$

值域核的定义为

$$w_{\mathrm{s}}(x,y,i,j)=\exp\left(-\frac{\left|g(x,y)-g(i,j)\right|^2}{2\sigma_s^2}\right) \tag{11-12}$$

两者相乘之后，就会产生依赖数据的双边滤波权重函数为

$$w_{\mathrm{s}}(x,y,i,j)=w_{\mathrm{d}}(x,y,i,j)\times w_{\mathrm{s}}(x,y,i,j) \tag{11-13}$$

从式（11-13）可以看出，双边滤波器的加权系数是空间邻近度因子 w_{d} 和像素亮度相似因子 w_{s} 的非线性组合。w_{d} 随着像素点与中心点之间欧几里得距离的增加而减小，w_{s} 随着像素亮度之差的增大而减小。

在图像变化平缓的区域，邻域内亮度值相差不大，双边滤波器转化为高斯低通滤波器；在图像变化剧烈的区域，邻域内像素亮度值相差较大，滤波器利用边缘点附近亮度值相近的像素点的亮度平均值替代原亮度值。因此，双边滤波器既平滑了图像，又保持了图像边缘，其原理图如图 11-15 所示。

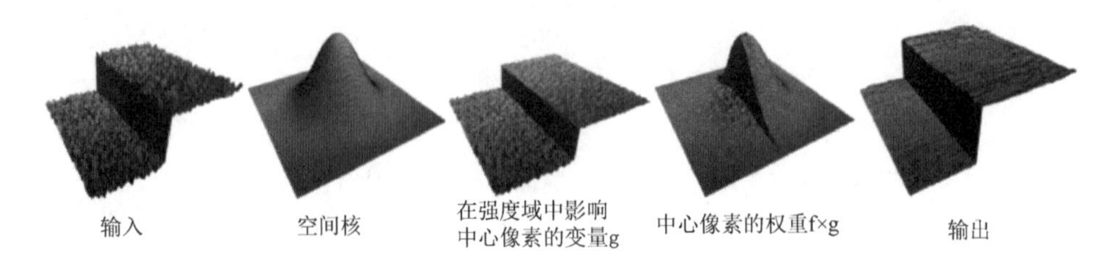

图 11-15　双边滤波原理

OpenCV 将中值滤波封装在 bilateralFilter（）函数中，其函数原型如下所示。

```
dst=bilateralFilter(src,d,sigmaColor,sigmaSpace[,dst[,borderType
]])
```

（1）src 表示待处理的输入图像。

（2）d 表示在过滤期间使用的每个像素邻域的直径。如果这个值设为非正数，则它会由 sigmaSpace 计算得出。

（3）sigmaColor 表示颜色空间的标准方差。该值越大，表明像素邻域内较远的颜色会混合在一起，从而产生更大面积的半相等颜色区域。

（4）sigmaSpace 表示坐标空间的标准方差。该值越大，表明像素的颜色足够接近，从而使得越远的像素会相互影响，更大的区域中相似的颜色获取相同的颜色，当 d>0 时，d 指定了邻域大小且与 sigmaSpace 无关。否则，d 正比于 sigmaSpace。

（5）dst 表示输出图像，其大小和类型与输入图像相同。

（6）borderType 表示边框模式，用于推断图像外部像素的某种边界模式，默认值为 BORDER_DEFAULT，可省略。

下面是调用 bilateralFilter（）函数实现双边滤波的代码，其中 d 为 15，sigmaColor 设置为 150，sigmaSpace 设置为 150。

Image_Processing_11_06.py

```
#-*-coding:utf-8-*-
import cv2
import numpy as np
import matplotlib.pyplot as plt

#读取图像
img=cv2.imread('lena.png')
source=cv2.cvtColor(img,cv2.COLOR_BGR2RGB)

#双边滤波
result=cv2.bilateralFilter(source,15,150,150)

#用于正常显示中文标签
plt.rcParams['font.sans-serif']=['SimHei']

#显示图形
titles=[u'(a)原始图像',u'(b)双边滤波']
images=[source,result]
for i in xrange(2):
      plt.subplot(1,2,i+1),plt.imshow(images[i],'gray')
      plt.title(titles[i])
```

```
    plt.xticks([]),plt.yticks([])
plt.show()
```

其运行结果如图 11-16 所示。

(a)原始图像

(b)双边滤波

图 11-16　双边滤波处理

11.7　本 章 小 结

本章主要介绍了常用于消除噪声的图像平滑方法，包括三种线性滤波（均值滤波、方框滤波、高斯滤波）和两种非线性滤波（中值滤波、双边滤波）。本章通过原理和代码的对比，分别介绍了各种滤波方法的优缺点，有效地消除了图像的噪声，并保留了图像的边缘轮廓。

参 考 文 献

[1]　冈萨雷斯. 数字图像处理[M]. 3 版. 阮秋琦，译. 北京：电子工业出版社，2013.

[2]　阮秋琦. 数字图像处理学[M]. 3 版. 北京：电子工业出版社，2008.

[3]　石振刚. 基于模糊逻辑的图像处理算法研究[D]. 沈阳：东北大学，2009.

[4]　马光豪. 基于稀疏高频梯度和联合双边滤波的图像平滑算法研究[D].山东大学，2018.

[5]　陈初侠. 图像滤波及边缘检测与增强技术研究[D].合肥：合肥工业大学，2009.

[6]　毛星云，冷雪飞. OpenCV3 编程入门[M]. 北京：电子工业出版社，2015.

[7]　Tomasi C，Manduchi R. Bilateral Filtering for Gray and Color images[C]. Proceedings of the IEEE International Conference on Computer Vision，Bombay，India. 1998：839-846.

第 12 章　Python 图像锐化及边缘检测

在图像收集和传输过程中，可能会受一些外界因素造成图像模糊和有噪声，从而影响后续的图像处理和识别。此时可以通过图像锐化和边缘检测，加强原图像的高频部分，锐化突出图像的边缘细节，改善图像的对比度，使模糊的图像变得更清晰。图像锐化和边缘检测主要包括一阶微分锐化和二阶微分锐化，本章主要介绍常见的图像锐化和边缘检测方法，包括 Roberts 算子、Prewitt 算子、Sobel 算子、Laplacian 算子、Canny 算子、Scharr 算子、LOG 算子等。

12.1　原 理 概 述

由于收集图像数据的器件或传输图像的通道存在一些质量缺陷，或者受其他外界因素的影响，所以图像存在模糊和有噪声的情况，从而影响图像识别工作的开展。一般来说，图像的能量主要集中在低频部分，噪声所在的频段主要在高频段，同时图像边缘信息主要集中在高频部分。这将导致原始图像在平滑处理之后，图像边缘和图像轮廓模糊。为了减少这类不利的影响，就需要利用图像锐化技术，使图像的边缘变得清晰[1]。

图像锐化处理的目的是使图像的边缘、轮廓线以及图像的细节变得清晰，经过平滑的图像变得模糊的根本原因是图像受到了平均或积分运算，因此可以对其进行逆运算，从而使图像变得清晰。微分运算是求信号的变化率，具有较强高频分量作用。从频率域来考虑，图像模糊的实质是其高频分量被衰减，因此可以用高通滤波器来使图像清晰。但要注意能够进行锐化处理的图像必须有较高的信噪比，否则锐化后图像信噪比反而更低，从而使得噪声增加比信号还要多，因此一般是先去除或减轻噪声后再进行锐化处理。这时需要开展图像锐化和边缘检测处理，加强原图像的高频部分，锐化突出图像的边缘细节，改善图像的对比度，使模糊的图像变得更清晰。

图像锐化和边缘提取技术可以消除图像中的噪声，提取图像信息中用来表征图像的一些变量，为图像识别提供基础。通常使用灰度差分法对图像的边缘、轮廓进行处理并凸显。图像锐化的方法分为高通滤波和空域微分法，本章主要介绍 Roberts 算子、Prewitt 算子、Sobel 算子、Laplacian 算子、Scharr 算子、Canny 算子、LOG 算子等[2, 3]。

12.1.1　一阶微分算子

一阶微分算子一般借助空域微分算子通过卷积完成，但实际上数字图像处理中求导是利用差分近似微分来进行的。梯度对应一阶导数，梯度算子是一阶导数算子。对一个连续函数 $f(x, y)$，它在位置（x, y）梯度可表示为一个矢量

$$\nabla f = \left(\frac{\partial f}{\partial x}, \frac{\partial f}{\partial y} \right) \tag{12-1}$$

梯度的模值为

$$\left| \nabla f(x,y) \right| = \sqrt{\left(\frac{\partial f}{\partial x} \right)^2 + \left(\frac{\partial f}{\partial y} \right)^2} \tag{12-2}$$

梯度的方向在 f（x，y）最大变化率方向上，梯度方向为

$$\angle \nabla f(x,y) = \arctan \left(\frac{\partial f}{\partial x} \right) / \left(\frac{\partial f}{\partial x} \right) \tag{12-3}$$

对于数字图像，导数可以用差分来近似，则梯度可以表示为

$$\nabla f \approx (f(i+1,j) - f(i,j), f(i,j+1) - f(i,j)) \tag{12-4}$$

在实际中常用区域模板卷积来近似计算，对水平方向和垂直方向各用一个模板，再通过两个模板组合起来构成一个梯度算子。根据模板的大小，其中元素值不同，可以提出多种模板，构成不同的检测算子，后面将对各种算子进行详细介绍。由梯度的计算可知，在图像灰度变化较大的边缘区域其梯度值大，在灰度变化平缓的区域梯度值较小，而在灰度均匀的区域其梯度值为零。根据得到的梯度值来返回像素值，如将梯度值大的像素设置成白色，梯度值小的设置为黑色，这样就可以将边缘提取出来，或者是加强梯度值大的像素灰度值就可以突出细节，从而达到锐化目的。

12.1.2　二阶微分算子

二阶微分算子是求图像灰度变化导数的导数，对图像中灰度变化强烈的地方很敏感，从而可以突出图像的纹理结构。当图像灰度变化剧烈时，进行一阶微分则会形成一个局部的极值，对图像进行二阶微分则会形成一个过零点，并且在零点两边产生一个波峰和波谷，设定一个阈值检测到这个过零点，如图 12-1 所示。

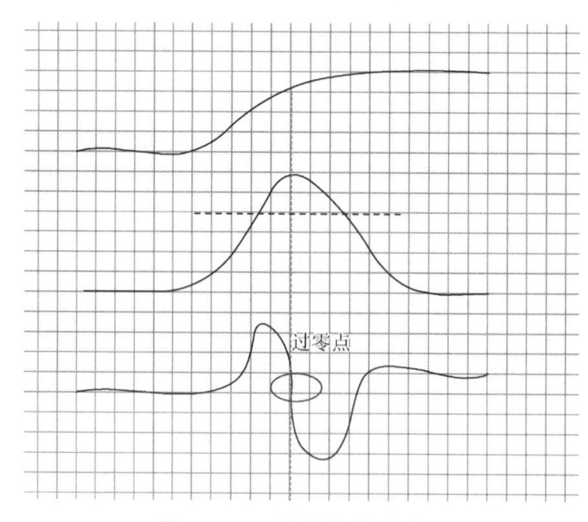

图 12-1　二阶微分算子原理

这样做的好处有两个，一是二阶微分关心的是图像灰度的突变而不强调灰度缓慢变化的区域，对边缘的定位能力更强；二是 Laplacian 算子是各向同性的，即具有旋转不变性，在一阶微分中，是用$|d_x|+|d_y|$来近似一个点的梯度，当图像旋转一个角度时，这个值就会变化，但对于 Laplacian 算子来说，不管图像怎么旋转，得到的相应值是一样的。

想要确定过零点以 p 为中心的一个 3×3 邻域，p 点为过零点意味着至少有两个相对的邻域像素的符号不同。有几种要检测的情况：左/右、上/下、两个对角。如果 $g(x, y)$ 的值与一个阈值比较，那么不仅要求相对邻域的符号不同，数值差的绝对值也要超过这个阈值，这时 p 称为过零点像素。二阶微分的定义为

$$\frac{\partial^2 f}{\partial x^2}=f(x+1)+f(x-1)-2f(x) \tag{12-5}$$

二阶微分在恒定灰度区域的微分值为零，在灰度台阶或斜坡起点处微分值非零，沿着斜坡的微分值为零。一阶微分算子获得的边界是比较粗略的边界，反映的边界信息较少，但是所反映的边界比较清晰；二阶微分算子获得的边界是比较细致的边界，反映的边界信息包括许多的细节信息，但是所反映的边界不是太清晰。

12.2　Roberts 算子

Roberts 算子又称为交叉微分算法，它是基于交叉差分的梯度算法，通过局部差分计算检测边缘线条。常用来处理具有陡峭的低噪声图像，当图像边缘接近于+45°或–45°时，该算法处理效果更理想，其缺点是对边缘的定位不太准确，提取的边缘线条较粗。

Roberts 算子的模板分为水平方向和垂直方向，如式（12-6）所示，从其模板可以看出，Roberts 算子能较好地增强±45°的图像边缘[4]。

$$d_x=\begin{bmatrix}-1 & 0\\ 0 & 1\end{bmatrix},\quad d_y=\begin{bmatrix}0 & -1\\ 1 & 0\end{bmatrix} \tag{12-6}$$

如式（12-7）所示，分别表示图像的水平方向和垂直方向的计算公式。

$$\begin{aligned}d_x(i,j)&=f(i+1,j+1)-f(i,j)\\ d_y(i,j)&=f(i,j+1)-f(i+1,j)\end{aligned} \tag{12-7}$$

Roberts 算子像素的最终计算公式为

$$S=\sqrt{d_x(i,j)^2+d_y(i,j)^2} \tag{12-8}$$

在 Python 中，Roberts 算子主要通过 Numpy 定义模板，再调用 OpenCV 的 filter2D（）函数实现边缘提取[2]。该函数主要是利用内核实现对图像的卷积运算，其函数原型如下所示。

```
dst=filter2D(src,ddepth,kernel[,dst[,anchor[,delta[,borderType]]
]])
```

（1）src 表示输入图像。

（2）ddepth 表示目标图像所需的深度。

（3）kernel 表示卷积核，一个单通道浮点型矩阵。

（4）dst 表示输出的边缘图像，其大小和通道数与输入图像相同。

（5）anchor 表示内核的基准点，其默认值为（–1，–1），位于中心位置。

（6）delta 表示在储存目标图像前可选的添加到像素的值，默认值为 0。

（7）borderType 表示边框模式。

在进行 Roberts 算子处理之后，还需要调用 convertScaleAbs（）函数计算绝对值，并将图像转换为 8 位图进行显示。其算法原型如下。

```
dst=convertScaleAbs(src[,dst[,alpha[,beta]]])
```

（1）src 表示原数组。

（2）dst 表示输出数组，深度为 8 位。

（3）alpha 表示比例因子。

（4）beta 表示原数组元素按比例缩放后添加的值。

最后调用 addWeighted（）函数计算水平方向和垂直方向的 Roberts 算子。其运行代码如下。

Image_Processing_12_01.py

```
#-*-coding:utf-8-*-
import cv2
import numpy as np
import matplotlib.pyplot as plt

#读取图像
img=cv2.imread('lena.png')
lenna_img=cv2.cvtColor(img,cv2.COLOR_BGR2RGB)

#灰度化处理图像
grayImage=cv2.cvtColor(img,cv2.COLOR_BGR2GRAY)

#Roberts 算子
kernelx=np.array([[-1,0],[0,1]],dtype=int)
kernely=np.array([[0,-1],[1,0]],dtype=int)
x=cv2.filter2D(grayImage,cv2.CV_16S,kernelx)
y=cv2.filter2D(grayImage,cv2.CV_16S,kernely)
#转 uint8
absX=cv2.convertScaleAbs(x)
absY=cv2.convertScaleAbs(y)
Roberts=cv2.addWeighted(absX,0.5,absY,0.5,0)

#用来正常显示中文标签
plt.rcParams['font.sans-serif']=['SimHei']
```

```
#显示图形
titles=[u'(a)原始图像',u'(b)Roberts 算子']
images=[lenna_img,Roberts]
for i in xrange(2):
    plt.subplot(1,2,i+1),plt.imshow(images[i],'gray')
    plt.title(titles[i])
    plt.xticks([]),plt.yticks([])
plt.show()
```

其运行结果如图 12-2 所示，图 12-2（a）为原始图像，图 12-2（b）为 Roberts 算子图像锐化提取的边缘轮廓。

(a)原始图像

(b)Roberts算子

图 12-2　Roberts 算子边缘提取

12.3　Prewitt 算子

Prewitt 算子是一种图像边缘检测的微分算子，其利用特定区域内像素灰度值产生的差分实现边缘检测。由于 Prewitt 算子采用 3×3 模板对区域内的像素值进行计算，而 Roberts 算子的模板为 2×2，故 Prewitt 算子的边缘检测结果在水平方向和垂直方向均比 Roberts 算子更加明显。Prewitt 算子适合用来识别噪声较多、灰度渐变的图像，其计算公式为

$$d_x=\begin{bmatrix}1 & 0 & -1\\1 & 0 & -1\\1 & 0 & -1\end{bmatrix},\quad d_y=\begin{bmatrix}-1 & -1 & -1\\0 & 0 & 0\\1 & 1 & 1\end{bmatrix} \tag{12-9}$$

具体的水平和垂直方向计算公式为

$$d_x(i,j)=[f(i-1,j-1)+f(i-1,j)+f(i-1,j+1)]-[f(i+1,j-1)+f(i+1,j)+f(i+1,j+1)]$$
$$d_y(i,j)=[f(i-1,j+1)+f(i,j+1)+f(i+1,j+1)]-[f(i-1,j-1)+f(i,j-1)+f(i+1,j-1)]$$

（12-10）

Prewitt 算子像素的最终计算公式为

$$S=\sqrt{d_x(i,j)^2+d_y(i,j)^2} \tag{12-11}$$

在 Python 中，Prewitt 算子的实现过程与 Roberts 算子比较相似。通过 Numpy 定义模板，再调用 OpenCV 的 filter2D () 函数实现对图像的卷积运算，最终通过 convertScaleAbs () 和 addWeighted () 函数实现边缘提取，代码如下所示。

Image_Processing_12_02.py

```
#-*-coding:utf-8-*-
import cv2
import numpy as np
import matplotlib.pyplot as plt

#读取图像
img=cv2.imread('lena.png')
lenna_img=cv2.cvtColor(img,cv2.COLOR_BGR2RGB)

#灰度化处理图像
grayImage=cv2.cvtColor(img,cv2.COLOR_BGR2GRAY)

#Prewitt 算子
kernelx=np.array([[1,1,1],[0,0,0],[-1,-1,-1]],dtype=int)
kernely=np.array([[-1,0,1],[-1,0,1],[-1,0,1]],dtype=int)
x=cv2.filter2D(grayImage,cv2.CV_16S,kernelx)
y=cv2.filter2D(grayImage,cv2.CV_16S,kernely)
#转 uint8
absX=cv2.convertScaleAbs(x)
absY=cv2.convertScaleAbs(y)
Prewitt=cv2.addWeighted(absX,0.5,absY,0.5,0)

#用来正常显示中文标签
plt.rcParams['font.sans-serif']=['SimHei']

#显示图形
titles=[u'(a)原始图像',u'(b)Prewitt 算子']
images=[lenna_img,Prewitt]
for i in xrange(2):
    plt.subplot(1,2,i+1),plt.imshow(images[i],'gray')
```

```
    plt.title(titles[i])
    plt.xticks([]),plt.yticks([])
plt.show()
```

最终运行结果如图 12-3 所示，图 12-3（a）为原始图像，图 12-3（b）为 Prewitt 算子图像锐化提取的边缘轮廓，其效果图的边缘检测结果在水平方向和垂直方向均比 Roberts 算子更加明显。

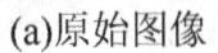

(a)原始图像

(b)Prewitt算子

图 12-3 Prewitt 算子边缘提取

12.4 Sobel 算子

Sobel 算子是一种用于边缘检测的离散微分算子，它结合了高斯平滑和微分求导。该算子用于计算图像明暗程度近似值，根据图像边缘旁边明暗程度把该区域内超过某个数的特定点记为边缘。Sobel 算子在 Prewitt 算子的基础上增加了权重的概念，认为相邻点的距离对当前像素点的影响是不同的，距离越近的像素点对当前像素的影响越大，从而实现图像锐化并突出边缘轮廓。

Sobel 算子的边缘定位更准确，常用于噪声较多、灰度渐变的图像。其算法模板如式（12-12）所示，其中 d_x 表示水平方向，d_y 表示垂直方向。

$$d_x = \begin{bmatrix} 1 & 0 & -1 \\ 2 & 0 & -2 \\ 1 & 0 & -1 \end{bmatrix}, \quad d_y = \begin{bmatrix} -1 & -2 & -1 \\ 0 & 0 & 0 \\ 1 & 2 & 1 \end{bmatrix} \tag{12-12}$$

其像素计算公式为

$$\begin{aligned} d_x(i,j) &= [f(i-1,j-1)+2f(i-1,j)+f(i-1,j+1)]-[f(i+1,j-1)+2f(i+1,j)+f(i+1,j+1)] \\ d_y(i,j) &= [f(i-1,j+1)+2f(i,j+1)+f(i+1,j+1)]-[f(i-1,j-1)+2f(i,j-1)+f(i+1,j-1)] \end{aligned} \tag{12-13}$$

Sobel 算子像素的最终计算公式为

$$S = \sqrt{d_x(i,j)^2 + d_y(i,j)^2} \tag{12-14}$$

Sobel 算子根据像素点上下、左右邻点灰度加权差，在边缘处达到极值这一现象检测边缘。对噪声具有平滑作用，提供较为精确的边缘方向信息。因为 Sobel 算子结合了高斯平滑和微分求导（分化），因此结果会具有更多的抗噪性，当对精度要求不是很高时，Sobel 算子是一种较为常用的边缘检测方法。

Python 和 OpenCV 将 Sobel 算子封装在 Sobel（）函数中，其函数原型如下所示。

```
dst=Sobel(src,ddepth,dx,dy[,dst[,ksize[,scale[,delta[,borderType]]]]])
```

（1）src 表示输入图像。

（2）ddepth 表示目标图像所需的深度，针对不同的输入图像，输出目标图像有不同的深度。

（3）dx 表示 x 方向上的差分阶数，取值 1 或 0。

（4）dy 表示 y 方向上的差分阶数，取值 1 或 0。

（5）dst 表示输出的边缘图，其大小和通道数与输入图像相同。

（6）ksize 表示 Sobel 算子的大小，其值必须是正数和奇数。

（7）scale 表示缩放导数的比例常数，默认情况下没有伸缩系数。

（8）delta 表示将结果存入目标图像之前，添加到结果中的可选增量值。

（9）borderType 表示边框模式，更多详细信息查阅 BorderTypes。

注意，在进行 Sobel 算子处理之后，还需要调用 convertScaleAbs（）函数计算绝对值，并将图像转换为 8 位图进行显示。其算法原型如下。

```
dst=convertScaleAbs(src[,dst[,alpha[,beta]]])
```

（1）src 表示原数组。

（2）dst 表示输出数组，深度为 8 位。

（3）alpha 表示比例因子。

（4）beta 表示原数组元素按比例缩放后添加的值。

Sobel 算子的实现代码如下所示。

Image_Processing_12_03.py

```
#-*-coding:utf-8-*-
import cv2
import numpy as np
import matplotlib.pyplot as plt

#读取图像
img=cv2.imread('lena.png')
lenna_img=cv2.cvtColor(img,cv2.COLOR_BGR2RGB)

#灰度化处理图像
grayImage=cv2.cvtColor(img,cv2.COLOR_BGR2GRAY)
```

```
#Sobel 算子
x=cv2.Sobel(grayImage,cv2.CV_16S,1,0)#对 x 求一阶导数
y=cv2.Sobel(grayImage,cv2.CV_16S,0,1)#对 y 求一阶导数
absX=cv2.convertScaleAbs(x)
absY=cv2.convertScaleAbs(y)
Sobel=cv2.addWeighted(absX,0.5,absY,0.5,0)

#用于正常显示中文标签
plt.rcParams['font.sans-serif']=['SimHei']

#显示图形
titles=[u'(a)原始图像',u'(b)Sobel 算子']
images=[lenna_img,Sobel]
for i in xrange(2):
    plt.subplot(1,2,i+1),plt.imshow(images[i],'gray')
    plt.title(titles[i])
    plt.xticks([]),plt.yticks([])
plt.show()
```

其运行结果如图 12-4 所示。

(a)原始图像

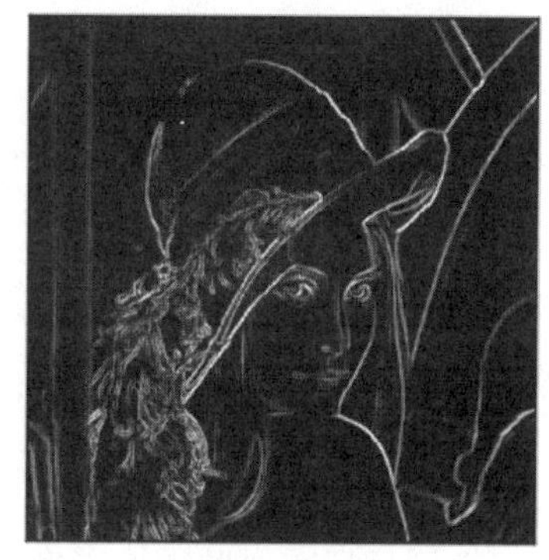
(b)Sobel算子

图 12-4　Sobel 算子边缘提取

12.5　Laplacian 算子

Laplacian 算子是 n 维欧几里得空间中的一个二阶微分算子，常用于图像增强邻域和边缘提取。它通过灰度差分计算邻域内的像素，基本流程是：判断图像中心像素灰度值与它周围其他像素的灰度值，如果中心像素的灰度值更高，则提升中心像素的灰度值；反之

降低中心像素的灰度值，从而实现图像锐化操作。在算法实现过程中，Laplacian 算子通过对邻域中心像素的四方向或八方向求梯度，再将梯度相加起来判断中心像素灰度与邻域内其他像素灰度的关系，最后通过梯度运算的结果对像素灰度进行调整[3]。

一个连续的二元函数 $f(x, y)$，其 Laplacian 运算定义为

$$\nabla^2 f = \frac{\partial^2 f}{\partial x^2} + \frac{\partial^2 f}{\partial y^2} \tag{12-15}$$

Laplacian 算子分为四邻域和八邻域，四邻域是对邻域中心像素的四方向求梯度，八邻域是对八方向求梯度。其中，四邻域模板公式为

$$H = \begin{bmatrix} 0 & -1 & 0 \\ -1 & 4 & -1 \\ 0 & -1 & 0 \end{bmatrix} \tag{12-16}$$

其像素的计算公式可以简化为

$$g(i,j) = 4f(i,j) - f(i+1,j) - f(i-1,j) - f(i,j-1) - f(i,j+1) \tag{12-17}$$

通过模板可以发现，当邻域内像素灰度相同时，模板的卷积运算结果为 0；当中心像素灰度高于邻域内其他像素的平均灰度时，模板的卷积运算结果为正数；当中心像素的灰度低于邻域内其他像素的平均灰度时，模板的卷积为负数。对卷积运算的结果用适当的衰弱因子处理并加在原中心像素上，就可以实现图像的锐化处理。

Laplacian 算子的八邻域模板为

$$H = \begin{bmatrix} -1 & -1 & -1 \\ -1 & 8 & -1 \\ -1 & -1 & -1 \end{bmatrix} \tag{12-18}$$

其像素的计算公式可以简化为

$$\begin{aligned} g(i,j) = 8f(i,j) &- f(i+1,j-1) - f(i+1,j) - f(i+1,j+1) - f(i,j-1) \\ &- f(i,j+1) - f(i-1,j-1) - f(i-1,j) - f(i-1,j+1) \end{aligned} \tag{12-19}$$

Python 和 OpenCV 将 Laplacian 算子封装在 Laplacian（）函数中，其函数原型如下所示。

```
dst=Laplacian(src,ddepth[,dst[,ksize[,scale[,delta[,borderType]]]]])
```

（1）src 表示输入图像。

（2）ddepth 表示目标图像所需的深度。

（3）dst 表示输出的边缘图，其大小和通道数与输入图像相同。

（4）ksize 表示用于计算二阶导数的滤波器的孔径大小，其值必须是正数和奇数，且默认值为 1，更多详细信息查阅 getDerivKernels。

（5）scale 表示计算 Laplacian 算子值的可选比例因子。默认值为 1，更多详细信息查阅 getDerivKernels。

（6）delta 表示将结果存入目标图像之前，添加到结果中的可选增量值，默认值为 0。

（7）borderType 表示边框模式，更多详细信息查阅 BorderTypes。

注意，Laplacian 算子其实主要是利用 Sobel 算子的运算，通过加上 Sobel 算子运算出

的图像 x 方向和 y 方向上的导数，得到输入图像的图像锐化结果。

同时，在进行 Laplacian 算子处理之后，还需要调用 convertScaleAbs（）函数计算绝对值，并将图像转换为 8 位图进行显示。其算法原型如下。

```
dst=convertScaleAbs(src[,dst[,alpha[,beta]]])
```

（1）src 表示原数组。

（2）dst 表示输出数组，深度为 8 位。

（3）alpha 表示比例因子。

（4）beta 表示原数组元素按比例缩放后添加的值。

当 ksize=1 时，Laplacian（）函数采用 3×3 的孔径（四邻域模板）进行变换处理。下面是采用 ksize=3 的 Laplacian 算子进行图像锐化处理的代码。

Image_Processing_12_04.py

```
#-*-coding:utf-8-*-
import cv2
import numpy as np
import matplotlib.pyplot as plt

#读取图像
img=cv2.imread('lena.png')
lenna_img=cv2.cvtColor(img,cv2.COLOR_BGR2RGB)

#灰度化处理图像
grayImage=cv2.cvtColor(img,cv2.COLOR_BGR2GRAY)

#Laplacian 算子
dst=cv2.Laplacian(grayImage,cv2.CV_16S,ksize=3)
Laplacian=cv2.convertScaleAbs(dst)

#用来正常显示中文标签
plt.rcParams['font.sans-serif']=['SimHei']

#显示图形
titles=[u'(a)原始图像',u'(b)Laplacian 算子']
images=[lenna_img,Laplacian]
for i in xrange(2):
    plt.subplot(1,2,i+1),plt.imshow(images[i],'gray')
    plt.title(titles[i])
    plt.xticks([]),plt.yticks([])
```

```
plt.show()
```

其运行结果如图 12-5 所示。

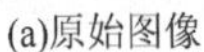

(a)原始图像

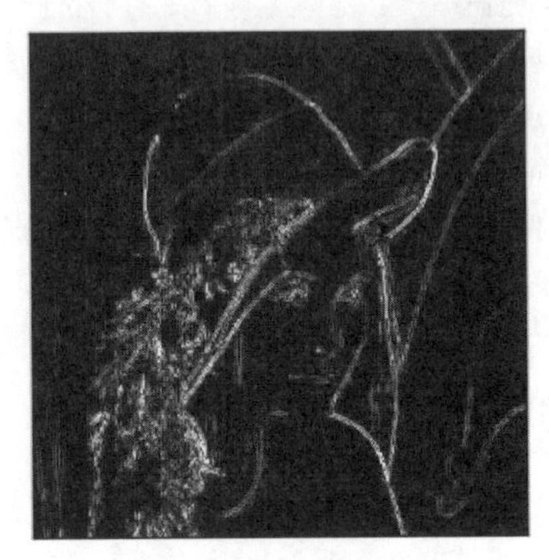

(b)Laplacian算子

图 12-5　Laplacian 算子边缘提取

边缘检测算法主要是基于图像强度的一阶和二阶导数，但导数通常对噪声很敏感，因此需要采用滤波器来过滤噪声，并调用图像增强或阈值化算法进行处理，最后再进行边缘检测。下面是采用高斯滤波去噪和阈值化处理之后，再进行边缘检测的过程，并对比了四种常见的边缘提取算法。

Image_Processing_12_05.py

```
#-*-coding:utf-8-*-
import cv2
import numpy as np
import matplotlib.pyplot as plt

#读取图像
img=cv2.imread('lena.png')
lenna_img=cv2.cvtColor(img,cv2.COLOR_BGR2RGB)

#灰度化处理图像
grayImage=cv2.cvtColor(img,cv2.COLOR_BGR2GRAY)

#高斯滤波
gaussianBlur=cv2.GaussianBlur(grayImage,(3,3),0)
```

```
    #阈值处理
    ret,binary=cv2.threshold(gaussianBlur,127,255,cv2.THRESH_BINAR
Y)

    #Roberts 算子
    kernelx=np.array([[-1,0],[0,1]],dtype=int)
    kernely=np.array([[0,-1],[1,0]],dtype=int)
    x=cv2.filter2D(binary,cv2.CV_16S,kernelx)
    y=cv2.filter2D(binary,cv2.CV_16S,kernely)
    absX=cv2.convertScaleAbs(x)
    absY=cv2.convertScaleAbs(y)
    Roberts=cv2.addWeighted(absX,0.5,absY,0.5,0)

    #Prewitt 算子
    kernelx=np.array([[1,1,1],[0,0,0],[-1,-1,-1]],dtype=int)
    kernely=np.array([[-1,0,1],[-1,0,1],[-1,0,1]],dtype=int)
    x=cv2.filter2D(binary,cv2.CV_16S,kernelx)
    y=cv2.filter2D(binary,cv2.CV_16S,kernely)
    absX=cv2.convertScaleAbs(x)
    absY=cv2.convertScaleAbs(y)
    Prewitt=cv2.addWeighted(absX,0.5,absY,0.5,0)

    #Sobel 算子
    x=cv2.Sobel(binary,cv2.CV_16S,1,0)
    y=cv2.Sobel(binary,cv2.CV_16S,0,1)
    absX=cv2.convertScaleAbs(x)
    absY=cv2.convertScaleAbs(y)
    Sobel=cv2.addWeighted(absX,0.5,absY,0.5,0)

    #Laplacian 算子
    dst=cv2.Laplacian(binary,cv2.CV_16S,ksize=3)
    Laplacian=cv2.convertScaleAbs(dst)

    #效果图
    titles=['(a)Source Image','(b)Binary Image','(c)Roberts Image',
    '(d)Prewitt Image','(e)Sobel Image','(f)Laplacian Image']
    images=[lenna_img,binary,Roberts,Prewitt,Sobel,Laplacian]
```

```
for i in np.arange(6):
    plt.subplot(2,3,i+1),plt.imshow(images[i],'gray')
    plt.title(titles[i])
    plt.xticks([]),plt.yticks([])
plt.show()
```

输出结果如图 12-6 所示。其中，Laplacian 算子对噪声比较敏感，由于其算法可能会出现双像素边界，常用来判断边缘像素位于图像的明区或暗区，很少用于边缘检测；Roberts 算子对陡峭的低噪声图像效果较好，尤其是边缘±45°的图像，但定位准确率较差；Prewitt 算子对灰度渐变的图像边缘提取效果较好，而没有考虑相邻点的距离对当前像素点的影响；Sobel 算子考虑了综合因素，对噪声较多的图像处理效果更好。

图 12-6　四种算子的边缘提取对比

12.6　Scharr 算子

由于 Sobel 算子在计算相对较小的核的时候，其近似计算导数的精度比较低，如一个 3×3 的 Sobel 算子，当梯度角度接近水平或垂直方向时，其不精确性就更加明显。Scharr 算子同 Sobel 算子的速度一样快，但是准确率更高，尤其是计算较小核的情景，所以利用 3×3 滤波器实现图像边缘提取更推荐使用 Scharr 算子。

Scharr 算子又称为 Scharr 滤波器，也是计算 x 或 y 方向上的图像差分，在 OpenCV 中主要是配合 Sobel 算子的运算而存在的，其滤波器的滤波系数为

$$d_x = \begin{bmatrix} -3 & 0 & 3 \\ -10 & 0 & 10 \\ -3 & 0 & 3 \end{bmatrix}, \quad d_y = \begin{bmatrix} -3 & -10 & -3 \\ 0 & 0 & 0 \\ 3 & 10 & 3 \end{bmatrix} \tag{12-20}$$

Scharr 算子的函数原型如下所示，与 Sobel 算子几乎一致，只是没有 ksize 参数。

```
dst=Scharr(src,ddepth,dx,dy[,dst[,scale[,delta[,borderType]]]]])
```

（1）src 表示输入图像。

（2）ddepth 表示目标图像所需的深度，针对不同的输入图像，输出目标图像有不同的深度。

（3）dx 表示 x 方向上的差分阶数，取值 1 或 0。

（4）dy 表示 y 方向上的差分阶数，取值 1 或 0。

（5）dst 表示输出的边缘图，其大小和通道数与输入图像相同。

（6）scale 表示缩放导数的比例常数，默认情况下没有伸缩系数。

（7）delta 表示将结果存入目标图像之前，添加到结果中的可选增量值。

（8）borderType 表示边框模式，更多详细信息查阅 BorderTypes。

Scharr 算子的实现代码如下所示。

Image_Processing_12_06.py

```
#-*-coding:utf-8-*-
import cv2
import numpy as np
import matplotlib.pyplot as plt

#读取图像
img=cv2.imread('lena.png')
lenna_img=cv2.cvtColor(img,cv2.COLOR_BGR2RGB)

#灰度化处理图像
grayImage=cv2.cvtColor(img,cv2.COLOR_BGR2GRAY)

# Scharr 算子
x=cv2.Scharr(grayImage,cv2.CV_32F,1,0)#X 方向
y=cv2.Scharr(grayImage,cv2.CV_32F,0,1)#Y 方向
absX=cv2.convertScaleAbs(x)
absY=cv2.convertScaleAbs(y)
Scharr=cv2.addWeighted(absX,0.5,absY,0.5,0)

#用来正常显示中文标签
plt.rcParams['font.sans-serif']=['SimHei']

#显示图形
titles=[u'(a)原始图像',u'(b)Scharr 算子']
```

```
images=[lenna_img,Scharr]
for i in xrange(2):
    plt.subplot(1,2,i+1),plt.imshow(images[i],'gray')
    plt.title(titles[i])
    plt.xticks([]),plt.yticks([])
plt.show()
```

其运行结果如图 12-7 所示。

(a)原始图像

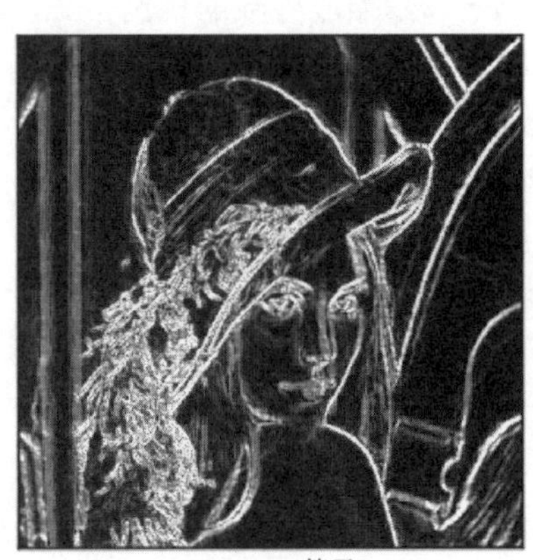

(b)Scharr 算子

图 12-7　Scharr 算子边缘提取

12.7　Canny 算子

Canny 于 1986 年发明了一个多级边缘检测算法——Canny 边缘检测算子，并创立了边缘检测计算理论（computational theory of edge detection），有效地解释了这项技术的工作理论。

边缘检测通常是在保留原有图像属性的情况下，对图像数据规模进行缩减，提取图像边缘轮廓的处理方式。Canny 算法是一种广泛应用于边缘检测的标准算法，其目标是找到一个最优的边缘检测解或寻找一幅图像中灰度强度变化最强的位置。最优边缘检测主要通过低错误率、高定位性和最小响应三个标准进行评价。Canny 算子的实现步骤如下。

（1）使用高斯平滑去除噪声。

$$K(5,5)=\frac{1}{273}\begin{bmatrix}1 & 4 & 7 & 4 & 1\\4 & 16 & 26 & 16 & 4\\7 & 26 & 41 & 26 & 7\\4 & 16 & 26 & 16 & 4\\1 & 4 & 7 & 4 & 1\end{bmatrix} \tag{12-21}$$

（2）按照 Sobel 滤波器步骤计算梯度幅值和方向，寻找图像的强度梯度。先将卷积模

板分别作用 x 和 y 方向，再计算梯度幅值和方向，其公式为

$$d_x=\begin{bmatrix}-1 & 0 & +1\\ -2 & 0 & +2\\ -1 & 0 & +1\end{bmatrix},\quad d_y=\begin{bmatrix}-1 & -2 & -1\\ 0 & 0 & 0\\ +1 & +2 & +1\end{bmatrix} \tag{12-22}$$

$$S=\sqrt{d_x(i,j)^2+d_y(i,j)^2} \tag{12-23}$$

$$\theta=\arctan\left(\frac{d_y}{d_x}\right) \tag{12-24}$$

梯度方向一般取 0°、45°、90°和 135°四个方向[12]。

（3）通过非极大值抑制（non-maximum suppression）过滤掉非边缘像素，将模糊的边界变得清晰。该过程保留了每个像素点上梯度强度的极大值，过滤掉其他的值。对于每个像素点，可进行如下操作：①将其梯度方向近似为以下值中的一个，包括 0、45、90、135、180、225、270 和 315，即表示上下左右和 45°方向；②比较该像素点和其梯度正负方向的像素点的梯度强度，如果该像素点梯度强度最大则保留，否则抑制（删除，即置为 0）。其处理后效果如图 12-8 所示，图 12-8（a）表示梯度值，图 12-8（b）表示非极大值抑制处理后的边缘[5]。

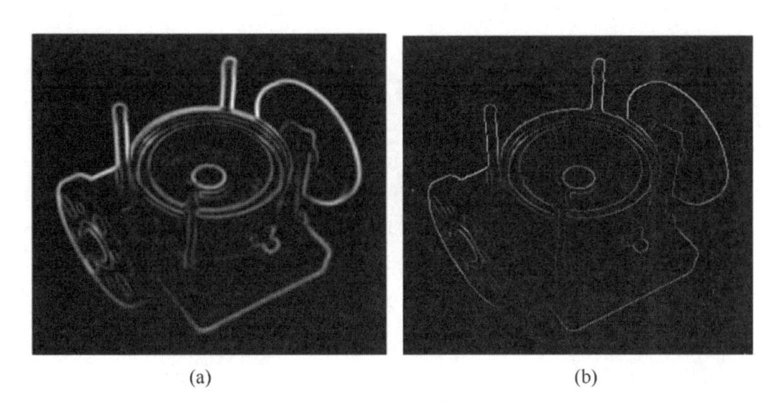

图 12-8　非极大值抑制处理

（4）利用双阈值方法来确定潜在的边界。经过非极大值抑制后图像中仍然有很多噪声点，此时需要通过双阈值技术处理，即设定一个阈值上界和阈值下界。图像中的像素点如果大于阈值上界则认为必然是边界（称为强边界，strong edge），小于阈值下界则认为必然不是边界，两者之间的则认为是候选项（称为弱边界，weak edge）。经过双阈值处理的图像如图 12-9 所示，图 12-9（a）为非极大值抑制处理后的边缘，图 12-9（b）为双阈值技术处理的效果图。

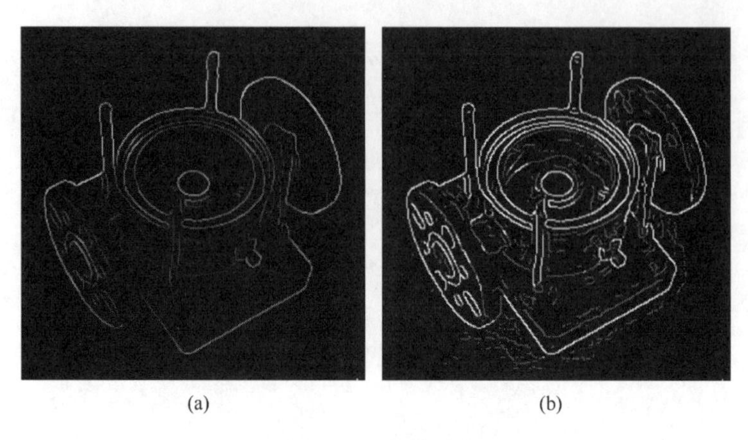

(a) (b)

图 12-9 双阈值处理

（5）利用滞后技术来跟踪边界。若某一像素位置和强边界相连的弱边界认为是边界，其他的弱边界则被删除。

在 OpenCV 中，Canny（）函数原型如下所示。

```
edges=Canny(image,threshold1,threshold2[,edges[,apertureSize[,L2
gradient]]])
```

（1）image 表示输入图像。

（2）threshold1 表示第一个滞后性阈值。

（3）threshold2 表示第二个滞后性阈值。

（4）edges 表示输出的边缘图，其大小和类型与输入图像相同。

（5）apertureSize 表示应用 Sobel 算子的孔径大小，其默认值为 3。

（6）L2gradient 表示一个计算图像梯度幅值的标识，默认值为 false。

Canny 算子的边缘提取实现代码如下所示。

Image_Processing_12_07.py

```
#-*-coding:utf-8-*-
import cv2
import numpy as np
import matplotlib.pyplot as plt

#读取图像
img=cv2.imread('lena.png')
lenna_img=cv2.cvtColor(img,cv2.COLOR_BGR2RGB)

#灰度化处理图像
grayImage=cv2.cvtColor(img,cv2.COLOR_BGR2GRAY)
```

```
#高斯滤波降噪
gaussian=cv2.GaussianBlur(grayImage,(3,3),0)

#Canny 算子
Canny=cv2.Canny(gaussian,50,150)

#用来正常显示中文标签
plt.rcParams['font.sans-serif']=['SimHei']

#显示图形
titles=[u'(a)原始图像',u'(b)Canny 算子']
images=[lenna_img,Canny]
for i in xrange(2):
    plt.subplot(1,2,i+1),plt.imshow(images[i],'gray')
    plt.title(titles[i])
    plt.xticks([]),plt.yticks([])
plt.show()
```

其运行结果如图 12-10 所示：

(a)原始图像

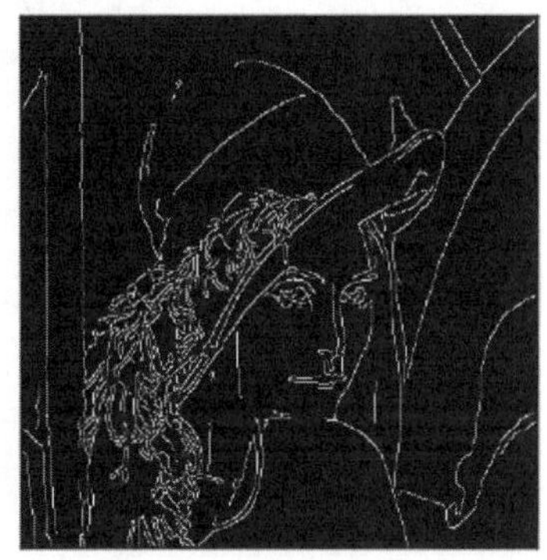

(b)Canny算子

图 12-10　Canny 算子边缘提取

12.8　LOG 算子

LOG（Laplacian of Gaussian）边缘检测算子是 Marr 和 Hildreth[6]在 1980 年共同提出的，也称为 Marr & Hildreth 算子，它根据图像的信噪比来求检测边缘的最优滤波器。该算法首先对图像做高斯滤波，然后再求其 Laplacian 二阶导数，根据二阶导数的过零点来检测图像的边界，即通过检测滤波结果的零交叉（zero crossings）来获得图像或物体的边缘。

LOG 算子综合考虑了对噪声的抑制和对边缘的检测两个方面，并且把高斯平滑滤波器和 Laplacian 锐化滤波器结合起来，先平滑掉噪声，再进行边缘检测，所以效果会更好。该算子与视觉生理中的数学模型相似，因此在图像处理领域中得到了广泛的应用。它具有抗干扰能力强、边界定位精度高、边缘连续性好、能有效提取对比度弱的边界等特点。

常见的 LOG 算子是 5×5 模板，即

$$\begin{bmatrix} -2 & -4 & -4 & -4 & -2 \\ -4 & 0 & 8 & 0 & -4 \\ -4 & 8 & 24 & 8 & -4 \\ -4 & 0 & 8 & 0 & -4 \\ -2 & -4 & -4 & -4 & -2 \end{bmatrix} \tag{12-25}$$

由于 LOG 算子到中心的距离与位置加权系数的关系曲线像墨西哥草帽的剖面，所以 LOG 算子也称墨西哥草帽滤波器，如图 12-11 所示。

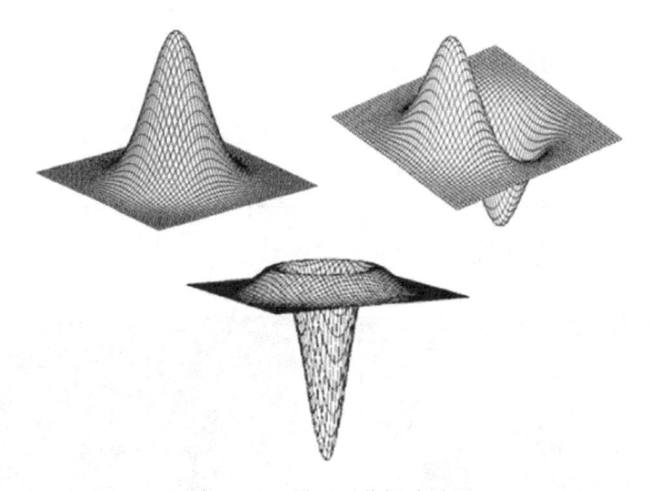

图 12-11　墨西哥草帽滤波器

LOG 算子的边缘提取实现代码如下所示。

Image_Processing_12_08.py

```
#-*-coding:utf-8-*-
import cv2
import numpy as np
import matplotlib.pyplot as plt

#读取图像
img=cv2.imread('lena.png')
lenna_img=cv2.cvtColor(img,cv2.COLOR_BGR2RGB)
```

```
#灰度化处理图像
grayImage=cv2.cvtColor(img,cv2.COLOR_BGR2GRAY)

#先通过高斯滤波降噪
gaussian=cv2.GaussianBlur(grayImage,(3,3),0)

#再通过 Laplacian 算子做边缘检测
dst=cv2.Laplacian(gaussian,cv2.CV_16S,ksize=3)
LOG=cv2.convertScaleAbs(dst)

#用来正常显示中文标签
plt.rcParams['font.sans-serif']=['SimHei']

#显示图形
titles=[u'(a)原始图像',u'(b)LOG 算子']
images=[lenna_img,LOG]
for i in xrange(2):
    plt.subplot(1,2,i+1),plt.imshow(images[i],'gray')
    plt.title(titles[i])
    plt.xticks([]),plt.yticks([])
plt.show()
```

其运行结果如图 12-12 所示。

(a)原始图像

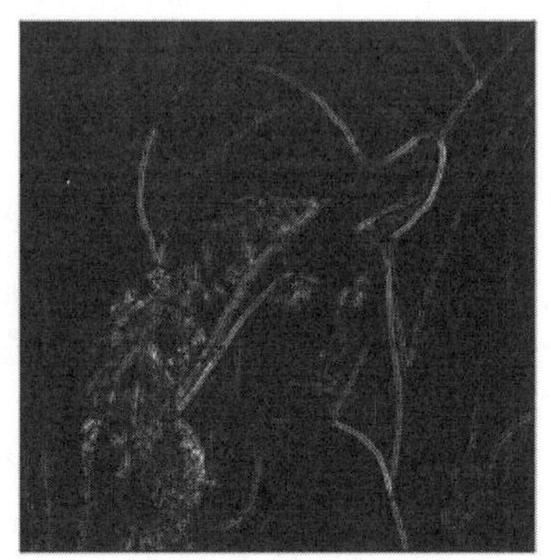

(b)LOG算子

图 12-12　LOG 算子边缘提取

12.9　本 章 小 结

本章主要通过 Roberts 算子、Prewitt 算子、Sobel 算子、Laplacian 算子、Scharr 算子、

Canny 算子和 LOG 算子实现图像锐化和边缘检测，有效地提取了图像的轮廓，并以彩色 Lena 图为实例，进行了详细的实验处理。

参 考 文 献

[1] 冈萨雷斯. 数字图像处理[M]. 3 版. 阮秋琦，译. 北京：电子工业出版社，2013.

[2] 阮秋琦. 数字图像处理学[M]. 3 版. 北京：电子工业出版社，2008.

[3] 杨秀璋，于小民，范郁锋，李娜. 基于苗族服饰的图像锐化和边缘提取技术研究[J]. 现代计算机，2018-10.

[4] 毛星云，冷雪飞. OpenCV3 编程入门[M]. 北京：电子工业出版社，2015.

[5] 张小洪，杨丹，刘亚威. 基于 Canny 算子的改进型边缘检测算法[J]. 计算机工程与应用，2003.

[6] Marr D，Hildreth E. Theory of edge detection[C]，Proceedings of the Royal Society B：Biological Sciences，1980：187-217.

第四篇　高阶图像处理

第 13 章　Python 图像特效处理

前面围绕 Python 图像处理，从图像基础操作、几何变换、点运算、直方图、图像增强、图像平滑、图像锐化等方面进行了详细介绍。本章继续补充常见的图像特效处理，从而让读者实现各种各样的图像特殊效果。

13.1　图像毛玻璃特效

图像毛玻璃特效如图 13-1 所示，图 13-1（a）为原始图像，图 13-1（b）为毛玻璃特效图像。它是用图像邻域内一个随机像素点的颜色来替代当前像素点颜色的过程，从而为图像增加一个毛玻璃特效。

(a)　　(b)

图 13-1　图像毛玻璃特效处理

Python 实现代码主要是通过双层循环遍历图像的各像素点，再用定义的随机数替换各邻域像素点的颜色，具体代码如下所示。

Image_Processing_13_01.py

```
#coding:utf-8
import cv2
import numpy as np

#读取原始图像
src=cv2.imread('scenery.png')
```

```
#新建目标图像
dst=np.zeros_like(src)

#获取图像行和列
rows,cols=src.shape[:2]

#定义偏移量和随机数
offsets=5
random_num=0

#毛玻璃效果：像素点邻域内随机像素点的颜色替代当前像素点的颜色
for y in range(rows-offsets):
      for x in range(cols-offsets):
      random_num=np.random.randint(0,offsets)
      dst[y,x]=src[y+random_num,x+random_num]

#显示图像
cv2.imshow('src',src)
cv2.imshow('dst',dst)

#等待显示
cv2.waitKey()
cv2.destroyAllWindows()
```

13.2　图像浮雕特效

图像浮雕特效是仿造浮雕艺术而衍生的处理，它将要呈现的图像突起于石头表面，根据凹凸程度不同形成三维的立体效果。Python 绘制浮雕图像是通过勾画图像的轮廓，并降低周围的像素值，从而产生一张具有立体感的浮雕效果图。传统的方法是设置卷积核，再调用 OpenCV 的 filter2D（）函数实现浮雕特效。该函数主要是利用内核实现对图像的卷积运算，其函数原型如下所示。

```
dst=filter2D(src,ddepth,kernel[,dst[,anchor[,delta[,borderType]]]])
```

（1）src 表示输入图像。

（2）ddepth 表示目标图像所需的深度。

（3）kernel 表示卷积核，一个单通道浮点型矩阵。

（4）dst 表示输出的边缘图，其大小和通道数与输入图像相同。

（5）anchor 表示内核的基准点，其默认值为（–1，–1），位于中心位置。

（6）delta 表示在储存目标图像前可选的添加到像素的值，默认值为 0。

（7）borderType 表示边框模式。

核心代码如下。

```
kernel=np.array([[-1,0,0],[0,1,0],[0, 0, 0]])
output=cv2.filter2D(src,-1,kernel)
```

本节将直接对各像素点进行处理，采用相邻像素相减的方法来得到图像轮廓与平面的差，类似边缘的特征，从而获得这种立体感的效果。为了增强图像的主观感受，还可以给这个差加上一个固定值，如 150。实现效果如图 13-2 所示。

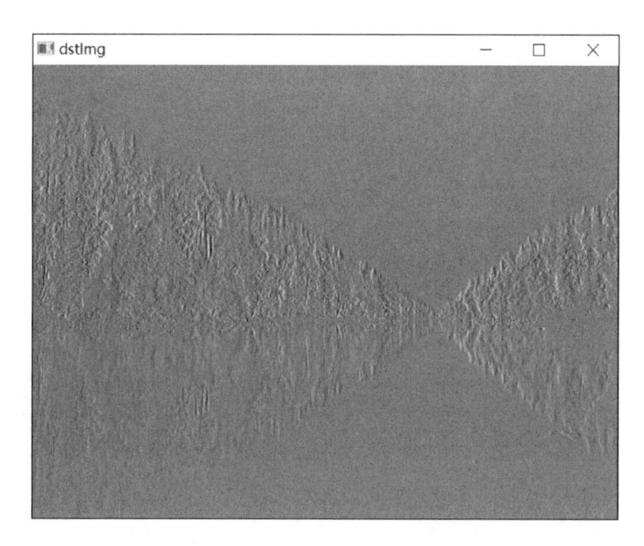

图 13-2　图像浮雕效果

Python 通过双层循环遍历图像的各像素点，使用相邻像素值之差来表示当前像素值，从而得到图像的边缘特征，最后加上固定数值 150 得到浮雕效果，具体代码如下所示。

Image_Processing_13_02.py

```
#-*-coding:utf-8-*-
import cv2
import numpy as np

#读取原始图像
img=cv2.imread('scenery.png',1)

#获取图像的高度和宽度
height,width=img.shape[:2]
```

```
#图像灰度处理
gray=cv2.cvtColor(img,cv2.COLOR_BGR2GRAY)

#创建目标图像
dstImg=np.zeros((height,width,1),np.uint8)

#浮雕特效算法
newPixel=grayCurrentPixel-grayNextPixel+150
for i in range(0,height):
    for j in range(0,width-1):
        grayCurrentPixel=int(gray[i,j])
        grayNextPixel=int(gray[i,j+1])
        newPixel=grayCurrentPixel-grayNextPixel+150
        if newPixel>255:
            newPixel=255
        if newPixel<0:
            newPixel=0
        dstImg[i,j]=newPixel

#显示图像
cv2.imshow('src',img)
cv2.imshow('dst',dstImg)

#等待显示
cv2.waitKey()
cv2.destroyAllWindows()
```

13.3　图像油漆特效

图像油漆特效类似于油漆染色后的轮廓图形，主要采用自定义卷积核和 cv2.filter2D（）函数实现，其运行结果如图 13-3 所示。

Python 实现代码主要通过 Numpy 定义卷积核，再进行特效处理，卷积核如式（13-1）所示，其中心权重为 10，其余值均为−1。

$$K(3,3)=\begin{bmatrix}-1 & -1 & -1\\ -1 & 10 & -1\\ -1 & -1 & -1\end{bmatrix} \tag{13-1}$$

图 13-3　图像油漆特效处理

Image_Processing_13_03.py

```
#-*-coding:utf-8-*-
import cv2
import numpy as np

#读取原始图像
src=cv2.imread('scenery.png')

#图像灰度处理
gray=cv2.cvtColor(src,cv2.COLOR_BGR2GRAY)

#自定义卷积核
kernel=np.array([[-1,-1,-1],[-1,10,-1],[-1,-1,-1]])

#图像油漆效果
output=cv2.filter2D(gray,-1,kernel)

#显示图像
cv2.imshow('Original Image',src)
cv2.imshow('Emboss_1',output)

#等待显示
cv2.waitKey()
cv2.destroyAllWindows()
```

13.4　图像素描特效

图像素描特效会将图像的边界都凸显出来，通过边缘检测及阈值化处理能实现该功能。一幅图像的内部都具有相似性，而在图像边界处具有明显的差异，边缘检测利用数学中的求导来扩大这种变化。但是求导过程中会增大图像的噪声，所以边缘检测之前引入了高斯滤波降噪处理。本节的图像素描特效主要经过以下几个步骤。

（1）调用 cv2.cvtColor（）函数将彩色图像灰度化处理。

（2）通过 cv2.GaussianBlur（）函数实现高斯滤波降噪。

（3）边缘检测采用 Canny 算子实现。

（4）最后通过 cv2.threshold（）反二进制阈值化处理实现素描特效。

其运行代码如下所示。

Image_Processing_13_04.py

```
#coding:utf-8
import cv2
import numpy as np

#读取原始图像
img=cv2.imread('scenery.png')

#图像灰度处理
gray=cv2.cvtColor(img,cv2.COLOR_BGR2GRAY)

#高斯滤波降噪
gaussian=cv2.GaussianBlur(gray,(5,5),0)

#Canny 算子
canny=cv2.Canny(gaussian,50,150)

#阈值化处理
ret,result=cv2.threshold(canny,100,255,cv2.THRESH_BINARY_INV)

#显示图像
cv2.imshow('src',img)
cv2.imshow('result',result)

#等待显示
cv2.waitKey()
cv2.destroyAllWindows()
```

最终输出结果如图 13-4 所示，将彩色图像作了素描处理。

图 13-4　图像素描特效处理

图像的素描特效有很多种方法，本节仅提供一种方法，主要提取的是图像的边缘轮廓，还有很多更精细的素描特效方法，提取的轮廓更为清晰，如图 13-5 所示。请读者自行扩展相关算法知识，并实现对应的效果。

图 13-5　图像细节素描特效

13.5　图像怀旧特效

图像怀旧特效是指图像经历岁月的昏暗效果，如图 13-6 所示，图 13-6（a）为原始图像，图 13-6（b）为怀旧特效图像。

怀旧特效是将图像的 RGB 三个分量分别按照一定比例进行处理的结果，其怀旧公式为

$$\begin{aligned} R&=0.393r+0.769g+0.189b \\ G&=0.349r+0.686g+0.168b \\ B&=0.272r+0.534g+0.131b \end{aligned} \tag{13-2}$$

(a)　(b)

图 13-6　图像怀旧特效处理

Python 实现代码主要通过双层循环遍历图像的各像素点，再结合式（13-2）计算各颜色通道的像素值，最终生成如图 13-6 所示的效果，其完整代码如下。

Image_Processing_13_05.py

```
#coding:utf-8
import cv2
import numpy as np

#读取原始图像
img=cv2.imread('nana.png')

#获取图像行和列
rows,cols=img.shape[:2]

#新建目标图像
dst=np.zeros((rows,cols,3),dtype="uint8")

#图像怀旧特效
for i in range(rows):
    for j in range(cols):
        B=0.272*img[i,j][2]+0.534*img[i,j][1]+0.131*img[i,
j][0]
        G=0.349*img[i,j][2]+0.686*img[i,j][1]+0.168*img[i,
j][0]
        R=0.393*img[i,j][2]+0.769*img[i,j][1]+0.189*img[i,
j][0]
    if B>255:
        B=255
    if G>255:
```

```
            G=255
        if R>255:
            R=255
        dst[i,j]=np.uint8((B,G,R))

#显示图像
cv2.imshow('src',img)
cv2.imshow('dst',dst)

#等待显示
cv2.waitKey()
cv2.destroyAllWindows()
```

13.6　图像光照特效

图像光照特效是指图像存在一个类似于灯光的光晕特效，图像像素值围绕光照中心点呈圆形范围增强。如图 13-7 所示，该图像的中心点为（192，192），光照特效之后中心圆范围内的像素增强了 200。

图 13-7　图像光照特效处理

Python 实现代码主要是通过双层循环遍历图像的各像素点，寻找图像的中心点，再通过计算当前点到光照中心点的距离（平面坐标系中两点之间的距离），判断该距离与图像中心圆半径的关系，中心圆范围内的图像灰度值增强，范围外的图像灰度值保留，并结合边界范围判断生成最终的光照效果。

Image_Processing_13_06.py

```
#coding:utf-8
```

```
import cv2
import math
import numpy as np

#读取原始图像
img=cv2.imread('scenery.png')

#获取图像行和列
rows,cols=img.shape[:2]

#设置中心点
centerX=rows/2
centerY=cols/2
print centerX,centerY
radius=min(centerX,centerY)
print radius

#设置光照强度
strength=200

#新建目标图像
dst=np.zeros((rows,cols,3),dtype="uint8")

#图像光照特效
for i in range(rows):
      for j in range(cols):
            #计算当前点到光照中心距离(平面坐标系中两点之间的距离)
            distance=math.pow((centerY-j),2)+math.pow((centerX-
i),2)
            #获取原始图像
            B=img[i,j][0]
            G=img[i,j][1]
            R=img[i,j][2]
            if(distance<radius * radius):
                  #按照距离大小计算增强的光照值
                  result=(int)(strength*(1.0-math.sqrt(distance)
/radius))
```

```
            B=img[i,j][0]+result
            G=img[i,j][1]+result
            R=img[i,j][2]+result
            #判断边界 防止越界
            B=min(255,max(0,B))
            G=min(255,max(0,G))
            R=min(255,max(0,R))
            dst[i,j]=np.uint8((B,G,R))
        else:
            dst[i,j]=np.uint8((B,G,R))

#显示图像
cv2.imshow('src',img)
cv2.imshow('dst',dst)

#等待显示
cv2.waitKey()
cv2.destroyAllWindows()
```

13.7　图像流年特效

流年是用来形容如水般流逝的光阴或年华，图像处理中特指将原图像转换为具有时代感或岁月沉淀的特效，其效果如图 13-8 所示。

图 13-8　图像流年特效处理

Python 实现代码如下，它将原始图像的蓝色（B）通道的像素值开平方，再乘以一个权重参数，产生最终的流年效果。

Image_Processing_13_07.py

```
#coding:utf-8
```

```
import cv2
import math
import numpy as np

#读取原始图像
img=cv2.imread('scenery.png')

#获取图像行和列
rows,cols=img.shape[:2]

#新建目标图像
dst=np.zeros((rows,cols,3),dtype="uint8")

#图像流年特效
for i in range(rows):
      for j in range(cols):
            #B 通道的数值开平方乘以参数 12
            B=math.sqrt(img[i,j][0])* 12
            G=img[i,j][1]
            R=img[i,j][2]
            if B>255:
                  B=255
            dst[i,j]=np.uint8((B,G,R))

#显示图像
cv2.imshow('src',img)
cv2.imshow('dst',dst)

#等待显示
cv2.waitKey()
cv2.destroyAllWindows()
```

13.8　图像水波特效

图像水波特效是将图像转换为波浪的效果，围绕水波中心点进行波纹涟漪传递，如图 13-9 所示。

Python 实现代码如下所示，它通过计算水波中心位置，然后调用 np.sin（）函数计算水波传递函数，最终形成水波特效。本节的代码是依次计算图像所有像素点并进行相关运算，具有一定难度，希望读者能实现对应的效果。

图 13-9 图像水波特效处理

Image_Processing_13_08.py

```
#coding:utf-8
import cv2
import math
import numpy as np

#读取原始图像
img=cv2.imread('scenery.png')

#获取图像行和列
rows,cols=img.shape[:2]

#新建目标图像
dst=np.zeros((rows,cols,3),dtype="uint8")

#定义水波特效参数
wavelength=20
amplitude=30
phase=math.pi/4
#获取中心点
centreX=0.5
centreY=0.5
```

```
    radius=min(rows,cols)/2

    #设置水波覆盖面积
    icentreX=cols*centreX
    icentreY=rows*centreY

    #图像水波特效
    for i in range(rows):
        for j in range(cols):
            dx=j-icentreX
            dy=i-icentreY
            distance=dx*dx+dy*dy

            if distance>radius*radius:
                x=j
                y=i
            else:
                #计算水波区域
                distance=math.sqrt(distance)
                amount=amplitude*math.sin(distance/wavelengt
h* 2*math.pi-phase)
                amount=amount*(radius-distance)/radius
                amount=amount*wavelength/(distance + 0.0001)
                x=j+dx*amount
                y=i+dy*amount

            #边界判断
            if x<0:
                x=0
            if x>=cols-1:
                x=cols-2
            if y<0:
                y=0
            if y>=rows-1:
                y=rows-2

            p=x-int(x)
```

```
                q=y-int(y)

                #图像水波赋值
                dst[i,j,:]=(1-p)*(1-q)*img[int(y),int(x),:]+p*(1-q)
*img[int(y),int(x),:]
                +(1-p)*q*img[int(y),int(x),:]+p*q*img[int(y),int(x)
,:]

    #显示图像
    cv2.imshow('src',img)
    cv2.imshow('dst',dst)

    #等待显示
    cv2.waitKey()
    cv2.destroyAllWindows()
```

13.9　图像卡通特效

图像卡通特效是将原始图像转换为具有卡通特色的效果图，本节的算法主要包括以下几个步骤。

（1）调用 cv2.bilateralFilter（）函数对原始图像进行双边滤波处理。该滤波器可以在保证边界清晰的情况下有效地去掉噪声，将像素值缩短为每 7 个灰度级为一个值。同时使用空间高斯权重和灰度相似性高斯权重，确保边界不会被模糊掉。

（2）首先调用 cv2.cvtColor（）函数将原始图像转换为灰度图像，并进行中值滤波处理，然后调用 cv2.adaptiveThreshold（）函数进行自适应阈值化处理，并提取图像的边缘轮廓，将图像转换回彩色图像。此时显示的效果如图 13-10 所示。

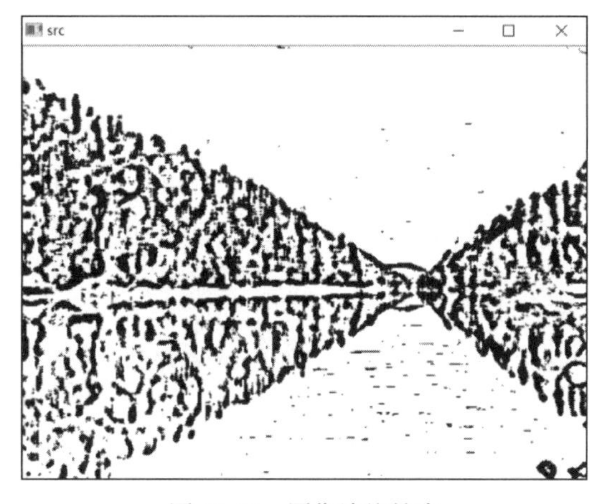

图 13-10　图像边缘轮廓

（3）调用 cv2.bitwise_and（）函数将第（1）步和第（2）步产生的图像进行与运算，产生最终的卡通图像，如图 13-11 所示。

图 13-11　图像卡通特效

Python 实现代码如下所示。

Image_Processing_13_09.py

```
#coding:utf-8
import cv2
import numpy as np

#读取原始图像
img=cv2.imread('scenery.png')

#定义双边滤波的数目
num_bilateral=7

#用高斯金字塔降低取样
img_color=img

#双边滤波处理
for i in range(num_bilateral):
      img_color=cv2.bilateralFilter(img_color,d=9,sigmaColor=9
,sigmaSpace=7)

#灰度图像转换
```

```
img_gray=cv2.cvtColor(img,cv2.COLOR_RGB2GRAY)

#中值滤波处理
img_blur=cv2.medianBlur(img_gray,7)

#边缘检测及自适应阈值化处理
img_edge=cv2.adaptiveThreshold(img_blur,255,
                                  cv2.ADAPTIVE_THRESH_MEAN_C,
                                  cv2.THRESH_BINARY,
                                  blockSize=9,
                                  C=2)

#转换回彩色图像
img_edge=cv2.cvtColor(img_edge,cv2.COLOR_GRAY2RGB)

#与运算
img_cartoon=cv2.bitwise_and(img_color,img_edge)

#显示图像
cv2.imshow('src',img)
cv2.imshow('dst',img_cartoon)

#等待显示
cv2.waitKey()
cv2.destroyAllWindows()
```

13.10　图像滤镜特效

滤镜主要是用来实现图像的各种特殊效果，在 Photoshop 中具有非常神奇的作用。滤镜通常需要同通道、图层等联合使用，才能取得最佳艺术效果。本节介绍一种基于颜色查找表（look up table）的滤镜处理方法，它通过将每一个原始颜色进行转换之后得到新的颜色。例如，原始图像的某像素点为红色（R-255，G-0，B-0），进行转换之后变为绿色（R-0，G-255，B-0），之后所有是红色的地方都会被自动转换为绿色，而颜色查找表就是将所有的颜色进行一次（矩阵）转换，很多的滤镜功能就是提供了这样一个转换的矩阵，在原始色彩的基础上进行颜色的转换。

假设现在存在一张新的滤镜颜色查找表，如图 13-12 所示，它是一幅 512×512 大小、包含各像素颜色分布的图像。

图 13-12　滤镜颜色查找表

滤镜特效实现的 Python 代码如下所示，通过自定义 getBGR（）函数获取颜色查找表中映射的滤镜颜色，再依次循环替换各颜色。

Image_Processing_13_10.py

```
#coding:utf-8
import cv2
import numpy as np

#获取滤镜颜色
def getBGR(img,table,i,j):
    #获取图像颜色
    b,g,r=img[i][j]
    #计算标准颜色表中颜色的位置坐标
    x=int(g/4+int(b/32)* 64)
    y=int(r/4+int((b%32)/4)* 64)
    #返回滤镜颜色表中对应的颜色
    return lj_map[x][y]

#读取原始图像
img=cv2.imread('scenery.png')
```

```
lj_map=cv2.imread('table.png')

#获取图像行和列
rows,cols=img.shape[:2]

#新建目标图像
dst=np.zeros((rows,cols,3),dtype="uint8")

#循环设置滤镜颜色
for i in range(rows):
      for j in range(cols):
            dst[i][j]=getBGR(img,lj_map,i,j)

#显示图像
cv2.imshow('src',img)
cv2.imshow('dst',dst)

#等待显示
cv2.waitKey()
cv2.destroyAllWindows()
```

滤镜特效的运行结果如图 13-13 所示，图 13-13（a）为原始风景图像，图 13-13（b）为滤镜处理后的图像，其颜色变得更为鲜艳，对比度更强。

(a)　(b)

图 13-13　图像滤镜特效

13.11　图像直方图均衡化特效

图像直方图均衡化特效是图像处理领域中利用图像直方图对对比度进行调整的方法，其目的是使输入图像转换为在每一灰度级上都有相同的像素点(即输出的直方图是平的)，它可以产生一幅灰度级分布概率均衡的图像，是增强图像的有效手段之一。

本节主要是对彩色图像的直方图均衡化特效处理，首先将彩色图像用 split（）函数拆分成 BGR 三个通道，然后调用 equalizeHist（）函数分别对三个通道进行均衡化处理，最后使用 merge（）方法将均衡化之后的三个通道进行合并，生成最终的效果图。实现代码如下所示。

Image_Processing_13_11.py

```
#coding:utf-8
import cv2
import numpy as np

#读取原始图像
img=cv2.imread('scenery.png')

#获取图像行和列
rows,cols=img.shape[:2]

#新建目标图像
dst=np.zeros((rows,cols,3),dtype="uint8")

#提取三个颜色通道
(b,g,r)=cv2.split(img)

#彩色图像均衡化
bH=cv2.equalizeHist(b)
gH=cv2.equalizeHist(g)
rH=cv2.equalizeHist(r)

#合并通道
dst=cv2.merge((bH,gH,rH))

#显示图像
cv2.imshow('src',img)
cv2.imshow('dst',dst)

#等待显示
cv2.waitKey()
cv2.destroyAllWindows()
```

最终生成如图 13-14 所示的图像。

图 13-14　图像直方图均衡化特效

13.12　图像模糊特效

图像模糊特效可以通过第 11 章介绍的图像平滑方法实现，包括均值滤波、方框滤波、高斯滤波、中值滤波和双边滤波等，它能消除图像的噪声并保留图像的边缘轮廓。本节主要采用高斯滤波进行模糊操作。

图像高斯滤波为图像不同位置的像素值赋予了不同的权重，距离越近的点权重越大，距离越远的点权重越小。下面是常用的 3×3 和 5×5 内核的高斯滤波模板。

$$K(3,3)=\frac{1}{16}\begin{bmatrix}1 & 2 & 1\\2 & 4 & 2\\1 & 2 & 1\end{bmatrix} \tag{13-3}$$

$$K(5,5)=\frac{1}{273}\begin{bmatrix}1 & 4 & 7 & 4 & 1\\4 & 16 & 26 & 16 & 4\\7 & 26 & 41 & 26 & 7\\4 & 16 & 26 & 16 & 4\\1 & 4 & 7 & 4 & 1\end{bmatrix} \tag{13-4}$$

Python 中 OpenCV 主要调用 GaussianBlur（）函数实现高斯平滑处理，下面是使用 11×11 核模板进行高斯滤波处理的代码。

Image_Processing_13_12.py

```
#-*-coding:utf-8-*-
import cv2
import numpy as np
import matplotlib.pyplot as plt

#读取图像
img=cv2.imread('scenery.png')
```

```
source=cv2.cvtColor(img,cv2.COLOR_BGR2RGB)

#高斯滤波
result=cv2.GaussianBlur(source,(11,11),0)

#用来正常显示中文标签
plt.rcParams['font.sans-serif']=['SimHei']

#显示图像
titles=[u'(a)原始图像',u'(b)高斯滤波']
images=[source,result]
for i in xrange(2):
    plt.subplot(1,2,i+1),plt.imshow(images[i],'gray')
    plt.title(titles[i])
    plt.xticks([]),plt.yticks([])
plt.show()
```

输出结果如图 13-15 所示，图 13-15（a）为风景原始图像，图 13-15（b）为高斯滤波处理后的图像，它有效地将图像进行了模糊处理。

(a)原始图像

(b)高斯滤波

图 13-15　高斯滤波 11×11 核的处理

13.13　本 章 小 结

本章主要介绍了图像常见的特效处理，包括处理效果图、算法原理、代码实现三个步骤，涉及图像毛玻璃特效、浮雕特效、油漆特效、素描特效、怀旧特效、光照特效、流年特效、水波特效、卡通特效、滤镜特效、直方图均衡化特效、模糊特效等，这些知识点将为读者从事 Python 图像处理相关项目实践或科学研究奠定一定的基础。

第 14 章　Python 图像分割

图像分割是将图像分成若干个具有独特性质的区域并提取感兴趣目标的技术与过程，是图像处理和图像分析的关键步骤。主要分为基于阈值的分割方法、基于区域的分割方法、基于边缘的分割方法和基于特定理论的分割方法。本章重点围绕图像处理实例，详细介绍各种图像分割的方法[1]。

14.1　图像分割概述

图像分割（image segmentation）技术是计算机视觉领域的重要研究方向，是图像语义理解和图像识别的重要一环。它是指将图像分割成若干个具有相似性质的区域的过程，研究方法包括基于阈值的分割方法、基于区域的分割方法、基于边缘的分割方法和基于特定理论的分割方法（含图论、聚类、深度语义等）。该技术广泛应用于场景物体分割、人体背景分割、三维重建、车牌识别、人脸识别、无人驾驶、增强现实等行业[2-4]。如图 14-1 所示，可将鲜花颜色划分为四个层级。

图 14-1　图像分割效果图

图像分割是根据图像中的物体将图像的像素分类，并提取感兴趣的目标。从数学角度来看，图像分割是将数字图像划分成互不相交的区域的过程。图像分割的过程也是一个标记过程，即把属于同一区域的像素赋予相同的编号。

图像分割是图像识别和计算机视觉至关重要的预处理，没有正确的分割就不可能有正确的识别。图像分割主要依据图像中像素的亮度及颜色，但计算机在自动处理分割时，会遇到各种困难，如光照不均匀、噪声影响、图像中存在不清晰的部分以及阴影等，常常发生图像分割错误。同时，随着深度学习和神经网络的发展，基于深度学习和神经网络的图像分割技术有效地提高了分割的准确率，能够较好地解决图像中噪声和不均匀问题。

14.2　基于阈值的图像分割

最常用的图像分割方法是将图像灰度分为不同的等级，然后用设置灰度门限的方法确定有意义的区域或欲分割的物体边界。图像阈值化（binarization）旨在去除图像中一些低于或高于一定值的像素，从而提取图像中的物体，将图像的背景和噪声区分开。图像阈值化可以理解为一个简单的图像分割操作，阈值又称为临界值，目的是确定出一个范围，然后这个范围内的像素点使用同一种方法处理，而阈值之外的部分则使用另一种处理方法或保持原样。

阈值化处理可以将图像中的像素划分为两类颜色，常见的阈值化算法如式（14-1）所示，当某个像素点的灰度 Gray（i，j）小于阈值 T 时，其像素设置为 0，表示黑色；当灰度 Gray（i，j）大于或等于阈值 T 时，其像素值为 255，表示白色。

$$\mathrm{Gray}(i,j)=\begin{cases}255, & \mathrm{Gray}(i,j)\geqslant T\\ 0, & \mathrm{Gray}(i,j)<T\end{cases} \tag{14-1}$$

在 Python 的 OpenCV 库中，提供了固定阈值化函数 threshold（）和自适应阈值化函数 adaptiveThreshold（），将一幅图像进行阈值化处理，7.5 节详细介绍了图像阈值化处理方法，下面的代码对比了不同阈值化算法的图像分割结果。

Image_Processing_14_01.py

```
#-*-coding:utf-8-*-
import cv2
import numpy as np
import matplotlib.pyplot as plt

#读取图像
img=cv2.imread('scenery.png')
grayImage=cv2.cvtColor(img,cv2.COLOR_BGR2GRAY)

#阈值化处理
ret,thresh1=cv2.threshold(grayImage,127,255,cv2.THRESH_BINARY)
ret,thresh2=cv2.threshold(grayImage,127,255,cv2.THRESH_BINARY_
INV)
ret,thresh3=cv2.threshold(grayImage,127,255,cv2.THRESH_TRUNC)
ret,thresh4=cv2.threshold(grayImage,127,255,cv2.THRESH_TOZERO)
ret,thresh5=cv2.threshold(grayImage,127,255,cv2.THRESH_TOZERO_
INV)
```

```
#显示结果
titles=['(a)Gray Image','(b)BINARY','(c)BINARY_INV','(d)TRUNC',
'(e)TOZERO','(f)TOZERO_INV']
images=[grayImage,thresh1,thresh2,thresh3,thresh4,thresh5]
for i in xrange(6):
      plt.subplot(2,3,i+1),plt.imshow(images[i],'gray')
      plt.title(titles[i])
      plt.xticks([]),plt.yticks([])
plt.show()
```

输出结果如图 14-2 所示，它将彩色风景图像转换成五种对应的阈值处理效果，包括二进制阈值化（BINARY）、反二进制阈值化（BINARY_INV）、截断阈值化（THRESH_TRUNC）、阈值化为 0（THRESH_TOZERO）、反阈值化为 0（THRESH_TOZERO_INV）。

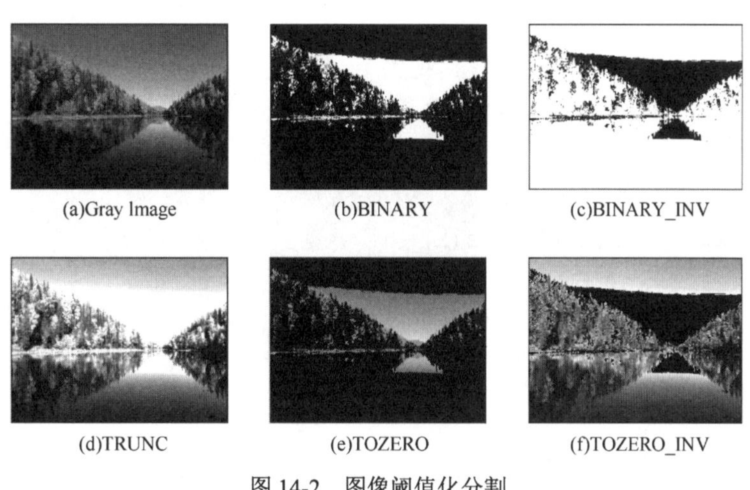

图 14-2　图像阈值化分割

14.3　基于边缘检测的图像分割

图像中相邻区域之间的像素集合共同构成了图像的边缘。基于边缘检测的图像分割方法是通过确定图像中的边缘轮廓像素，然后将这些像素连接起来构建区域边界的过程。由于沿着图像边缘走向的像素值变化比较平缓，而沿着垂直于边缘走向的像素值变化比较大，所以通常会采用一阶导数和二阶导数来描述与检测边缘。第 12 章详细介绍了 Python 边缘检测的方法，下面的代码是对比常用的微分算子，如 Roberts、Prewitt、Sobel、Laplacian、Scharr、Canny、LOG 等。

Image_Processing_14_02.py

```
#-*-coding:utf-8-*-
```

```
import cv2
import numpy as np
import matplotlib.pyplot as plt

#读取图像
img=cv2.imread('scenery.png')
rgb_img=cv2.cvtColor(img,cv2.COLOR_BGR2RGB)

#灰度化处理图像
grayImage=cv2.cvtColor(img,cv2.COLOR_BGR2GRAY)

#阈值处理
ret,binary=cv2.threshold(grayImage,127,255,cv2.THRESH_BINARY)

#Roberts 算子
kernelx=np.array([[-1,0],[0,1]],dtype=int)
kernely=np.array([[0,-1],[1,0]],dtype=int)
x=cv2.filter2D(binary,cv2.CV_16S,kernelx)
y=cv2.filter2D(binary,cv2.CV_16S,kernely)
absX=cv2.convertScaleAbs(x)
absY=cv2.convertScaleAbs(y)
Roberts=cv2.addWeighted(absX,0.5,absY,0.5,0)

#Prewitt 算子
kernelx=np.array([[1,1,1],[0,0,0],[-1,-1,-1]],dtype=int)
kernely=np.array([[-1,0,1],[-1,0,1],[-1,0,1]],dtype=int)
x=cv2.filter2D(binary,cv2.CV_16S,kernelx)
y=cv2.filter2D(binary,cv2.CV_16S,kernely)
absX=cv2.convertScaleAbs(x)
absY=cv2.convertScaleAbs(y)
Prewitt=cv2.addWeighted(absX,0.5,absY,0.5,0)

#Sobel 算子
x=cv2.Sobel(binary,cv2.CV_16S,1,0)
y=cv2.Sobel(binary,cv2.CV_16S,0,1)
absX=cv2.convertScaleAbs(x)
absY=cv2.convertScaleAbs(y)
```

```
    Sobel=cv2.addWeighted(absX,0.5,absY,0.5,0)

    #Laplacian 算子
    dst=cv2.Laplacian(binary,cv2.CV_16S,ksize=3)
    Laplacian=cv2.convertScaleAbs(dst)

    # Scharr 算子
    x=cv2.Scharr(binary,cv2.CV_32F,1,0)#X 方向
    y=cv2.Scharr(binary,cv2.CV_32F,0,1)#Y 方向
    absX=cv2.convertScaleAbs(x)
    absY=cv2.convertScaleAbs(y)
    Scharr=cv2.addWeighted(absX,0.5,absY,0.5,0)

    #Canny 算子
    gaussianBlur=cv2.GaussianBlur(binary,(3,3),0)#高斯滤波
    Canny=cv2.Canny(gaussianBlur,50,150)

    #LOG 算子
    gaussianBlur=cv2.GaussianBlur(binary,(3,3),0)#高斯滤波
    dst=cv2.Laplacian(gaussianBlur,cv2.CV_16S,ksize=3)
    LOG=cv2.convertScaleAbs(dst)

    #效果图
    titles=['(a)Source Image','(b)Binary Image','(c)Roberts Image',
                '(d)Prewitt Image','(e)Sobel Image','(f)Laplacian
Image',
                '(g)Scharr Image','(h)Canny Image','(i)LOG Image']
    images=[rgb_img,binary,Roberts,Prewitt,
            Sobel,Laplacian,Scharr,Canny,LOG]
    for i in np.arange(9):
    plt.subplot(3,3,i+1),plt.imshow(images[i],'gray')
    plt.title(titles[i])
    plt.xticks([]),plt.yticks([])
    plt.show()
```

输出结果如图 14-3 所示，依次为原始图像、二值化图像、Roberts 算子分割图、Prewitt 算子分割图、Sobel 算子分割图、Laplacian 算子分割图、Scharr 算子分割图、Canny 算子分割图和 LOG 算子分割图。

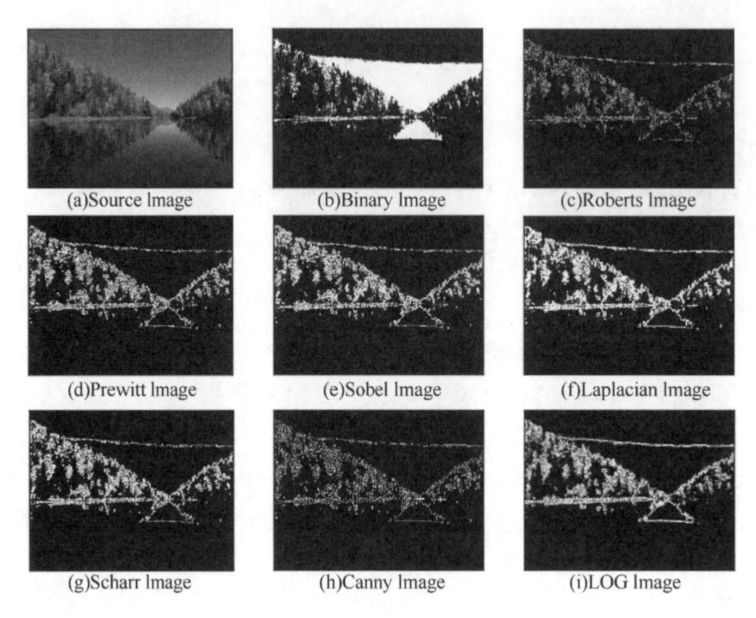

图 14-3　基于边缘检测的图像分割对比

下面介绍另一种边缘检测的方法。在 OpenCV 中，可以通过 cv2.findContours（）函数从二值图像中寻找轮廓，其函数原型如下所示[3]。

```
image,contours,hierarchy=findContours(image,mode,method[,contours[,hierarchy[,offset]]])
```

（1）image 表示输入图像，即用于寻找轮廓的图像，为 8 位单通道。

（2）mode 表示轮廓检索模式。cv2.RETR_EXTERNAL 表示只检测外轮廓；cv2.RETR_LIST 表示提取所有轮廓，且检测的轮廓不建立等级关系；cv2.RETR_CCOMP 提取所有轮廓，并建立两个等级的轮廓，上面的一层为外边界，里面一层为内孔的边界信息；cv2.RETR_TREE 表示提取所有轮廓，并且建立一个等级树或网状结构的轮廓。

（3）method 表示轮廓的近似方法。cv2.CHAIN_APPROX_NONE 存储所有的轮廓点，相邻的两个点的像素位置差不超过 1，即 max（abs（x1-x2），abs（y1-y2））=1；cv2.CHAIN_APPROX_SIMPLE 压缩水平方向、垂直方向、对角线方向的元素，只保留该方向的终点坐标，例如，一个矩阵轮廓只需四个点来保存轮廓信息；cv2.CHAIN_APPROX_ TC89_L1 和 cv2.CHAIN_APPROX_TC89_KCOS 使用 Teh-Chinl Chain 近似算法。

（4）contours 表示检测到的轮廓，其函数运行后的结果存在该变量中，每个轮廓存储为一个点向量。

（5）hierarchy 表示输出变量，包含图像的拓扑信息，作为轮廓数量的表示，它包含了许多元素，每个轮廓 contours[i]对应四个 hierarchy 元素 hierarchy[i][0]～hierarchy[i][3]，分别表示后一个轮廓、前一个轮廓、父轮廓、内嵌轮廓的索引编号。

（6）offset 表示每个轮廓点的可选偏移量。

在使用 findContours（）函数检测图像边缘轮廓后，通常需要和 drawContours（）函数联合使用，接着绘制检测到的轮廓，drawContours（）函数的原型如下。

image=drawContours(image,contours,contourIdx,color[,thickness[,lineType[,hierarchy[,maxLevel[,offset]]]]])

（1）image 表示目标图像，即所要绘制轮廓的背景图像。

（2）contours 表示所有的输入轮廓，每个轮廓存储为一个点向量。

（3）contourldx 表示轮廓绘制的指示变量，如果为负数表示绘制所有轮廓。

（4）color 表示绘制轮廓的颜色。

（5）thickness 表示绘制轮廓线条的粗细程度，默认值为 1。

（6）lineType 表示线条类型，默认值为 8，可选线包括 8（8 连通线型）、4（4 连通线型）、CV_AA（抗锯齿线型）。

（7）hierarchy 表示可选的层次结构信息。

（8）maxLevel 表示用于绘制轮廓的最大等级，默认值为 INT_MAX。

（9）offset 表示每个轮廓点的可选偏移量。

下面的代码是使用 cv2.findContours（）函数检测图像轮廓，并调用 cv2.drawContours（）函数绘制出轮廓线条。

Image_Processing_14_03.py

```
#-*-coding:utf-8-*-
import cv2
import numpy as np
import matplotlib.pyplot as plt

#读取图像
img=cv2.imread('scenery.png')
rgb_img=cv2.cvtColor(img,cv2.COLOR_BGR2RGB)

#灰度化处理图像
grayImage=cv2.cvtColor(img,cv2.COLOR_BGR2GRAY)

#阈值化处理
ret,binary=cv2.threshold(grayImage,0,255,cv2.THRESH_BINARY+cv2
.THRESH_OTSU)

#边缘检测
image,contours,hierarchy=cv2.findContours(binary,cv2.RETR_TREE
,
cv2.CHAIN_APPROX_SIMPLE)

#轮廓绘制
```

```
cv2.drawContours(img,contours,-1,(0,255,0),1)

#显示图像
cv2.imshow('gray',binary)
cv2.imshow('res',img)

#等待显示
cv2.waitKey(0)
cv2.destroyAllWindows()
```

图 14-4 为图像阈值化处理效果图，图 14-5 为最终提取的风景图的轮廓线条。

图 14-4　图像阈值化处理

图 14-5　提取图像轮廓线条

14.4　基于纹理背景的图像分割

本节主要介绍基于图像纹理信息（颜色）、边界信息（反差）和背景信息的图像分割算法。在 OpenCV 中，GrabCut 算法能够有效地利用纹理信息和边界信息分割背景，提取图像目标物体。该算法是微软研究院基于图像分割和抠图的课题，它能有效地将目标图像分割提取，如图 14-6 所示。

图 14-6　GrabCut 提取图像目标物体

GrabCut 算法原型如下所示。

```
mask,bgdModel,fgdModel=grabCut(img,mask,rect,bgdModel,fgdModel,iterCount[,mode])
```

（1）img 表示输入图像，为 8 位三通道图像。

（2）mask 表示蒙板图像，输入/输出的 8 位单通道掩码，确定前景区域、背景区域、不确定区域。当模式设置为 GC_INIT_WITH_RECT 时，该掩码由函数初始化。

（3）rect 表示前景对象的矩形坐标，其基本格式为（x，y，w，h），分别为左上角坐标和宽度、高度。

（4）bdgModel 表示后台模型使用的数组，通常设置为大小为（1，65）np.float64 的数组。

（5）fgdModel 表示前台模型使用的数组，通常设置为大小为（1，65）np.float64 的数组。

（6）iterCount 表示算法运行的迭代次数。

（7）mode 是 cv::GrabCutModes 操作模式之一，cv2.GC_INIT_WITH_RECT 或 cv2.GC_INIT_WITH_MASK 表示使用矩阵模式或蒙板模式。

下面是 Python 的实现代码，首先通过调用 np.zeros()函数创建掩码、fgbModel 和 bgModel，然后定义 rect 矩形范围，调用 grabCut () 函数实现图像分割。由于该方法会修改掩码，像素会被标记为不同的标志来指明它们是背景或前景。最后将所有的 0 像素点和 2 像素点赋值为 0（背景），而所有的 1 像素点和 3 像素点赋值为 1（前景），完整代码如下所示。

Image_Processing_14_04.py

```
# -*- coding:utf-8-*-
import cv2
```

```
import numpy as np
import matplotlib.pyplot as plt
import matplotlib

#读取图像
img=cv2.imread('nv.png')

#灰度化处理图像
grayImage=cv2.cvtColor(img,cv2.COLOR_BGR2GRAY)

#设置掩码、fgbModel、bgModel
mask=np.zeros(img.shape[:2],np.uint8)
bgdModel=np.zeros((1,65),np.float64)
fgdModel=np.zeros((1,65),np.float64)

#矩形坐标
rect=(100,100,500,800)

#图像分割
cv2.grabCut(img, mask,rect,bgdModel,fgdModel,5,
        cv2.GC_INIT_WITH_RECT)

#设置新掩码: 0和2做背景
mask2=np.where((mask==2)|(mask==0),0,1).astype('uint8')

#设置字体
matplotlib.rcParams['font.sans-serif']=['SimHei']

#显示原图
img=cv2.cvtColor(img,cv2.COLOR_BGR2RGB)
plt.subplot(1,2,1)
plt.imshow(img)
plt.title(u'(a)原始图像')

plt.xticks([]),plt.yticks([])

#使用蒙板来获取前景区域
```

```
img=img*mask2[:,:,np.newaxis]
plt.subplot(1,2,2)
plt.imshow(img)
plt.title(u'(b)目标图像')
plt.colorbar()
plt.xticks([]), plt.yticks([])
plt.show()
```

输出图像如图 14-7 所示，图 14-7（a）为原始图像，图 14-7（b）为图像分割后提取的目标人物，但人物右部分的背景仍然存在。如何移除这些背景呢？这里需要使用自定义的掩码进行提取，读取一幅灰色背景轮廓图，从而分离背景与前景，请读者自行实现该功能。

(a) 原始图像　(b) 目标图像

图 14-7　图像分割提取目标人物

14.5　基于 K-Means 聚类的区域分割

K-Means 聚类是最常用的聚类算法，起源于信号处理，其目标是将数据点划分为 K 个类簇，找到每个簇的中心并使其度量最小化。该算法的最大优点是简单、便于理解，运算速度较快，缺点是只能应用于连续型数据，并且要在聚类前指定聚集的类簇数[5]。

下面是 K-Means 聚类算法的分析流程，步骤如下。

（1）第一步，确定 K 值，即将数据集聚集成 K 个类簇或小组。

（2）第二步，从数据集中随机选择 K 个数据点作为质心（centroid）或数据中心。

（3）第三步，分别计算每个点到每个质心之间的距离，并将每个点划分到距离最近质心的小组，跟定了那个质心。

（4）第四步，当每个质心都聚集了一些点后，重新定义算法选出新的质心。

（5）第五步，比较新的质心和老的质心，如果新质心和老质心之间的距离小于某一个阈值，则表示重新计算的质心位置变化不大，收敛稳定，则认为聚类已经达到了期望的结果，算法终止。

（6）第六步，如果新的质心和老的质心变化很大，即距离大于阈值，则继续迭代执行第三步到第五步，直到算法终止。

图 14-8 是对身高和体重进行聚类的算法，将数据集的人群聚集成三类。

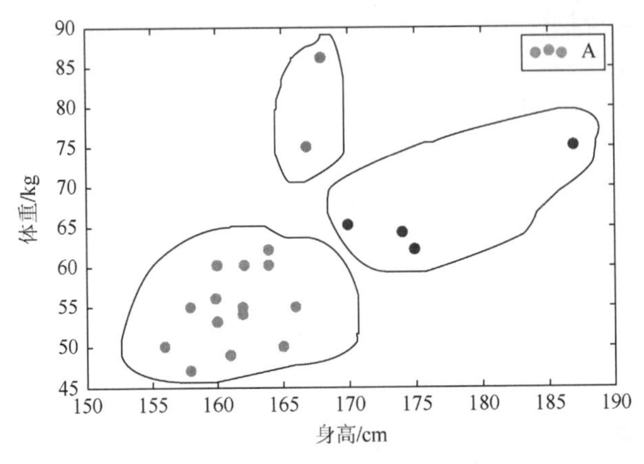

图 14-8　身高-体重聚类

在图像处理中，通过 K-Means 聚类算法可以实现图像分割、图像聚类、图像识别等操作，本节主要用来进行图像颜色分割。假设存在一张 100 像素×100 像素的灰度图像，它由 10000 个 RGB 灰度级组成，通过 K-Means 可以将这些像素点聚类成 K 个簇，然后使用每个簇内的质心点来替换簇内所有的像素点，这样就能实现在不改变分辨率的情况下量化压缩图像颜色，实现图像颜色层级分割。

在 OpenCV 中，kmeans（）函数原型如下所示。

```
retval,bestLabels,centers=kmeans(data,K,bestLabels,criteria,atte
mpts,flags[,centers])
```

（1）data 表示聚类数据，最好是 np.flloat32 类型的 N 维点集。

（2）K 表示聚类类簇数。

（3）bestLabels 表示输出的整数数组，用于存储每个样本的聚类标签索引。

（4）criteria 表示算法终止条件，即最大迭代次数或所需精度。在某些迭代中，一旦每个簇中心的移动小于 criteria.epsilon，算法就会停止。

（5）attempts 表示重复试验 kmeans 算法的次数，算法返回产生最佳紧凑性的标签。

（6）flags 表示初始中心的选择，两种方法是 cv2.KMEANS_PP_CENTERS 和 cv2.KMEANS_RANDOM_CENTERS。

（7）centers 表示集群中心的输出矩阵，每个集群中心为一行数据。

下面使用该方法对灰度图像颜色进行分割处理，需要注意，在进行 K-Means 聚类操作之前，需要将 RGB 像素点转换为一维的数组，再将各形式的颜色聚集在一起，形成最终的颜色分割。

Image_Processing_14_05.py

```
# coding: utf-8
```

```
import cv2
import numpy as np
import matplotlib.pyplot as plt

#读取原始图像灰度颜色
img=cv2.imread('scenery.png',0)
print img.shape

#获取图像高度、宽度
rows,cols=img.shape[:]

#图像二维像素转换为一维
data=img.reshape((rows * cols,1))
data=np.float32(data)

#定义中心(type,max_iter,epsilon)
criteria=(cv2.TERM_CRITERIA_EPS+
                cv2.TERM_CRITERIA_MAX_ITER,10,1.0)

#设置标签
flags=cv2.KMEANS_RANDOM_CENTERS

#K-Means 聚类 聚集成 4 类
compactness,labels,centers=cv2.kmeans(data,4,None,criteria,10,
flags)

#生成最终图像
dst=labels.reshape((img.shape[0],img.shape[1]))

#用来正常显示中文标签
plt.rcParams['font.sans-serif']=['SimHei']

#显示图像
titles=[u'原始图像',u'聚类图像']
images=[img,dst]
for i in xrange(2):
    plt.subplot(1,2,i+1),plt.imshow(images[i],'gray'),
```

```
        plt.title(titles[i])
        plt.xticks([]),plt.yticks([])
plt.show()
```

输出结果如图 14-9 所示，图 14-9（a）为原始图像，图 14-9（b）为 K-Means 聚类后的图像，它将灰度级聚集成四个层级，相似的颜色或区域聚集在一起。

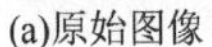

(a)原始图像

(b)聚类图像

图 14-9　灰度图像 K-Means 聚类处理

下面的代码是对彩色图像进行颜色分割处理，它将彩色图像聚集成 2 类、4 类、8 类、16 类和 64 类。

Image_Processing_14_06.py

```
# coding:utf-8
import cv2
import numpy as np
import matplotlib.pyplot as plt

#读取原始图像
img=cv2.imread('scenery.png')
print img.shape

#图像二维像素转换为一维
data=img.reshape((-1,3))
data=np.float32(data)

#定义中心(type,max_iter,epsilon)
criteria=(cv2.TERM_CRITERIA_EPS +
              cv2.TERM_CRITERIA_MAX_ITER,10,1.0)

#设置标签
flags=cv2.KMEANS_RANDOM_CENTERS
```

```
    #K-Means 聚类 聚集成 2 类
    compactness,labels2,centers2=cv2.kmeans(data,2,None,criteria,1
0,flags)

    #K-Means 聚类 聚集成 4 类
    compactness,labels4,centers4=cv2.kmeans(data,4,None,criteria,1
0,flags)

    #K-Means 聚类 聚集成 8 类
    compactness,labels8,centers8=cv2.kmeans(data,8,None,criteria,1
0,flags)

    #K-Means 聚类 聚集成 16 类
    compactness,labels16,centers16=cv2.kmeans(data,16,None,criteri
a,10,flags)

    #K-Means 聚类 聚集成 64 类
    compactness,labels64,centers64=cv2.kmeans(data,64,None,criteri
a,10,flags)

    #图像转换回 uint8 二维类型
    centers2=np.uint8(centers2)
    res=centers2[labels2.flatten()]
    dst2=res.reshape((img.shape))

    centers4=np.uint8(centers4)
    res=centers4[labels4.flatten()]
    dst4=res.reshape((img.shape))

    centers8=np.uint8(centers8)
    res=centers8[labels8.flatten()]
    dst8=res.reshape((img.shape))

    centers16=np.uint8(centers16)
    res=centers16[labels16.flatten()]
    dst16=res.reshape((img.shape))
```

```
    centers64=np.uint8(centers64)
    res=centers64[labels64.flatten()]
    dst64=res.reshape((img.shape))

    #图像转换为 RGB 显示
    img=cv2.cvtColor(img,cv2.COLOR_BGR2RGB)
    dst2=cv2.cvtColor(dst2,cv2.COLOR_BGR2RGB)
    dst4=cv2.cvtColor(dst4,cv2.COLOR_BGR2RGB)
    dst8=cv2.cvtColor(dst8,cv2.COLOR_BGR2RGB)
    dst16=cv2.cvtColor(dst16,cv2.COLOR_BGR2RGB)
    dst64=cv2.cvtColor(dst64,cv2.COLOR_BGR2RGB)

    #用来正常显示中文标签
    plt.rcParams['font.sans-serif']=['SimHei']

    #显示图像
    titles=[u'(a)原始图像',u'(b)聚类图像 K=2',u'(c)聚类图像 K=4',
                  u'(d)聚类图像 K=8',u'(e)聚类图像 K=16',u'(f)聚类图像
K=64']
    images=[img,dst2,dst4,dst8,dst16,dst64]
    for i in xrange(6):
          plt.subplot(2,3,i+1),plt.imshow(images[i],'gray'),
          plt.title(titles[i])
          plt.xticks([]),plt.yticks([])
    plt.show()
```

输出结果如图 14-10 所示，它对比了原始图像和各 K-Means 聚类处理后的图像。当

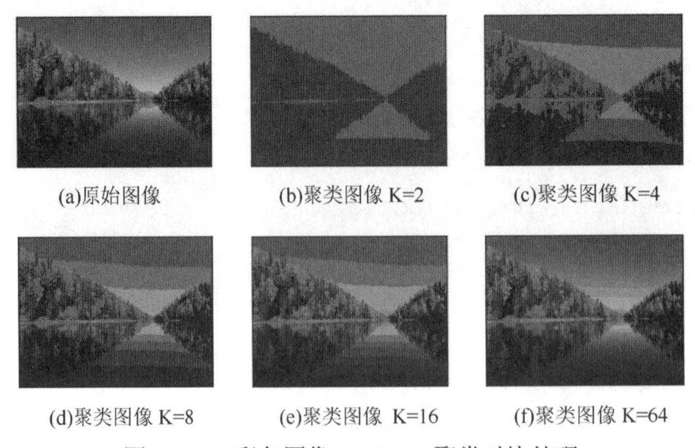

图 14-10　彩色图像 K-Means 聚类对比处理

K=2 时，聚集成两种颜色；当 K=4 时，聚集成四种颜色；当 K=8 时，聚集成八种颜色；当 K=16 时，聚集成 16 种颜色；当 K=64 时，聚集成 64 种颜色。

14.6　基于均值漂移算法的图像分割

均值漂移（mean shfit）算法是一种通用的聚类算法，最早是 Fukunaga 和 Hostetler 于 1975 年提出的。它是一种无参估计算法，沿着概率梯度的上升方向寻找分布的峰值。均值漂移算法先算出当前点的偏移均值，移动该点到其偏移均值，然后以此为新的起始点，继续移动，直到满足一定的条件结束[5]。

图像分割中可以利用均值漂移算法的特性，实现彩色图像分割。在 OpenCV 中提供的函数为 pyrMeanShiftFiltering（），该函数严格来说并不是图像分割，而是图像在色彩层面的平滑滤波，可以中和色彩分布相近的颜色，平滑色彩细节，侵蚀掉面积较小的颜色区域，所以在 OpenCV 中它的后缀是滤波 Filter，而不是分割 segment[7]。该函数原型如下所示。

```
dst=pyrMeanShiftFiltering(src,sp,sr[,dst[,maxLevel[,termcrit]]])
```

（1）src 表示输入图像，8 位三通道的彩色图像。

（2）sp 表示定义漂移物理空间半径的大小。

（3）sr 表示定义漂移色彩空间半径的大小。

（4）dst 表示输出图像，需与输入图像具有相同的大小和类型。

（5）maxLevel 表示定义金字塔的最大层数。

（6）termcrit 表示定义的漂移迭代终止条件，可以设置为迭代次数满足终止，迭代目标与中心点偏差满足终止，或者两者的结合。

均值漂移 pyrMeanShiftFiltering（）函数的执行过程如下。

（1）构建迭代空间。以输入图像上任一点 P_0 为圆心，建立以 sp 为物理空间半径，sr 为色彩空间半径的球形空间，物理空间上坐标为 x 和 y，色彩空间上坐标为 RGB 或 HSV，构成一个空间球体。其中 x 和 y 表示图像的长和宽，色彩空间 R、G、B 在 0～255。

（2）求迭代空间的向量并移动迭代空间球体重新计算向量，直至收敛。在上一步构建的球形空间中，求出所有点相对于中心点的色彩向量之和，移动迭代空间的中心点到该向量的终点，并再次计算该球形空间中所有点的向量之和，如此迭代，直到在最后一个空间球体中所求得向量和的终点就是该空间球体的中心点 P_n，迭代结束。

（3）更新输出图像 dst 上对应的初始原点 P_0 的色彩值为本轮迭代的终点 P_n 的色彩值，完成一个点的色彩均值漂移。

（4）对输入图像 src 上其他点，依次执行以上三个步骤，直至遍历完所有点，整个均值偏移色彩滤波完成。

下面的代码是图像均值漂移的实现过程。

Image_Processing_14_07.py

```
# coding:utf-8
import cv2
```

```
import numpy as np
import matplotlib.pyplot as plt

#读取原始图像灰度颜色
img=cv2.imread('scenery.png')

spatialRad=50 #空间窗口大小
colorRad=50 #色彩窗口大小
maxPyrLevel=2 #金字塔层数

#图像均值漂移分割
dst=cv2.pyrMeanShiftFiltering(img,spatialRad,colorRad,maxPyrLe
vel)

#显示图像
cv2.imshow('src',img)
cv2.imshow('dst',dst)

#等待显示
cv2.waitKey()
cv2.destroyAllWindows()
```

当漂移物理空间半径设置为 50，漂移色彩空间半径设置为 50，金字塔层数设置为 2 时，输出的效果图如图 14-11 所示。

图 14-11　均值漂移分割图像

当漂移物理空间半径设置为 20，漂移色彩空间半径设置为 20，金字塔层数设置为 2 时，输出的效果图如图 14-12 所示。对比可以发现，半径为 20 时，图像色彩细节大部分存在，半径为 50 时，森林和水面的色彩细节基本都已经丢失。

图 14-12　均值漂移分割清晰图像

写到这里，均值偏移算法对彩色图像的分割平滑操作就完成了，为了达到更好的分割目的，借助漫水填充函数进行下一步处理，在 14.8 节将详细介绍，这里只是引入该函数。完整代码如下所示。

Image_Processing_14_08.py

```
# coding:utf-8
import cv2
import numpy as np
import matplotlib.pyplot as plt

#读取原始图像灰度颜色
img=cv2.imread('scenery.png')

#获取图像行和列
rows,cols=img.shape[:2]

#mask 必须行和列都加 2 且必须为 uint8 单通道阵列
mask=np.zeros([rows+2,cols+2],np.uint8)

spatialRad=50 #空间窗口大小
```

```
    colorRad=50 #色彩窗口大小
    maxPyrLevel=2 #金字塔层数

    #图像均值漂移分割
    dst=cv2.pyrMeanShiftFiltering(img,spatialRad,colorRad,maxPyrLe
vel)

    #图像漫水填充处理
    cv2.floodFill(dst,mask,(30,30),(0,255,255),
                         (100,100,100),(50,50,50),
                         cv2.FLOODFILL_FIXED_RANGE)

    #显示图像
    cv2.imshow('src',img)
    cv2.imshow('dst',dst)

    #等待显示
    cv2.waitKey()
    cv2.destroyAllWindows()
```

输出的效果图如图 14-13 所示，它将天空染成黄色。

图 14-13　均值漂移结合漫水填充分割图像

14.7　基于分水岭算法的图像分割

图像分水岭算法（watershed algorithm）是将图像的边缘轮廓转换为“山脉”，将均匀区域转换为“山谷”，从而提升分割效果的算法[3]。分水岭算法是基于拓扑理论的数学形态学的分割方法，灰度图像根据灰度值把像素之间的关系看成山峰和山谷的关系，高亮度（灰度值高）的地方是山峰，低亮度（灰度值低）的地方是山谷。然后给每个孤立的山谷（局部最小值）不同颜色的水（Label），当水涨起来时，根据周围的山峰（梯度），不同的山谷也就是不同颜色的像素点开始合并，为了避免这个现象，可以在水要合并的地方建立障碍，直到所有山峰都被淹没。所创建的障碍就是分割结果，这个就是分水岭的原理。

分水岭算法的计算过程是一个迭代标注过程，主要包括排序和淹没两个步骤。由于图像会存在噪声或缺失等问题，该方法会造成分割过度。OpenCV 提供了 watershed（）函数实现图像分水岭算法，并且能够指定需要合并的点，其函数原型如下所示。

```
markers=watershed(image,markers)
```

（1）image 表示输入图像，需为 8 位三通道的彩色图像。

（2）markers 表示用于存储函数调用之后的运算结果，输入/输出 32 位单通道图像的标记结构，输出结果需与输入图像的尺寸和类型一致。

下面是分水岭算法实现图像分割的过程。假设存在一幅彩色硬币图像，如图 14-14 所示，硬币相互之间挨着。

图 14-14　原始硬币图像

（1）通过图像灰度化和阈值化处理提取图像灰度轮廓，采用 OTSU 二值化处理获取硬币的轮廓。

Image_Processing_14_09.py

```
# coding:utf-8
import numpy as np
```

```
import cv2
from matplotlib import pyplot as plt

#读取原始图像
img=cv2.imread('test01.png')

#图像灰度化处理
gray=cv2.cvtColor(img,cv2.COLOR_BGR2GRAY)

#图像阈值化处理
ret,thresh=cv2.threshold(gray,0,255,
cv2.THRESH_BINARY_INV+cv2.THRESH_OTSU)

#显示图像
cv2.imshow('src',img)
cv2.imshow('res',thresh)

#等待显示
cv2.waitKey()
cv2.destroyAllWindows()
```

输出结果如图 14-15 所示。

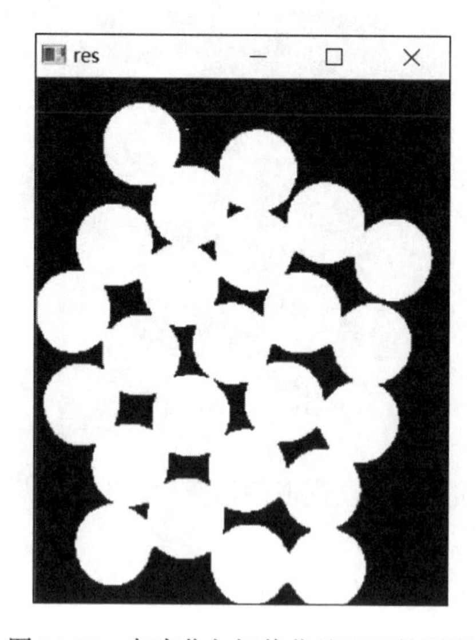

图 14-15　灰度化与阈值化处理后的图像

（2）通过形态学开运算过滤掉小的白色噪声。由于图像中的硬币是紧挨着的，所以不能采用图像腐蚀去掉边缘的像素，而是选择距离转换，配合一个适当的阈值进行物体提取。这里引入一个图像膨胀操作，将目标边缘扩展到背景，以确定结果的背景区域。

Image_Processing_14_10.py

```
# coding:utf-8
import numpy as np
import cv2
from matplotlib import pyplot as plt
#读取原始图像
img=cv2.imread('001.jpg')

#图像灰度化处理
gray=cv2.cvtColor(img,cv2.COLOR_BGR2GRAY)

#图像阈值化处理
ret,thresh=cv2.threshold(gray,0,255,
cv2.THRESH_BINARY_INV + cv2.THRESH_OTSU)

#图像开运算消除噪声
kernel=np.ones((3,3),np.uint8)
opening=cv2.morphologyEx(thresh,cv2.MORPH_OPEN,kernel,iteratio
ns=2)

#图像膨胀操作确定背景区域
sure_bg=cv2.dilate(opening,kernel,iterations=3)

#距离运算确定前景区域
dist_transform=cv2.distanceTransform(opening,cv2.DIST_L2,5)
ret,sure_fg=cv2.threshold(dist_transform,0.7*dist_transform.ma
x(),255,0)

#寻找未知区域
sure_fg=np.uint8(sure_fg)
unknown=cv2.subtract(sure_bg,sure_fg)

#用来正常显示中文标签
plt.rcParams['font.sans-serif']=['SimHei']
```

```
#显示图像
titles=[u'(a)原始图像',u'(b)阈值化',u'(c)开运算',
        u'(d)背景区域',u'(e)前景区域',u'(f)未知区域']
images=[img,thresh,opening,sure_bg,sure_fg,unknown]
for i in xrange(6):
    plt.subplot(2,3,i+1),plt.imshow(images[i],'gray')
    plt.title(titles[i])
    plt.xticks([]),plt.yticks([])
plt.show()
```

输出结果如图 14-16 所示，包括原始图像、阈值化、开运算、背景区域、前景区域、未知区域等。由图可知，在使用阈值过滤的图像中，确认了图像的硬币区域，而在有些情况下，可能对前景分割更感兴趣，而不关心目标是否需要分开或挨着，那时可以采用腐蚀操作来求解前景区域。

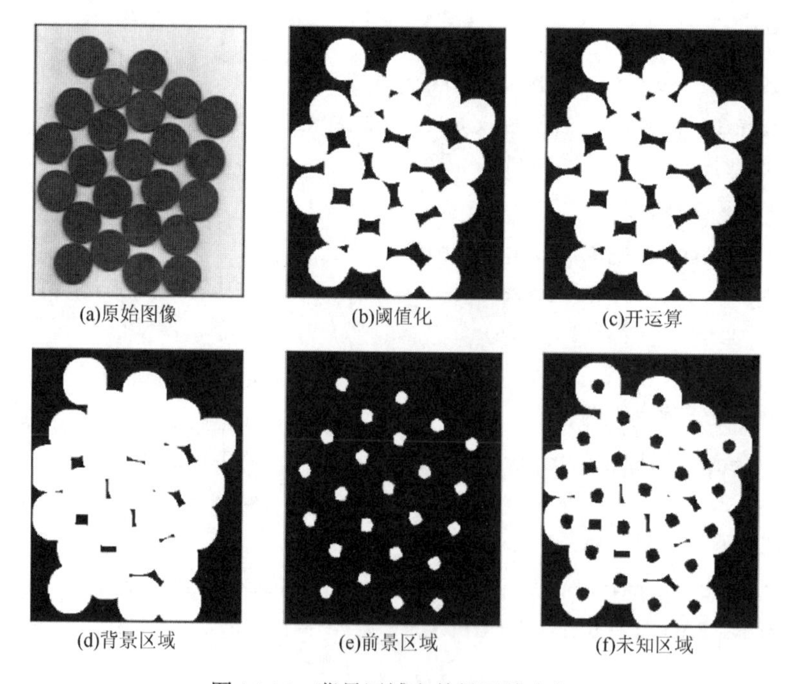

图 14-16　背景区域和前景区域确定

（3）当前处理结果中，已经能够区分出前景硬币区域和背景区域。然后创建标记变量，在该变量中标记区域，已确认的区域（前景或背景）用不同的正整数标记出来，不确认的区域保持 0，使用 cv2.connectedComponents（）函数将图像背景标记成 0，其他目标用从 1 开始的整数标记。注意，如果背景标记成 0，分水岭算法会认为它是未知区域，所以要用不同的整数来标记。

（4）调用 watershed（）函数实现分水岭图像分割，标记图像会被修改，边界区域会被标记成 0，完整代码如下所示。

Image_Processing_14_11.py

```
# coding:utf-8
import numpy as np
import cv2
from matplotlib import pyplot as plt

#读取原始图像
img=cv2.imread('001.jpg')

#图像灰度化处理
gray=cv2.cvtColor(img,cv2.COLOR_BGR2GRAY)

#图像阈值化处理
ret,thresh=cv2.threshold(gray,0,255,
cv2.THRESH_BINARY_INV + cv2.THRESH_OTSU)

#图像开运算消除噪声
kernel=np.ones((3,3),np.uint8)
opening=cv2.morphologyEx(thresh,cv2.MORPH_OPEN,kernel,iteratio
ns=2)

#图像膨胀操作确定背景区域
sure_bg=cv2.dilate(opening,kernel,iterations=3)

#距离运算确定前景区域
dist_transform=cv2.distanceTransform(opening,cv2.DIST_L2,5)
ret,sure_fg=cv2.threshold(dist_transform,0.7*dist_transform.ma
x(),255,0)

#寻找未知区域
sure_fg=np.uint8(sure_fg)
unknown=cv2.subtract(sure_bg,sure_fg)

#标记变量
ret,markers=cv2.connectedComponents(sure_fg)
```

```
#所有标签加一，以确保背景不是 0 而是 1
markers=markers+1

#用 0 标记未知区域
markers[unknown==255]=0

#分水岭算法实现图像分割
markers=cv2.watershed(img,markers)
img[markers==-1]=[255,0,0]

#用来正常显示中文标签
plt.rcParams['font.sans-serif']=['SimHei']

#显示图像
titles=[u'(a)标记区域',u'(b)图像分割']
images=[markers,img]
for i in xrange(2):
    plt.subplot(1,2,i+1),plt.imshow(images[i],'gray')
    plt.title(titles[i])
    plt.xticks([]),plt.yticks([])
plt.show()
```

最终分水岭算法的图像分割如图 14-17 所示，它将硬币的轮廓成功提取。

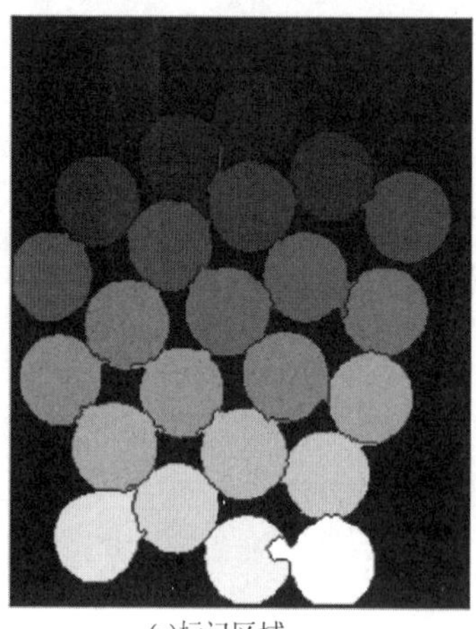

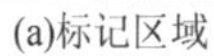
(a)标记区域

(b)图像分割

图 14-17　分水岭算法提取图像硬币轮廓

图 14-18 是采用分水岭算法提取图像 Windows 中心轮廓的效果图。

分水岭算法对微弱边缘具有良好的响应，图像中的噪声、物体表面细微的灰度变化，都会产生过度分割的现象。但同时应当看出，分水岭算法对微弱边缘具有良好的响应，是得到封闭连续边缘的保证。另外，分水岭算法所得到的封闭的集水盆，为分析图像的区域特征提供了可能。

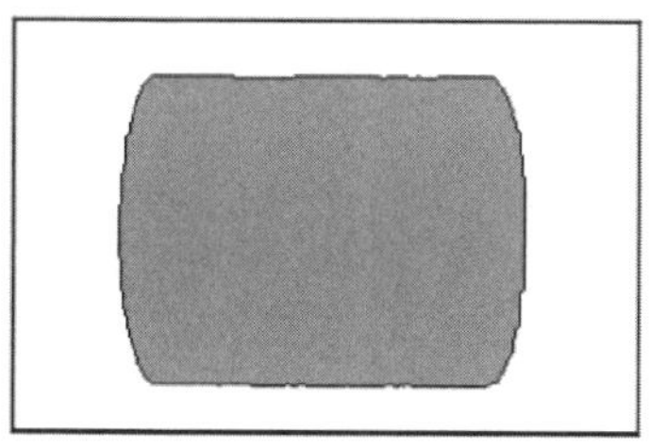

(a)标记区域　　(b)图像分割

图 14-18　分水岭算法提取图像 Windows 轮廓

14.8　图像漫水填充分割

图像漫水填充（floodfill）是指用一种特定的颜色填充连通区域，通过设置可连通像素的上下限以及连通方式来达到不同的填充效果。漫水填充通常用来标记或分离图像的一部分以便对其进行深入处理或分析。本书将该知识点划分为图像分割的一种特殊案例[3]。

图像漫水填充主要是遴选出与种子点连通且颜色相近的像素点，然后对像素点的值进行处理。如果遇到掩码，则根据掩码进行处理。其原理类似 Photoshop 的魔术棒选择工具，漫水填充将查找和种子点连通的颜色相同的点，而魔术棒选择工具是查找和种子点连通的颜色相近的点，将和初始种子像素颜色相近的点压进栈作为新种子。基本工作步骤如下。

（1）选定种子点（x，y）。

（2）检查种子点的颜色，如果该点颜色与周围连接点的颜色不相同，则将周围点颜色设置为该点颜色；如果相同则不做处理。但是周围点不一定都会变成和种子点的颜色相同，如果周围连接点在给定的范围（从 loDiff 到 upDiff）或在种子点的像素范围内，才会改变颜色。

（3）检测其他连接点，进行步骤（2）的处理，直到没有连接点，即到达检测区域边界停止。

在 OpenCV 中，主要通过 floodFill（）函数实现漫水填充分割，它将用指定的颜色从种子点开始填充一个连接域。其函数原型如下所示。

```
floodFill(image,mask,seedPoint,newVal[,loDiff[,upDiff[,flags]]])
```

（1）image 表示输入/输出 1 通道或 3 通道，6 位或浮点图像。

（2）mask 表示操作掩码，必须为 8 位单通道图像，其长宽都比输入图像大两个像素点。注意，漫水填充不会填充掩模 mask 的非零像素区域，mask 中与输入图像（x，y）像素点相对应的点的坐标为（x + 1，y + 1）。

（3）seedPoint 为 Point 类型，表示漫水填充算法的起始点。

（4）newVal 表示像素点被染色的值，即在重绘区域像素的新值。

（5）loDiff 表示当前观察像素值与其部件邻域像素值或待加入该部件的种子像素之间的亮度或颜色之负差的最大值，默认值为 Scalar（）。

（6）upDiff 表示当前观察像素值与其部件邻域像素值或待加入该部件的种子像素之间的亮度或颜色之正差的最大值，默认值为 Scalar（）。

（7）flags 表示操作标识符，此参数包括三个部分：低八位 0～7bit 表示邻接性（4 邻接或 8 邻接）；中间八位 8～15bit 表示掩码的填充颜色，如果中间八位为 0 则掩码用 1 来填充；高八位 16～31bit 表示填充模式，可以为 0 或者以下两种标志符的组合，FLOODFILL_FIXED_RANGE 表示此标志会考虑当前像素与种子像素之间的差，否则就考虑当前像素与相邻像素的差。FLOODFILL_MASK_ONLY 表示函数不会填充改变原始图像，而是填充掩码图像 mask，mask 指定的位置为零时才填充，不为零不填充。

在 Python 和 OpenCV 实现代码中，设置种子点位置为（10，200）；设置颜色为黄色（0，255，255）；连通区范围设定为 loDiff 和 upDiff；标记参数设置为 CV_FLOODFILL_FIXED_RANGE，它表示待处理的像素点与种子点作比较，在范围之内，则填充此像素，即种子漫水填充满足：

src（seed.x，seed.y）–loDiff<=src（x，y）<=src（seed.x，seed.y）+upDiff

最终完整代码如下。

Image_Processing_14_12.py

```
#coding:utf-8
import cv2
import numpy as np

#读取原始图像
img=cv2.imread('test.png')

#获取图像行和列
rows,cols=img.shape[:2]

#目标图像
dst=img.copy()

#mask 必须行和列都加 2 且必须为 uint8 单通道阵列
#mask 多出来的 2 可以保证扫描的边界上的像素都会被处理
mask=np.zeros([rows+2,cols+2],np.uint8)

#图像漫水填充处理
```

```
    #种子点位置(30,30)设置颜色(0,255,255)连通区范围设定 loDiff upDiff
    #src(seed.x,seed.y)-loDiff<=src(x,y)<=src(seed.x,seed.y)
+upDiff
    cv2.floodFill(dst,mask,(30,30),(0,255,255),
                    (100,100,100),(50,50,50),
                    cv2.FLOODFILL_FIXED_RANGE)

    #显示图像
    cv2.imshow('src',img)
    cv2.imshow('dst',dst)

    #等待显示
    cv2.waitKey()
    cv2.destroyAllWindows()
```

输出结果如图 14-19 所示，图 14-19（a）为原始图像，图 14-19（b）为将 Windows 图标周围填充为黄色的图像。

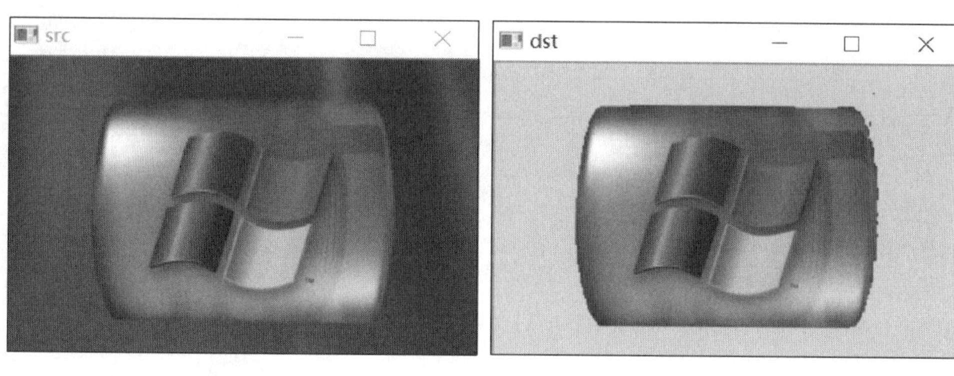

(a)原始图像　　(b)填充后图像

图 14-19　图像漫水填充分割

下面补充另一段代码，它将打开一幅图像，单击选择种子节点，移动滚动条设定连通区范围的 loDiff 和 upDiff 值，并产生动态的漫水填充分割。注意，该部分代码中涉及鼠标、键盘、滚动条等操作，希望读者学习相关知识，本书更多的是介绍 Python 图像处理的算法原理及代码实现。

Image_Processing_14_13.py

```
# coding:utf-8
import cv2
import random
```

```
import sys
import numpy as np

#使用说明 单击选择种子节点
help_message='''USAGE:floodfill.py [<image>]
Click on the image to set seed point
Keys:
  f-toggle floating range
  c-toggle 4/8 connectivity
  ESC-exit
'''

if __name__=='__main__':

    #输出提示文本
    print help_message

    #读取原始图像
    img=cv2.imread('scenery.png')

    #获取图像高和宽
    h,w=img.shape[:2]

    #设置掩码 长和宽都比输入图像多两个像素点
    mask=np.zeros((h+2,w+2),np.uint8)

    #设置种子节点和 4 邻接
    seed_pt=None
    fixed_range=True
    connectivity=4

    #图像漫水填充分割更新函数
    def update(dummy=None):
        if seed_pt is None:
            cv2.imshow('floodfill',img)
            return
```

```
            #建立图像副本并漫水填充
            flooded=img.copy()
            mask[:]=0 #掩码初始为全 0
            lo=cv2.getTrackbarPos('lo','floodfill')#像素邻域负差最
大值
            hi=cv2.getTrackbarPos('hi','floodfill')#像素邻域正差最
大值
            print 'lo=',lo,'hi=',hi

            #低位比特包含连通值 4(缺省)或 8
            flags=connectivity
            #考虑当前像素与种子像素之间的差(高比特也可以为 0)
            if fixed_range:
                  flags |=cv2.FLOODFILL_FIXED_RANGE

            #以白色进行漫水填充
            cv2.floodFill(flooded,mask,seed_pt,
                             (random.randint(0,255),random.rand
int(0,255),
                              random.randint(0,255)),(lo,)*3,(h
i,)*3,flags)

            #选定基准点用红色圆点标出
            cv2.circle(flooded,seed_pt,2,(0,0,255),-1)
            print "send_pt=",seed_pt

            #显示图像
            cv2.imshow('floodfill',flooded)

        #鼠标响应函数
        def onmouse(event,x,y,flags,param):
             global seed_pt #基准点

             #鼠标左键响应选择漫水填充基准点
             if flags & cv2.EVENT_FLAG_LBUTTON:
                    seed_pt=x,y
                    update()
```

```
        #执行图像漫水填充分割更新操作
        update()

        #鼠标更新操作
        cv2.setMouseCallback('floodfill',onmouse)

        #设置进度条
        cv2.createTrackbar('lo','floodfill',20,255,update)
        cv2.createTrackbar('hi','floodfill',20,255,update)
        #按键响应操作
        while True:
            ch=0xFF & cv2.waitKey()
            #退出
            if ch==27:
                    break
            #选定时 flags 的高位比特位 0
            #邻域的选定为当前像素与相邻像素的差,连通区域会很大
            if ch==ord('f'):
                  fixed_range=not fixed_range
                  print 'using%s range'%('floating','fixed')[fix
ed_ range]
                  update()
            #选择 4 方向或者 8 方向种子扩散
            if ch==ord('c'):
                  connectivity=12-connectivity
                  print 'connectivity=',connectivity
                  update()
        cv2.destroyAllWindows()
```

当鼠标选定的种子点为（242，96），观察点像素邻域负差最大值 lo 为 138，观察点像素邻域正差最大值 hi 为 147 时，图像漫水填充效果如图 14-20 所示，它将天空和中心水面填充成黄色。

当鼠标选定的种子点为（328，202），观察点像素邻域负差最大值 lo 为 142，观察点像素邻域正差最大值 hi 为 45 时，图像漫水填充效果如图 14-21 所示，它将图像两旁的森林和水面填充成蓝紫色。

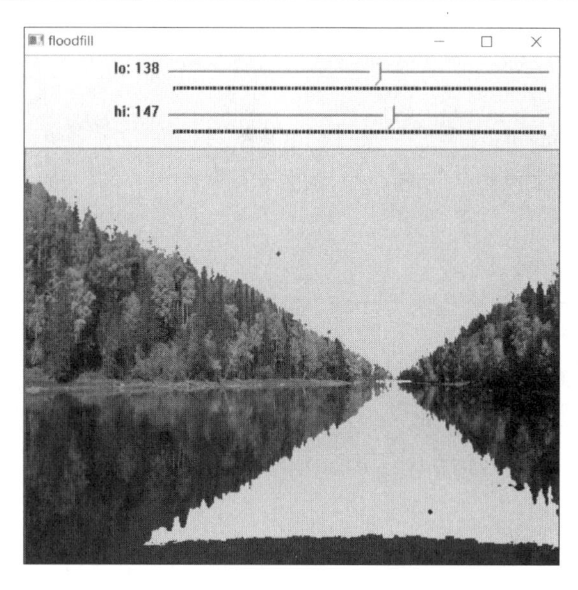

图 14-20　图像天空和中心水面的漫水填充分割效果

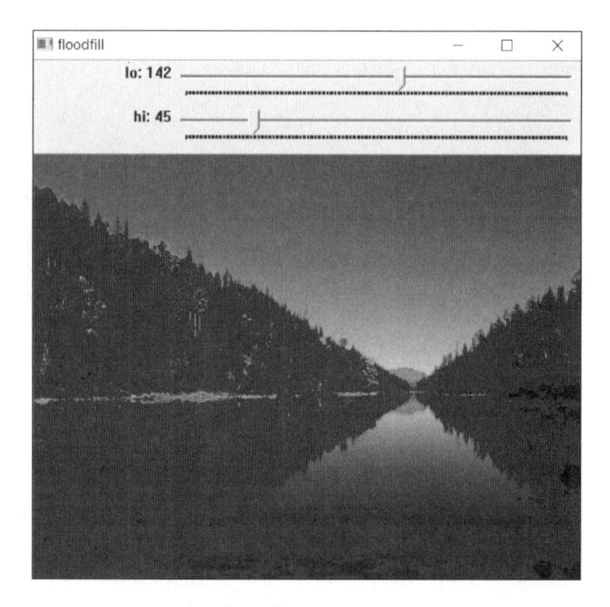

图 14-21　图像两旁森林和水面的漫水填充分割效果

14.9　文字区域定位及提取案例

本节介绍定位文字区域并进行文字提取的案例。该算法依次经历如下步骤。

（1）读取文字原始图像，并利用中值滤波算法消除图像噪声，同时保留图像边缘细节。

（2）通过图像灰度转换将中值滤波处理后的彩色图像转换为灰度图像。

（3）采用 Sobel 算子锐化突出文字图像的边缘细节，改善图像的对比度，提取文字轮廓。

（4）经过二值化处理提取图像中的文字区域，将图像的背景和文字区域分离。

（5）将阈值化处理后的图像进行膨胀处理和腐蚀处理，突出图像轮廓的同时过滤掉图像的细节。

（6）采用 findContours（）函数寻找文字轮廓，定位并提取目标文字，然后调用 drawContours（）函数绘制相关轮廓，输出最终图像。

完整代码如下所示。

Image_Processing_14_14.py

```
# coding:utf8
import cv2
import numpy as np
import matplotlib.pyplot as plt
#读取原始图像
img=cv2.imread("word.png")

#中值滤波去除噪声
median=cv2.medianBlur(img,3)

#转换成灰度图像
gray=cv2.cvtColor(img,cv2.COLOR_BGR2GRAY)

#Sobel 算子锐化处理
sobel=cv2.Sobel(gray,cv2.CV_8U,1,0,ksize=3)

#图像二值化处理
ret,binary=cv2.threshold(sobel,0,255,
                        cv2.THRESH_OTSU+cv2.THRESH_BINA
RY)

#膨胀和腐蚀处理
#设置膨胀和腐蚀操作的核函数
element1=cv2.getStructuringElement(cv2.MORPH_RECT,(30,9))
element2=cv2.getStructuringElement(cv2.MORPH_RECT,(24,6))

#膨胀突出轮廓
dilation=cv2.dilate(binary,element2,iterations=1)

#腐蚀去掉细节
erosion=cv2.erode(dilation,element1,iterations=1)
```

```
#查找文字轮廓
region=[]
img2,contours,hierarchy=cv2.findContours(erosion,
                                                        cv2.RETR_TREE,
cv2.CHAIN_APPROX_SIMPLE)

#筛选面积
for i in range(len(contours)):
      #遍历所有轮廓
      cnt=contours[i]
      #计算轮廓面积
      area=cv2.contourArea(cnt)

      #寻找最小矩形
      rect=cv2.minAreaRect(cnt)

      #轮廓的四个点坐标
      box=cv2.boxPoints(rect)
      box=np.int0(box)

      #计算高和宽
      height=abs(box[0][1]-box[2][1])
      width=abs(box[0][0]-box[2][0])

      #过滤太细矩形
      if(height>width * 1.5):
            continue

      region.append(box)

#定位的文字用绿线绘制轮廓
for box in region:
     print box
     cv2.drawContours(img,[box],0,(0,255,0),2)

#显示图像
```

```
cv2.imshow('Median Blur',median)
cv2.imshow('Gray Image',gray)
cv2.imshow('Sobel Image',sobel)
cv2.imshow('Binary Image',binary)
cv2.imshow('Dilation Image',dilation)
cv2.imshow('Erosion Image',erosion)
cv2.imshow('Result Image',img)

#等待显示
cv2.waitKey(0)
cv2.destroyAllWindows()
```

（1）将原始图像进行中值滤波去噪处理，得到如图 14-22 所示的图像。

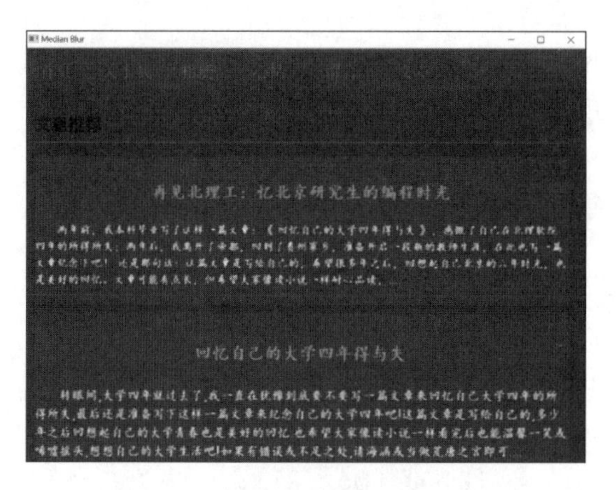

图 14-22　图像中值滤波去噪处理

（2）将彩色图像转换成灰度图像，如图 14-23 所示。

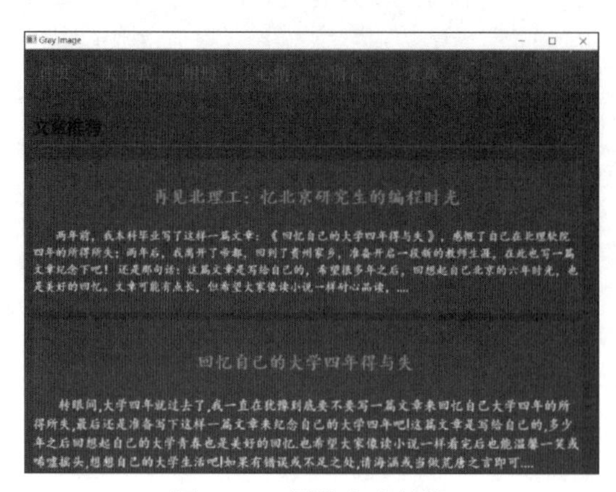

图 14-23　图像灰度转换

（3）通过 Sobel 算子提取文字的基本轮廓线条，如图 14-24 所示。

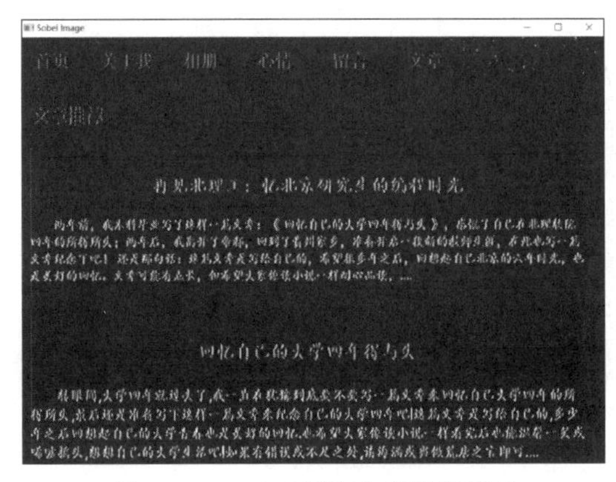

图 14-24　Sobel 提取文字轮廓线条

（4）二值化处理将图像转换为黑色和白色两种像素级，如图 14-25 所示。

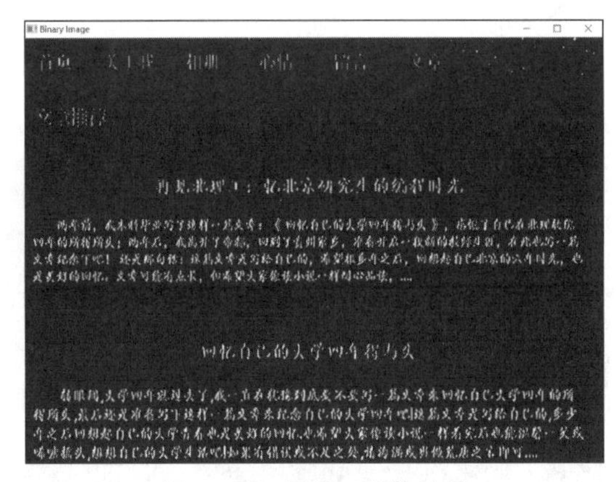

图 14-25　图像二值化处理

（5）通过膨胀处理扩大文字轮廓，腐蚀处理过滤图像的细节，处理效果分别如图 14-26 和图 14-27 所示。

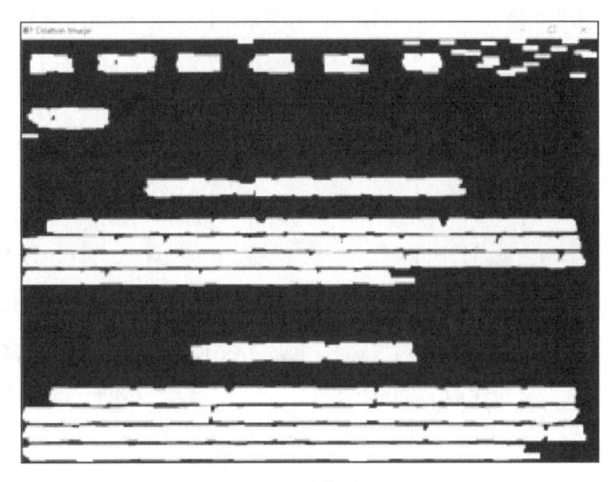

图 14-26　图像膨胀处理

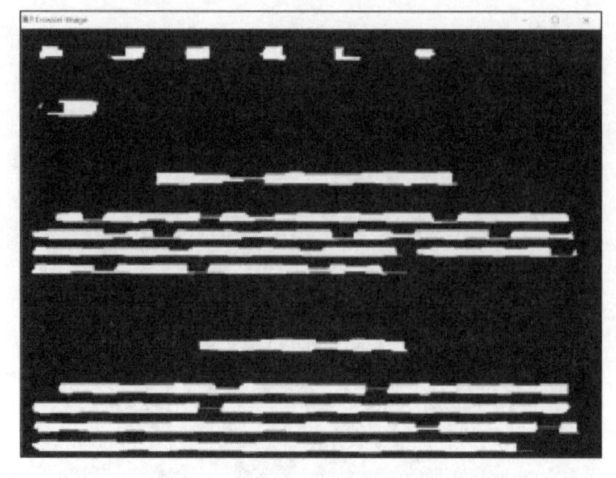

图 14-27　图像腐蚀处理

（6）调用 findContours（）函数寻找轮廓，并过滤掉面积异常区域，采用函数 drawContours（）绘制文字轮廓，最终输出如图 14-28 所示的图像，它有效地将原图中所有文字区域定位并提取出来。

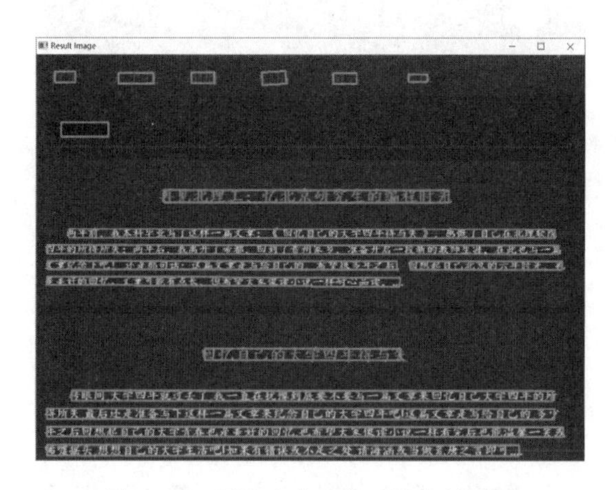

图 14-28　图像文字定位及提取效果图

该方法是图像分割和图像识别前的重要环节，可以广泛应用于文字识别、车牌提取、区域定位等领域。

14.10　本 章 小 结

本章主要介绍了常用的图像分割方法，包括基于阈值的图像分割方法、基于边缘检测的图像分割方法、基于纹理背景的图像分割方法和基于特定理论的图像分割方法。其中，基于特定理论的分割方法又分别介绍了基于 K-Means 聚类、均值漂移、分水岭算法的图像分割方法。另外，通过漫水填充分割和文字区域定位案例加深了读者的印象。希望读者能结合本章知识点，围绕自己的研究领域或工程项目进行深入的学习，实现所需的图像处理特效。

参 考 文 献

[1] 冈萨雷斯. 数字图像处理[M]. 3 版. 北京：电子工业出版社，2013.

[2] 阮秋琦. 数字图像处理学[M]. 3 版. 北京：电子工业出版社，2008.

[3] 毛星云，冷雪飞. OpenCV3 编程入门[M]. 北京：电子工业出版社，2015.

[4] 张铮，王艳平，薛桂香，等. 数字图像处理与机器视觉——Visual C++与 Matlab 实现[M]. 北京：人民邮电出版社，2014.

[5] 杨秀璋，颜娜. Python 网络数据爬取及分析从入门到精通（分析篇）[M]. 北京：北京航天航空大学出版社，2018.

[6] FUKUNAGA K，HOSTETLER L D. The estimation of the gradient of a density function，with applications in pattern recognition[J]. IEEE Transactions on Information Theory，1975，21：32-40.

[7] LAGANIERE R. OpenCV2 计算机视觉编程手册[M]. 北京：科学出版社，2013.

第 15 章　Python 傅里叶变换与霍夫变换

在数字图像处理中，有两个经典的变换被广泛应用——傅里叶变换和霍夫变换。其中，傅里叶变换主要是将时间域上的信号转变为频率域上的信号，用来进行图像除噪、图像增强等处理；霍夫变换主要用来辨别找出物件的特征，进行特征检测、图像分析、数位影像等处理。

15.1　图像傅里叶变换概述

傅里叶变换（Fourier transform， FT）常用于数字信号处理，它的目的是将时间域上的信号转变为频率域上的信号。随着域的不同，对同一个事物的了解角度也随之改变，因此在时域中某些不好处理的地方，在频域就可以较为简单地处理。同时，可以从频域中发现一些原先不易察觉的特征。傅里叶定理指出任何连续周期信号都可以表示成（或者无限逼近）一系列正弦信号的叠加[1-3]。

傅里叶公式为

$$F(w) = F[f(t)] = \int_{-\infty}^{\infty} f(t)\mathrm{e}^{-\mathrm{i}wt}\mathrm{d}t \tag{15-1}$$

式中，w 为频率，t 为时间，$\mathrm{e}^{-\mathrm{i}wt}$ 为复变函数。它将时间域的函数表示为频率域的函数 $f(t)$ 的积分[4]。

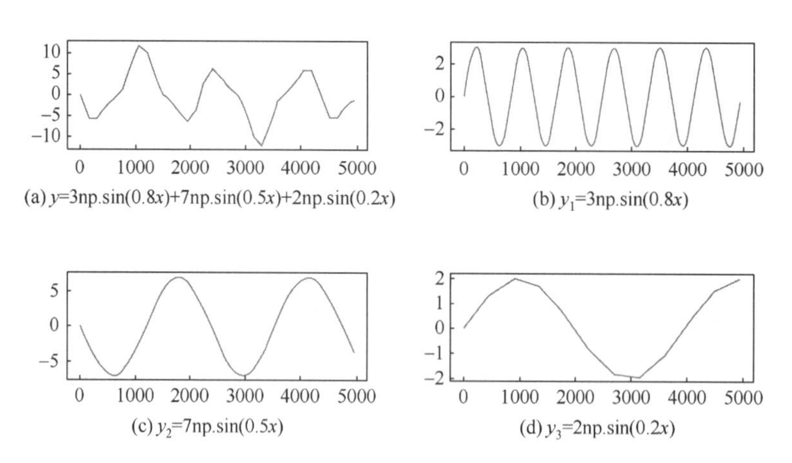

(a) y=3np.sin(0.8x)+7np.sin(0.5x)+2np.sin(0.2x)　(b) y_1=3np.sin(0.8x)

(c) y_2=7np.sin(0.5x)　(d) y_3=2np.sin(0.2x)

图 15-1　傅里叶变换示例

傅里叶变换认为一个周期函数（信号）包含多个频率分量，任意函数（信号）$f(t)$可通过多个周期函数（或基函数）相加合成。从物理角度理解，傅里叶变换是以一组特殊的函数（三角函数）为正交基，对原函数进行线性变换，物理意义便是原函数在各组基函数的投影。如图 15-1 所示，它是由三条正弦曲线组合成的。其函数为

$$y = 3\sin(0.8x) + 7\sin\left(\frac{1}{3}x + 2\right) + 2\sin(0.2x + 3) \tag{15-2}$$

傅里叶变换可以应用于图像处理中，经过对图像进行变换得到其频谱图。从谱频图中频率高低来表征图像中灰度变化的剧烈程度。图像中的边缘信号和噪声信号往往是高频信号，而图像变化频繁的图像轮廓及背景等信号往往是低频信号。这时可以有针对性地对图像进行相关操作，如图像除噪、图像增强和锐化等。

二维图像的傅里叶变换可以用式（15-3）表达，其中 f 是空间域（spatial domain）值，F 是频域（frequency domain）值。

$$F(k,l) = \sum_{i=0}^{N-1}\sum_{j=0}^{N-1} f(i,j)\mathrm{e}^{-\mathrm{i}2\pi\left(\frac{ki}{N}+\frac{li}{N}\right)} \tag{15-3}$$
$$\mathrm{e}^{\mathrm{i}x} = \cos x + \mathrm{i}\sin x$$

15.2　图像傅里叶变换操作

对傅里叶变换有了大致的了解之后，通过 Numpy 和 OpenCV 分别介绍图像傅里叶变换的算法及操作代码。

15.2.1　Numpy 实现傅里叶变换

Numpy 中的 FFT 包提供了函数 np.fft.fft2（）可以对信号进行快速傅里叶变换，其函数原型如下所示，输出结果是一个复数数组（complex ndarry）。

```
fft2(a,s=None,axes=(-2,-1),norm=None)
```

（1）a 表示输入图像，阵列状的复杂数组。

（2）s 表示整数序列，可以决定输出数组的大小。输出可选形状（每个转换轴的长度），其中 s[0]表示轴 0，s[1]表示轴 1。对应 fit（x，n）函数中的 n，沿着每个轴，如果给定的形状小于输入形状，则将剪切输入。如果大于输入形状则输入将用零填充。如果未给定's'，则使用沿'axles'指定的轴的输入形状。

（3）axes 表示整数序列，用于计算 FFT 的可选轴。如果未给出，则使用最后两个轴。axes 中的重复索引表示对该轴执行多次转换，一个元素序列意味着执行一维 FFT。

（4）norm 包括 None 和 ortho 两个选项，规范化模式（请参见 numpy.fft）。默认值为无。

Numpy 中的 fft 模块有很多函数，相关函数如下。

```
#计算一维傅里叶变换
numpy.fft.fft(a,n=None,axis=-1,norm=None)
```

```
#计算二维傅里叶变换
numpy.fft.fft2(a,n=None,axis=-1,norm=None)
#计算 n 维傅里叶变换
numpy.fft.fftn()
#计算 n 维实数的傅里叶变换
numpy.fft.rfftn()
#返回傅里叶变换的采样频率
numpy.fft.fftfreq()
#将 FFT 输出中的直流分量移动到频谱中央
numpy.fft.shift()
```

下面的代码是通过 Numpy 库实现傅里叶变换，首先调用 np.fft.fft2（）函数进行快速傅里叶变换得到频率分布，然后调用 np.fft.fftshift（）函数将中心位置转移至中间，最后通过 Matplotlib 显示效果图。

Image_Processing_15_01.py

```
# -*- coding: utf-8 -*-
import cv2 as cv
import numpy as np
from matplotlib import pyplot as plt
import matplotlib

#读取图像
img=cv.imread('test.png',0)

#快速傅里叶变换算法得到频率分布
f=np.fft.fft2(img)

#默认结果中心点位置是在左上角,
#调用 fftshift()函数转移到中间位置
fshift=np.fft.fftshift(f)

#fft 结果是复数，其绝对值结果是振幅
fimg=np.log(np.abs(fshift))

#设置字体
matplotlib.rcParams['font.sans-serif']=['SimHei']
```

```
#展示结果
plt.subplot(121), plt.imshow(img, 'gray'), plt.title(u'(a)原始图
像')
plt.axis('off')
plt.subplot(122), plt.imshow(fimg,'gray'), plt.title(u'(b)傅里叶
变换处理')
plt.axis('off')
plt.show()
```

输出结果如图 15-2 所示，图 15-2（a）为原始图像，图 15-2（b）为傅里叶变换处理的频率分布图谱，其中越靠近中心位置频率越低，越亮（灰度值越高）的位置代表该频率的信号振幅越大。

(a) 原始图像

(b) 傅里叶变换处理

图 15-2　傅里叶变换效果图

需要注意，傅里叶变换得到低频、高频信息，针对低频和高频处理能够实现不同的目的。同时，傅里叶过程是可逆的，图像经过傅里叶变换、傅里叶逆变换能够恢复原始图像。

如下代码呈现了原始图像在变化方面的一种表示：图像最明亮的像素放到中央，然后逐渐变暗，在边缘上的像素最暗。这样可以发现图像中亮、暗像素的百分比，即为频域中的振幅 AA 的强度。

Image_Processing_15_02.py

```
# -*- coding: utf-8 -*-
import cv2 as cv
import numpy as np
from matplotlib import pyplot as plt
import matplotlib
```

```
#读取图像
img = cv.imread('Na.png', 0)

#傅里叶变换
f = np.fft.fft2(img)

#转移像素做幅度普
fshift = np.fft.fftshift(f)

#取绝对值：将复数变化成实数取对数的目的为了将数据变化到 0-255
res = np.log(np.abs(fshift))

#设置字体
matplotlib.rcParams['font.sans-serif']=['SimHei']

#展示结果
plt.subplot(121), plt.imshow(img, 'gray'), plt.title(u'(a)原始图像'), plt.axis('off')
plt.subplot(122), plt.imshow(res, 'gray'), plt.title(u'(b)傅里叶变换处理'), plt.axis('off')
plt.show()
```

输出结果如图 15-3 所示，图 15-3（a）为原始图像，图 15-3（b）为频率分布图谱。

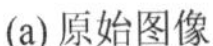

(a) 原始图像

(b) 傅里叶变换处理

图 15-3　傅里叶变换频谱图

15.2.2　Numpy 实现傅里叶逆变换

下面介绍 Numpy 实现傅里叶逆变换，它是傅里叶变换的逆操作，将频谱图像转换为原始图像的过程。通过傅里叶变换将转换为频谱图，并对高频（边界）和低频（细节）部分进行处理，接着需要通过傅里叶逆变换恢复为原始效果图。频域上对图像的处理会反映在逆变换图像上，从而更好地进行图像处理。

图像傅里叶变换主要使用的函数如下所示。

```
#实现图像傅里叶逆变换,返回一个复数数组
numpy.fft.ifft2(a,n=None,axis=-1,norm=None)
#fftshit()函数的逆函数,它将频谱图像的中心低频部分移动至左上角
numpy.fft.fftshift()
#将复数转换为 0~255
iimg=numpy.abs(傅里叶逆变换结果)
```

下面的代码分别实现了傅里叶变换和傅里叶逆变换。

Image_Processing_15_03.py

```
# -*- coding: utf-8 -*-
import cv2 as cv
import numpy as np
from matplotlib import pyplot as plt
import matplotlib

#读取图像
img = cv.imread('Lena.png', 0)

#傅里叶变换
f = np.fft.fft2(img)
fshift = np.fft.fftshift(f)
res = np.log(np.abs(fshift))

#傅里叶逆变换
ishift = np.fft.ifftshift(fshift)
iimg = np.fft.ifft2(ishift)
iimg = np.abs(iimg)
```

```
#设置字体
matplotlib.rcParams['font.sans-serif']=['SimHei']

#展示结果
plt.subplot(131), plt.imshow(img, 'gray'), plt.title(u'(a)原始图像')
plt.axis('off')
plt.subplot(132), plt.imshow(res, 'gray'), plt.title(u'(b)傅里叶变换处理')
plt.axis('off')
plt.subplot(133), plt.imshow(iimg, 'gray'), plt.title(u'(c)傅里叶逆变换处理')
plt.axis('off')
plt.show()
```

输出结果如图 15-4 所示，分别为原始图像、傅里叶变换处理、傅里叶逆变换处理图像。

(a) 原始图像

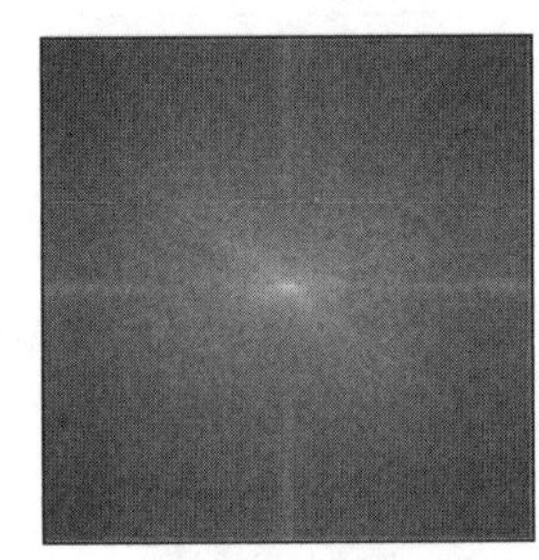

(b) 傅里叶变换处理

(c) 傅里叶逆变换处理

图 15-4　傅里叶逆变换对比图

15.2.3　OpenCV 实现傅里叶变换

OpenCV 中相应的函数是 cv2.dft ()，它和用 Numpy 输出的结果一样，但是是双通道的。第一个通道是结果的实数部分，第二个通道是结果的虚数部分，并且输入图像要首先转换成 np.float32 格式。其函数原型如下所示。

```
dst=cv2.dft(src,dst=None,flags=None,nonzeroRows=None)
```

（1）src 表示输入图像，需要通过 np.float32 转换格式。

（2）dst 表示输出图像，包括输出大小和尺寸。

（3）flags 表示转换标记，其中 DFT_INVERSE 执行反向一维或二维转换，而不是默认的正向转换；DFT_SCALE 表示缩放结果，由阵列元素的数量除以它；DFT_ROWS 执行正向或反向变换输入矩阵的每个单独的行，该标志可以同时转换多个矢量，并可用于减少开销以执行 3D 和更高维度的转换等；DFT_COMPLEX_OUTPUT 执行 1D 或 2D 实数组的正向转换，这是最快的选择，默认功能；DFT_REAL_OUTPUT 执行一维或二维复数阵列的逆变换，结果通常是相同大小的复数数组，但如果输入数组具有共轭复数对称性，则输出为真实数组。

（4）nonzeroRows 表示当参数不为零时，函数假定只有 nonzeroRows 输入数组的第一行（未设置）或者只有输出数组的第一个（设置）包含非零，因此函数可以处理其余的行更有效率，并节省一些时间；这种技术对计算阵列互相关或使用 DFT 卷积非常有用。

注意，由于输出的频谱结果是一个复数，需要调用 cv2.magnitude（）函数将傅里叶变换的双通道结果转换为 0～255。其函数原型如下。

```
cv2.magnitude(x,y)
```

（1）x 表示浮点型 X 坐标值，即实部。

（2）y 表示浮点型 Y 坐标值，即虚部。

最终输出结果为幅值，即 $\mathrm{dst}(I)=\sqrt{x(I)^2+y(I)^2}$ 。

下面的代码是调用 cv2.dft（）进行傅里叶变换的一个简单示例。

Image_Processing_15_04.py

```
#-*-coding: utf-8-*-
import numpy as np
import cv2
from matplotlib import pyplot as plt
import matplotlib

#读取图像
img = cv2.imread('Lena.png', 0)

#傅里叶变换
dft = cv2.dft(np.float32(img),flags=cv2.DFT_COMPLEX_OUTPUT)

#将频谱低频从左上角移动至中心位置
dft_shift=np.fft.fftshift(dft)

#频谱图像双通道复数转换为 0-255 区间
result=20*np.log(cv2.magnitude(dft_shift[:,:,0],
dft_shift[:,:,1]))
```

```
#设置字体
matplotlib.rcParams['font.sans-serif']=['SimHei']

#显示图像
plt.subplot(121), plt.imshow(img, cmap = 'gray')
plt.title(u'(a)原始图像'), plt.xticks([]), plt.yticks([])
plt.subplot(122), plt.imshow(result, cmap = 'gray')
plt.title(u'(b)傅里叶变换处理'), plt.xticks([]), plt.yticks([])
plt.show()
```

输出结果如图 15-5 所示，图 15-5（a）为原始 Lena 图，图 15-5（b）为转换后的频谱图像，并且保证低频位于中心位置。

15.2.4　OpenCV 实现傅里叶逆变换

在 OpenCV 中，通过函数 cv2.idft（）实现傅里叶逆变换，其返回结果取决于原始图像的类型和大小，原始图像可以为实数或复数。其函数原型如下所示。

(a) 原始图像

(b) 傅里叶变换处理

图 15-5　OpenCV 傅里叶变换对比图

```
dst=cv2.idft(src[,dst[,flags[,nonzeroRows]]])
```

（1）src 表示输入图像，包括实数或复数。

（2）dst 表示输出图像。

（3）flags 表示转换标记。

（4）nonzeroRows 表示要处理的 dst 行数，其余行的内容未定义（请参阅 dft 描述中的卷积示例）。

注意，由于输出的频谱结果是一个复数，需要调用 cv2.magnitude（）函数将傅里叶变换的双通道结果转换为 0～255。其函数原型如下。

```
cv2.magnitude(x,y)
```

（1）x 表示浮点型 X 坐标值，即实部。

（2）y 表示浮点型 Y 坐标值，即虚部。

最终输出结果为幅值，即 $dst(I)=\sqrt{x(I)^2+y(I)^2}$

下面是调用 cv2.idft（）进行傅里叶逆变换的代码。

Image_Processing_15_05.py

```
#-*-coding:utf-8-*-
import numpy as np
import cv2
from matplotlib import pyplot as plt
import matplotlib

#读取图像
img=cv2.imread('Lena.png',0)

#傅里叶变换
dft=cv2.dft(np.float32(img),flags=cv2.DFT_COMPLEX_OUTPUT)
dftshift=np.fft.fftshift(dft)
res1= 20*np.log(cv2.magnitude(dftshift[:,:,0], dftshift[:,:,1]))

#傅里叶逆变换
ishift=np.fft.ifftshift(dftshift)
iimg=cv2.idft(ishift)
res2=cv2.magnitude(iimg[:,:,0], iimg[:,:,1])

#设置字体
matplotlib.rcParams['font.sans-serif']=['SimHei']

#显示图像
plt.subplot(131), plt.imshow(img, 'gray'), plt.title(u'(a)原始图像')
plt.axis('off')
plt.subplot(132), plt.imshow(res1, 'gray'), plt.title(u'(b)傅里叶变换处理')
```

```
    plt.axis('off')
    plt.subplot(133), plt.imshow(res2, 'gray'), plt.title(u'(b)傅里
叶变换逆处理')
    plt.axis('off')

    plt.show()
```

输出结果如图 15-6 所示，分别为原始 Lena 图、傅里叶变换处理、傅里叶逆变换处理图像。

(a) 原始图像

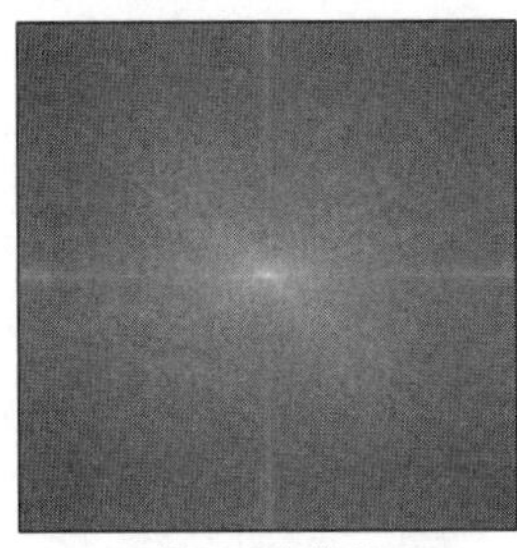

(b) 傅里叶变换处理

(c) 傅里叶逆变换处理

图 15-6　OpenCV 傅里叶逆变换对比图

15.3　基于傅里叶变换的高通滤波和低通滤波

傅里叶变换的目的并不是观察图像的频率分布（至少不是最终目的），更多情况下是对频率进行过滤，通过修改频率以实现图像增强、图像去噪、边缘检测、特征提取、压缩加密等。

过滤的方法一般有三种：低通（low-pass）、高通（high-pass）、带通（band-pass）。所谓低通就是保留图像中的低频成分，过滤高频成分，可以把过滤器想象成一张渔网，想要低通过滤器，要将高频区域的信号全部拉黑，而低频区域全部保留。例如，在一幅大草原的图像中，低频对应着广袤且颜色趋于一致的草原，表示图像变换缓慢的灰度分量；高频对应着草原图像中的老虎等边缘信息，表示图像变换较快的灰度分量，由灰度尖锐过度造成。

1. 高通滤波器

高通滤波器是指通过高频的滤波器，衰减低频而通过高频，常用于增强尖锐的细节，但图像的对比度会降低。该滤波器将检测图像的某个区域，根据像素与周围像素的差值来提升像素的亮度。图 15-7 展示了 Lena 图对应的频谱图像，其中心区域为低频部分。

通过高通滤波器覆盖掉中心低频部分，将 255 两点变换为 0，同时保留高频部分，其处理过程如图 15-8 所示。

(a) 原始图像

(b) 傅里叶图像

图 15-7　傅里叶变换

图 15-8　高通滤波器处理

其中心黑色模板生成的核心代码如下。

```
rows,cols=img.shape
crow,ccol=int(rows/2),int(cols/2)
fshift[crow-30:crow+30,ccol-30:ccol+30]=0
```

通过高通滤波器将提取图像的边缘轮廓，生成如图 15-9 所示的图像。

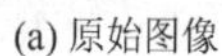
(a) 原始图像

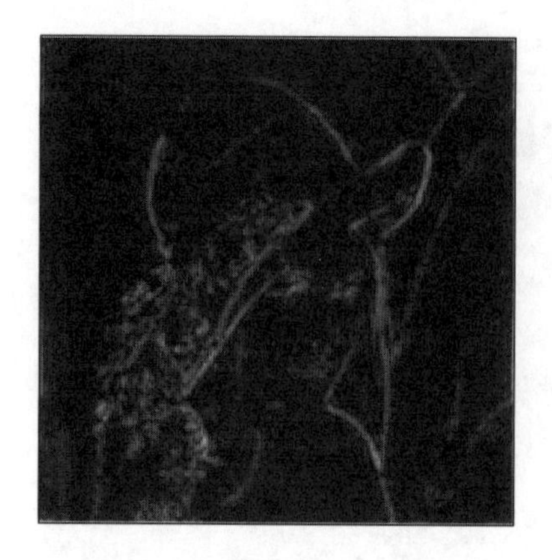
(b) 处理结果

图 15-9　高通滤波器提取边缘轮廓

完整代码如下所示。

Image_Processing_15_06.py

```
# -*- coding: utf-8 -*-
import cv2 as cv
import numpy as np
from matplotlib import pyplot as plt
import matplotlib

#读取图像
img = cv.imread('Lena.png', 0)

#傅里叶变换
f = np.fft.fft2(img)
fshift = np.fft.fftshift(f)

#设置高通滤波器
rows, cols = img.shape
crow,ccol = int(rows/2), int(cols/2)
fshift[crow-30:crow+30, ccol-30:ccol+30] = 0

#傅里叶逆变换
ishift = np.fft.ifftshift(fshift)
iimg = np.fft.ifft2(ishift)
iimg = np.abs(iimg)
```

```
#设置字体
matplotlib.rcParams['font.sans-serif']=['SimHei']

#显示原始图像和高通滤波处理图像
plt.subplot(121), plt.imshow(img, 'gray'), plt.title(u'(a)原始图
像')
plt.axis('off')
plt.subplot(122), plt.imshow(iimg, 'gray'), plt.title(u'(b)结果
图像')
plt.axis('off')
plt.show()
```

输出结果如图 15-10 所示，图 15-10（a）为原始 Lena 图，图 15-10（b）为高通滤波器提取的边缘轮廓图像。它通过傅里叶变换转换为频谱图像，将中心的低频部分设置为 0，再通过傅里叶逆变换转换为最终输出图像。

(a) 原始图像

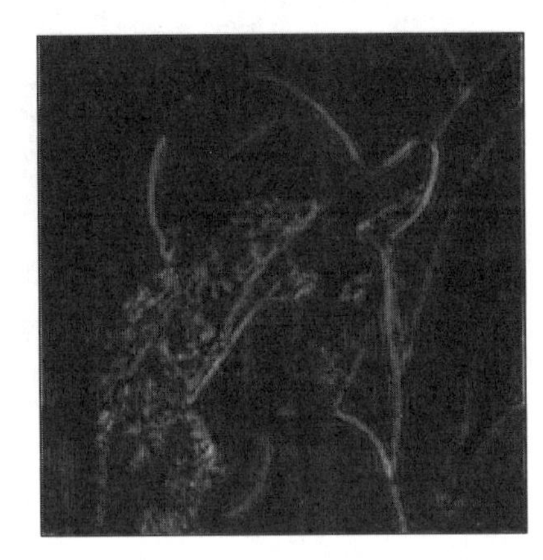

(b) 结果图像

图 15-10　高通滤波器提取边缘轮廓

2. 低通滤波器

低通滤波器是指通过低频的滤波器，衰减高频而通过低频，常用于模糊图像。低通滤波器与高通滤波器相反，当一个像素与周围像素的插值小于一个特定值时，平滑该像素的亮度，常用于去噪和模糊化处理。如 Photoshop 软件中的高斯模糊，就是常见的模糊滤波器之一，属于削弱高频信号的低通滤波器。

图 15-11 展示了 Lena 图对应的频谱图像，其中心区域为低频部分。如果构造低通滤波器，则将频谱图像中心低频部分保留，其他部分替换为黑色 0，其处理过程如图 15-11 所示，最终得到的效果图为模糊图像。

(a) 原始图像

(b) 处理过程

图 15-11　低通滤波器

那么，如何构造该滤波图像呢？如图 15-12 所示，滤波图像是通过低通滤波器和频谱图像形成的。其中低通滤波器中心区域为白色 255，其他区域为黑色 0。

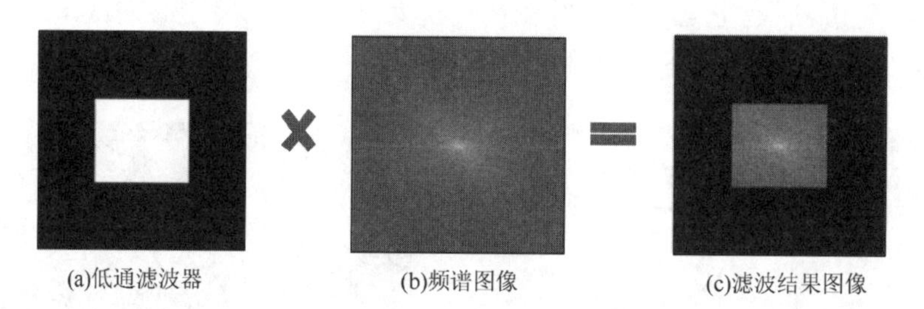

(a)低通滤波器　　(b)频谱图像　　(c)滤波结果图像

图 15-12　滤波图像构造过程

低通滤波器主要通过矩阵设置构造，其核心代码如下。

```
rows,cols=img.shape
crow,ccol=int(rows/2),int(cols/2)
mask=np.zeros((rows,cols,2),np.uint8)
mask[crow-30:crow+30,ccol-30:ccol+30]=1
```

通过低通滤波器将模糊图像的完整代码如下所示。

Image_Processing_15_07.py

```
# -*- coding: utf-8 -*-
import cv2
import numpy as np
from matplotlib import pyplot as plt
import matplotlib
```

```
#读取图像
img = cv2.imread('lena.bmp', 0)

#傅里叶变换
dft = cv2.dft(np.float32(img), flags = cv2.DFT_COMPLEX_OUTPUT)
fshift = np.fft.fftshift(dft)

#设置低通滤波器
rows, cols = img.shape
crow,ccol = int(rows/2), int(cols/2) #中心位置
mask = np.zeros((rows, cols, 2), np.uint8)
mask[crow-30:crow+30, ccol-30:ccol+30] = 1

#掩膜图像和频谱图像乘积
f = fshift * mask
print f.shape, fshift.shape, mask.shape

#傅里叶逆变换
ishift = np.fft.ifftshift(f)
iimg = cv2.idft(ishift)
res = cv2.magnitude(iimg[:,:,0], iimg[:,:,1])

#设置字体
matplotlib.rcParams['font.sans-serif']=['SimHei']

#显示原始图像和低通滤波处理图像
plt.subplot(121), plt.imshow(img, 'gray'), plt.title(u'(a)原始图像')
plt.axis('off')
plt.subplot(122), plt.imshow(res, 'gray'), plt.title(u'(b)结果图像')
plt.axis('off')
plt.show()
```

输出结果如图 15-13 所示，图 15-13（a）为原始 Lena 图，图 15-13（b）为低通滤波器模糊处理后的图像。

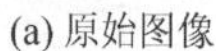

(a) 原始图像　　(b) 结果图像

图 15-13　低通滤波器模糊处理

15.4　图像霍夫变换

霍夫变换（Hough transform）是一种特征检测（feature extraction），广泛应用于图像分析、计算机视觉以及数位影像处理。霍夫变换是在 1959 年由气泡室（bubble chamber）照片的机器分析而发明，发明者 Hough 在 1962 年获得了美国专利。现在广泛使用的霍夫变换是由 Duda 和 Hart 在 1972 年发明的，称为广义霍夫变换。经典的霍夫变换是检测图片中的直线，之后，霍夫变换不仅能识别直线，也能够识别任何形状，常见的有圆形、椭圆形。1981 年，因为 Ballard 的一篇期刊论文“Generalizing the Hough transform to detect arbitrary shapes”，让霍夫变换开始流行于计算机视觉界。

霍夫变换是一种特征提取技术，用来辨别找出物件中的特征，其目的是通过投票程序在特定类型的形状内找到对象的不完美实例。这个投票程序是在一个参数空间中进行的，在这个参数空间中，候选对象被当作所谓的累加器空间中的局部最大值来获得，累加器空间是由计算霍夫变换的算法明确地构建的。霍夫变换主要优点是能容忍特征边界描述中的间隙，并且相对不受图像噪声的影响。

最基本的霍夫变换是从黑白图像中检测直线，它的算法流程大致如下：给定一个物件和要辨别的形状的种类，算法会在参数空间中执行投票来决定物体的形状，而这是由累加空间里的局部最大值来决定的。假设存在直线公式为

$$y = m \cdot x + b \tag{15-4}$$

式中，m 为斜率，b 为截距。

如果用参数空间表示，则直线为（b，m），但它存在一个问题，垂直线的斜率不存在（或无限大），使得斜率参数 m 值接近于无限。所以，为了更好地计算， Duda 和 Hart 在 1971 年 4 月提出了 Hesse normal form（Hesse 法线式），如式（15-5）所示，将它转换为直线的离散极坐标公式。

$$r = x \cdot \cos\theta + y \cdot \sin\theta \tag{15-5}$$

式中，r 为原点到直线上最近点的距离，θ 为 x 轴与连接原点和最近点直线之间的夹角，如图 15-14 所示。

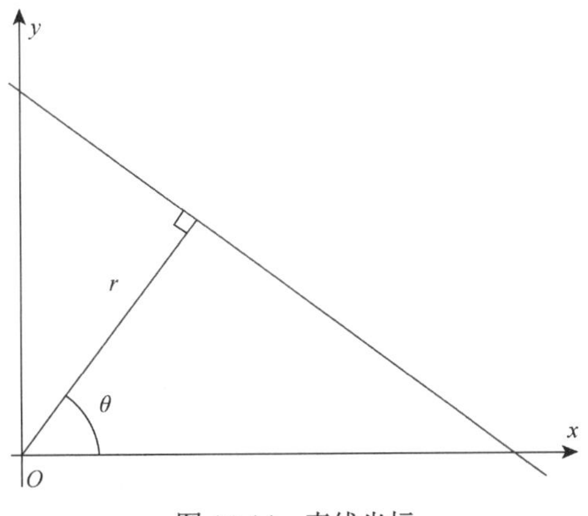

图 15-14　直线坐标

对于点（x_0，y_0），可以将通过这个点的一族直线统一定义为式（15-6）。因此，可以将图像的每一条直线与一对参数（r，θ）相关联，相当于每一对（r_0，θ）代表一条通过点的直线（x_0，y_0），其中这个参数（r，θ）平面称为霍夫空间。

$$r_0 = x_0 \cdot \cos\theta + y_0 \cdot \sin\theta \tag{15-6}$$

然而在现实的图像处理领域，图像的像素坐标 P（x，y）是已知的，而（r，θ）是需要寻找的变量。如果能根据像素点坐标 P（x，y）值绘制每个（r，θ）值，那么就从图像笛卡儿坐标系统转换到极坐标霍夫空间系统，这种从点到曲线的变换称为直线的霍夫变换。变换通过量化霍夫参数空间为有限个值间隔等分或者累加格子。当霍夫变换算法开始时，每个像素坐标点 P（x，y）被转换到（r，θ）的曲线点上面，累加到对应的格子数据点，当出现一个波峰时，说明有直线存在。如图 15-15 所示，三条正弦曲线在平面相交于一点，该点坐标（r_0，θ）表示三个点组成的平面内的直线。这就是使用霍夫变换检测直线的过程，它追踪图像中每个点对应曲线间的交点，如果交于一点的曲线的数量超过了阈值，则认为该交点所代表的参数对（r_0，θ）在原图像中为一条直线。

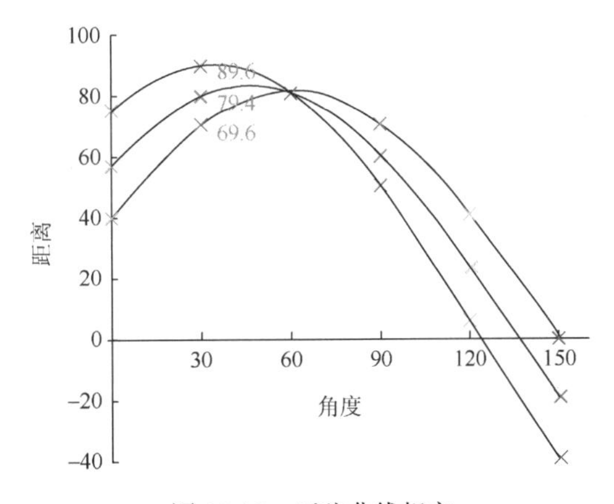

图 15-15　正弦曲线相交

同样的原理，可以用来检测圆，对于圆的参数方程变为

$$(x-a)^2+(y-b)^2=r^2 \tag{15-7}$$

式中，（a，b）为圆的中心点坐标，r 为圆的半径。这样霍夫参数空间就变成一个三维参数空间。给定圆半径转为二维霍夫参数空间，变换相对简单，也比较常用。

15.4.1 图像霍夫线变换操作

在 OpenCV 中，霍夫变换分为霍夫线变换和霍夫圆变换，其中霍夫线变换支持三种不同方法：标准霍夫变换、多尺度霍夫变换和累计概率霍夫变换[3]。

（1）标准霍夫变换主要由 HoughLines（）函数实现。

（2）多尺度霍夫变换是标准霍夫变换在多尺度下的变换，可以通过 HoughLines（）函数实现。

（3）累计概率霍夫变换是标准霍夫变换的改进，它能在一定范围内进行霍夫变换，计算单独线段的方向及范围，从而减少计算量，缩短计算时间，可以通过 HoughLinesP（）函数实现。

在 OpenCV 中，通过函数 HoughLines()检测直线，并且能够调用标准霍夫变换（SHT）和多尺度霍夫变换（MSHT），其函数原型如下所示[3]。

```
lines=HoughLines(image,rho,theta,threshold[,lines[,srn[,stn[,min_theta[,max_theta]]]]])
```

（1）image 表示输入的二值图像。

（2）rho 表示以像素为单位的累加器的距离精度。

（3）theta 表示以弧度为单位的累加器的角度精度。

（4）threshold 表示累加平面的阈值参数，识别某部分为图中的一条直线时它在累加平面中必须达到的值，大于该值线段才能被检测返回。

（5）lines 表示经过霍夫变换检测到直线的输出矢量，每条直线为（r，θ）。

（6）srn 表示多尺度霍夫变换中 rho 的除数距离，默认值为 0。粗略的累加器进步尺寸为 rho，而精确的累加器进步尺寸为 rho/srn。

（7）stn 表示多尺度霍夫变换中距离精度 theta 的除数，默认值为 0。如果 srn 和 stn 同时为 0，使用标准霍夫变换。

（8）min_theta 表示标准和多尺度的霍夫变换中检查线条的最小角度。必须介于 0 和 max_theta 之间。

（9）max_theta 表示标准和多尺度的霍夫变换中要检查线条的最大角度。必须介于 min_theta 和 π 之间。

下面的代码是调用 HoughLines（）函数检测图像中的直线，并将所有的直线绘制于原图像中。

Image_Processing_15_08.py

```
# -*- coding: utf-8 -*-
import cv2
```

```
import numpy as np
from matplotlib import pyplot as plt
import matplotlib

#读取图像
img = cv2.imread('lines.png')

#灰度变换
gray = cv2.cvtColor(img, cv2.COLOR_BGR2GRAY)

#转换为二值图像
edges = cv2.Canny(gray, 50, 150)

#显示原始图像
plt.subplot(121), plt.imshow(edges, 'gray'), plt.title(u'(a)原始
图像')

plt.axis('off')

#霍夫变换检测直线
lines = cv2.HoughLines(edges, 1, np.pi / 180, 160)

#转换为二维
line = lines[:, 0, :]

#将检测的线在极坐标中绘制
for rho,theta in line[:]:
    a = np.cos(theta)
    b = np.sin(theta)
    x0 = a * rho
    y0 = b * rho
    print x0, y0
    x1 = int(x0 + 1000 * (-b))
    y1 = int(y0 + 1000 * (a))
    x2 = int(x0 - 1000 * (-b))
    y2 = int(y0 - 1000 * (a))
    print x1, y1, x2, y2
```

```
        #绘制直线
        cv2.line(img, (x1, y1), (x2, y2), (255, 0, 0), 1)

    #设置字体
    matplotlib.rcParams['font.sans-serif']=['SimHei']

    #显示处理图像
    plt.subplot(122), plt.imshow(img, 'gray'), plt.title(u'(b)结果图
像')

    plt.axis('off')
    plt.show()
```

输出结果如图 15-16 所示，分别为原始图像和检测出的直线。

(a) 原始图像

(b) 结果图像

图 15-16　OpenCV 标准霍夫变换检测直线

使用该方法检测大楼图像中的直线如图 15-17 所示，可以发现直线会存在越界的情况。

前面的标准霍夫变换会计算图像中的每一个点，计算量比较大，另外它得到的是整条线（r，θ），并不知道原图中直线的端点。接下来使用累计概率霍夫变换，它是一种改进的霍夫变换，调用 HoughLinesP（）函数实现。

```
lines=HoughLinesP(image,rho,theta,threshold[,lines[,minLineLengt
h[,maxLineGap]]])
```

（1）image 表示输入的二值图像。

（2）rho 表示以像素为单位的累加器的距离精度。

（3）theta 表示以弧度为单位的累加器的角度精度。

（4）threshold 表示累加平面的阈值参数，识别某部分为图中的一条直线时它在累加平面中必须达到的值，大于该值线段才能被检测返回。

（5）lines 表示经过霍夫变换检测到直线的输出矢量，每条直线具有四个元素的矢量，即（x_1，y_1）和（x_2，y_2）是每个检测线段的端点。

(a) 原始图像

(b) 结果图像

图 15-17　OpenCV 标准霍夫变换检测大楼直线

（6）minLineLength 表示最低线段的长度，比这个设定参数短的线段不能显示出来，默认值为 0。

（7）maxLineGap 表示允许将同一行点与点之间连接起来的最大距离，默认值为 0。

下面的代码是调用 HoughLinesP（）函数检测图像中的直线，并将所有的直线绘制于原图像中。

Image_Processing_15_09.py

```
# -*- coding: utf-8 -*-
import cv2
import numpy as np
from matplotlib import pyplot as plt
import matplotlib

#读取图像
img = cv2.imread('judge.png')

#灰度转换
gray = cv2.cvtColor(img, cv2.COLOR_BGR2GRAY)

#转换为二值图像
edges = cv2.Canny(gray, 50, 200)

#显示原始图像
plt.subplot(121), plt.imshow(edges, 'gray'), plt.title(u'(a)原始图像')
```

```
    plt.axis('off')

    #霍夫变换检测直线
    minLineLength = 60
    maxLineGap = 10
    lines = cv2.HoughLinesP(edges, 1, np.pi/180, 30, minLineLength,
maxLineGap)

    #绘制直线
    lines1 = lines[:, 0, :]
    for x1,y1,x2,y2 in lines1[:]:
        cv2.line(img, (x1,y1), (x2,y2), (255,0,0), 2)

    res = cv2.cvtColor(img, cv2.COLOR_BGR2RGB)

    #设置字体
    matplotlib.rcParams['font.sans-serif']=['SimHei']

    #显示处理图像
    plt.subplot(122), plt.imshow(res), plt.title(u'(b)结果图像')
    plt.axis('off')
    plt.show()
```

输出结果如图 15-18 所示，分别为原始图像和检测出的直线，有效地提取了线段的起点和终点。

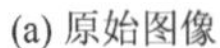

(a) 原始图像

(b) 结果图像

图 15-18　OpenCV 累计概率霍夫变换检测直线

15.4.2　图像霍夫圆变换操作

霍夫圆变换的原理与霍夫线变换很类似，只是将线的（r，θ）二维坐标提升为三维坐标，包括圆心点（x_center，y_center）和半径 r，其数学形式为

$$(x - x_{\text{center}})^2 + (y - y_{\text{center}})^2 = r^2 \tag{15-8}$$

一个圆的确定需要三个参数，通过三层循环实现，接着寻找参数空间累加器的最大(或者大于某一阈值）值。随着数据量的增大，圆的检测将比直线更耗时，所以一般使用霍夫梯度法减少计算量。在 OpenCV 中，提供了 cv2.HoughCircles（）函数检测圆，其原型如下所示。

```
circles=HoughCircles(image,method,dp,minDist[,circles[,param1[,param2[,minRadius[,maxRadius]]]]])
```

（1）image 表示输入图像，8 位灰度单通道图像。

（2）method 表示检测方法，包括 HOUGH_GRADIENT 值。

（3）dp 表示用来检测圆心的累加器图像的分辨率与输入图像之比的倒数，允许创建一个比输入图像分辨率低的累加器。

（4）minDist 表示霍夫变换检测到的圆的圆心之间的最小距离。

（5）circles 表示经过霍夫变换检测到圆的输出矢量，每个矢量包括三个元素，即（x，y，radius）。

（6）param1 表示参数 method 设置检测方法的对应参数，对当前唯一的方法霍夫梯度法 CV_HOUGH_GRADIENT，它表示传递给 Canny 边缘检测算子的高阈值，而低阈值为高阈值的一半，默认值为 100。

（7）param2 表示参数 method 设置检测方法的对应参数，对当前唯一的方法霍夫梯度法 CV_HOUGH_GRADIENT，它表示在检测阶段圆心的累加器阈值，它越小，将检测到更多根本不存在的圆；它越大，能通过检测的圆就更接近完美的圆形。

（8）minRadius 表示圆半径的最小值，默认值为 0。

（9）maxRadius 表示圆半径的最大值，默认值为 0。

如下代码是检测图像中的圆。

Image_Processing_15_10.py

```
# -*- coding: utf-8 -*-
import cv2
import numpy as np
from matplotlib import pyplot as plt
import matplotlib

#读取图像
```

```
img = cv2.imread('test01.png')

#灰度转换
gray = cv2.cvtColor(img, cv2.COLOR_BGR2GRAY)

#显示原始图像
plt.subplot(121), plt.imshow(gray, 'gray'), plt.title(u'(a)原始
图像')

plt.axis('off')

#霍夫变换检测圆
circles1 = cv2.HoughCircles(gray, cv2.HOUGH_GRADIENT, 1, 20,
param2=30)
print circles1

#提取为二维
circles = circles1[0, :, :]

#四舍五入取整
circles = np.uint16(np.around(circles))

#绘制圆
for i in circles[:]:
    cv2.circle(img, (i[0],i[1]), i[2], (255,0,0), 5) #画圆
    cv2.circle(img, (i[0],i[1]), 2, (255,0,255), 10) #画圆心

#设置字体
matplotlib.rcParams['font.sans-serif']=['SimHei']

#显示处理图像
plt.subplot(122), plt.imshow(img), plt.title(u'(b)结果图像')

plt.axis('off')
plt.show()
```

输出结果如图 15-19 所示，分别为原始图像和检测出的圆形，有效地提取了圆形的圆心和轮廓。

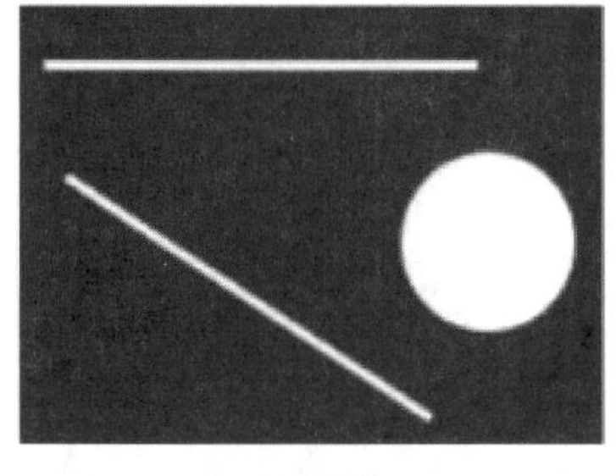

(a) 原始图像 (b) 结果图像

图 15-19 霍夫变换检测圆

使用下面的函数能有效提取人类眼睛的轮廓，核心函数如下。

```
circles1=cv2.HoughCircles(gray,cv2.HOUGH_GRADIENT,1,20,
param1=100,param2=30,
minRadius=160,maxRadius=300)
```

输出结果如图 15-20 所示，它提取了三条圆形接近于人体的眼睛。

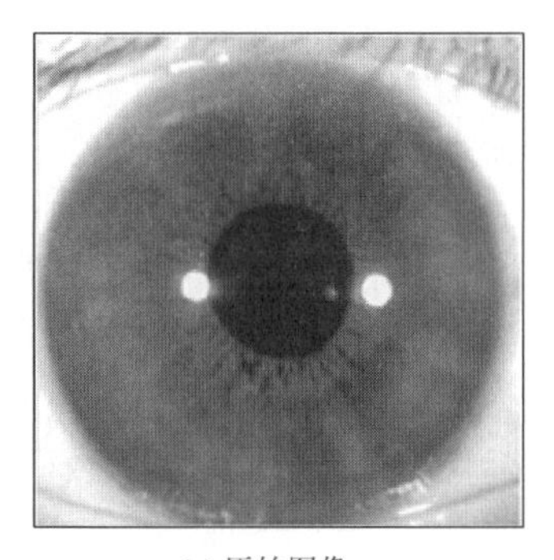

(a) 原始图像

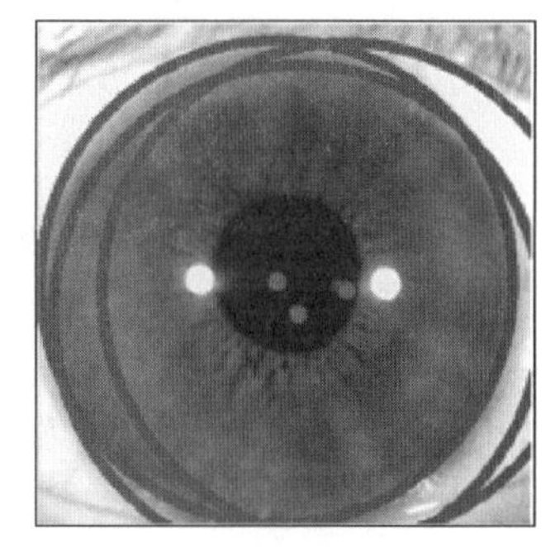

(b) 结果图像

图 15-20 霍夫变换检测人体眼睛

图 15-20 中显示了三条直线，通过不断优化最大半径和最小半径，如将 minRadius 设置为 160，maxRadius 设置为 200，将提取更为精准的人体眼睛，如图 15-21 所示。

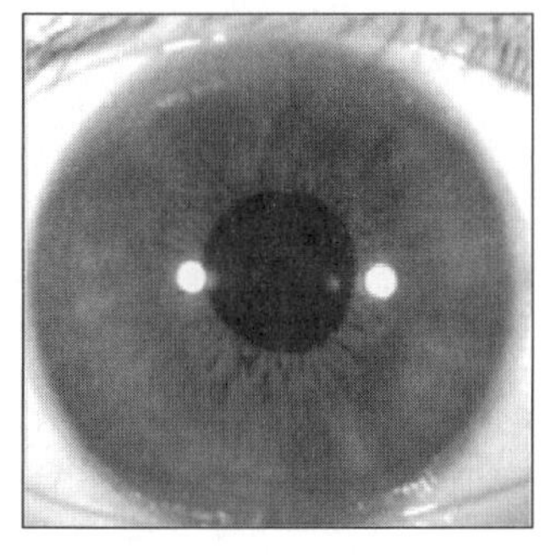

(a) 原始图像

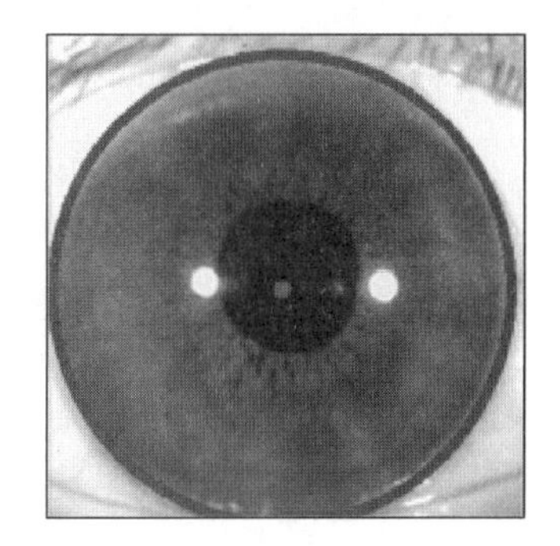

(b) 结果图像

图 15-21 霍夫变换检测最终人体眼睛

15.5 本章小结

本章主要介绍傅里叶变换和霍夫变换。傅里叶变换主要用来进行图像除噪、图像增强处理，通过 Numpy 和 OpenCV 两种方法分别进行叙述，并结合代码加深了读者的印象；霍夫变换主要用来辨别找出物件中的特征，包括提取图像中的直线和圆，调用 cv2.HoughLines（）、cv2.HoughLinesP（）和 cv2.HoughCircles（）函数实现。

参考文献

[1] 冈萨雷斯. 数字图像处理[M]. 3 版. 北京：电子工业出版社，2013.

[2] 阮秋琦. 数字图像处理学[M]. 3 版. 北京：电子工业出版社，2008.

[3] 毛星云，冷雪飞. OpenCV3 编程入门[M]. 北京：电子工业出版社，2015.

[4] 张铮，王艳平，薛桂香，等. 数字图像处理与机器视觉——Visual C＋＋与 Matlab 实现[M]. 北京：人民邮电出版社，2014.

第 16 章　Python 图像分类

图像分类是根据图像信息中所反映的不同特征，把不同类别的目标区分开的图像处理方法。本章主要介绍常见的图像分类算法，并详细介绍 Python 环境下的贝叶斯图像分类算法、基于 KNN 算法的图像分类和基于 SVM 算法的图像分类等案例。

16.1　图像分类概述

图像分类（image classification）是对图像内容进行分类，它利用计算机对图像进行定量分析，把图像或图像中的区域划分为若干个类别，以代替人的视觉判断。图像分类的传统方法是特征描述及检测，这类传统方法对于一些简单的图像分类可能是有效的，但由于实际情况非常复杂，传统的分类方法不堪重负。现在，广泛使用机器学习和深度学习的方法来处理图像分类问题，其主要任务是给定一堆输入图片，将其指派到一个已知的混合类别中的某个标签[1,2]。

在图 16-1 中，图像分类模型将获取单个图像，并将为四个标签{cat，dog，hat，mug}分配对应的概率{0.6，0.3，0.05，0.05}，其中 0.6 表示图像标签为猫的概率，其余类比。如图 16-1 所示，该图像表示为一个三维数组。在这个例子中，猫的图像宽度为 248 像素，高度为 400 像素，并具有红绿蓝三个颜色通道（通常称为 RGB）。因此，图像由 248×400×3 个数字组成或总共 297600 个数字，每个数字是一个从 0（黑色）到 255（白色）的整数。图像分类的任务是将这接近 30 万个数字变成一个单一的标签，如猫（cat）。

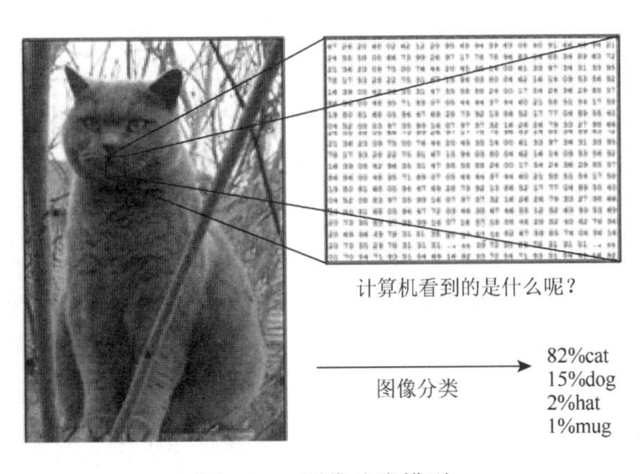

图 16-1　图像分类模型

那么，如何编写一个图像分类的算法呢？又如何从众多图像中识别出猫呢？这里所采取的方法和教小孩看图识物类似，给出很多图像数据，让模型不断去学习每个类的特征。在训练之前，需要对训练集的图像进行分类标注，如图 16-2 所示，包括 cat、dog、mug 和 hat 四类。在实际工程中，可能有成千上万类别的物体，每个类别都会有上百万张图像。

图 16-2　训练数据集

图像分类首先是输入一堆图像的像素值数组，然后给它分配一个分类标签，通过训练学习来建立算法模型，最后使用该模型进行图像分类预测，具体流程如下。

（1）输入：输入包含 N 个图像的集合，每个图像的标签是 K 种分类标签中的一种，这个集合称为训练集。

（2）学习：使用训练集来学习每个类的特征，构建训练分类器或者分类模型。

（3）评价：通过分类器来预测新输入图像的分类标签，并以此来评价分类器的质量。通过分类器预测的标签和图像真正的分类标签对比，从而评价分类算法的好坏。如果分类器预测的分类标签和图像真正的分类标签一致，表示预测正确，否则预测错误。

16.2 常见的分类算法

常见的分类算法包括朴素贝叶斯分类器、决策树、K 最近邻分类算法、支持向量机、神经网络和基于规则的分类算法等，同时还有用于组合单一类方法的集成学习算法，如 Bagging 和 Boosting 等[2]。

16.2.1　朴素贝叶斯分类算法

朴素贝叶斯分类（naive bayes classifier）发源于古典数学理论，利用贝叶斯定理来预测一个未知类别的样本属于各个类别的可能性，选择其中可能性最大的一个类别作为该样本的最终类别。在朴素贝叶斯分类模型中，它将为每一个类别的特征向量建立服从正态分布的函数，给定训练数据，算法将会估计每一个类别的向量均值和方差矩阵，然后根据这些进行预测。

朴素贝叶斯分类模型的正式定义如下。

（1）设 $x=\{a_1,a_2,\cdots,a_m\}$ 为一个待分类项，而每个 a 为 x 的一个特征属性。

（2）有类别集合 $C=\{y_1,y_2,\cdots,y_n\}$。

（3）计算 $P(y_1 | x), P(y_2 | x), P(y_n | x)$。

（4）如果 $P(y_k | x) = \max\{P(y_1 | x), P(y_2 | x), \cdots, P(y_n | x)\}$，则 $x \in y_k$。

该算法的特点为：如果没有很多数据，该模型会比很多复杂的模型获得更好的性能，因为复杂的模型用了太多假设，以致产生欠拟合。

16.2.2　KNN 分类算法

K 最近邻分类（k-nearest neighbor classifier）算法是一种基于实例的分类方法，是数据挖掘分类技术中最简单常用的方法之一[2]。该算法的核心思想如下。一个样本 x 与样本集中的 k 个最相邻的样本中的大多数属于某一个类别 yLabel，那么该样本 x 也属于类别 yLabel，并具有这个类别样本的特性。简而言之，一个样本与数据集中的 k 个最相邻样本中的大多数的类别相同。由其思想可以看出，KNN 是通过测量不同特征值之间的距离进行分类，而且在决策样本类别时，只参考样本周围 k 个邻居样本的所属类别。因此比较适合处理样本集存在较多重叠的场景，主要用于预测分析、文本分类、降维等处理。

该算法在建立训练集时，就要确定训练数据及其对应的类别标签；然后把待分类的测试数据与训练集数据依次进行特征比较，从训练集中挑选出最相近的 k 个数据，这 k 个数据中投票最多的分类，即为新样本的类别。KNN 分类算法的流程描述如图 16-3 所示。

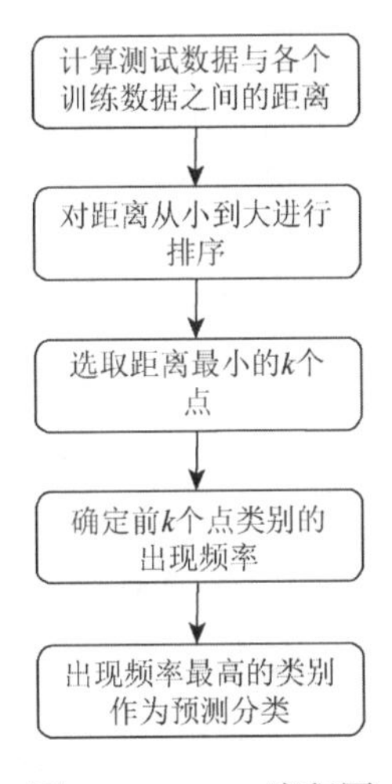

图 16-3　KNN 流程图

该算法的特点为：简单有效，但因为需要存储所有的训练集，占用很大内存，速度相对较慢，使用该方法前通常需要进行降维处理。

16.2.3　SVM 分类算法

支持向量机（support vector machine，SVM）是数学家 Vapnik 等根据统计学习理

论提出的一种新的学习方法，其基本模型定义为特征空间上间隔最大的线性分类器，学习策略是间隔最大化，最终转换为一个凸二次规划问题的求解[2]。SVM 分类算法基于核函数把特征向量映射到高维空间，建立一个线性判别函数，解最优在某种意义上是两类中距离分割面最近的特征向量和分割面的距离最大化。离分割面最近的特征向量称为支持向量，即其他向量不影响分割面。图像分类中的 SVM 如图 16-4 所示，将图像划分为不同类别。

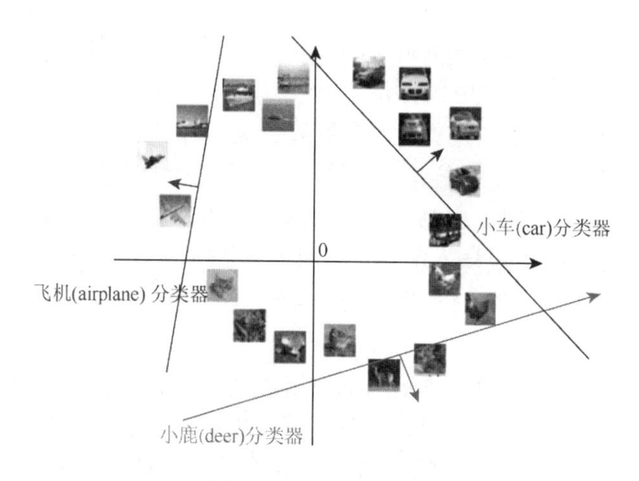

图 16-4　SVM 原理图

下面的例子可以让读者对 SVM 快速建立认知。给定训练样本，SVM 建立一个超平面作为决策曲面，使得正例和反例的隔离边界最大化。决策曲面的构建过程如下所示。

（1）在图 16-5 中，想象红球和蓝球为球台上的桌球，首先需要找到一条曲线将蓝球和红球分开，于是得到一条黑色的曲线。

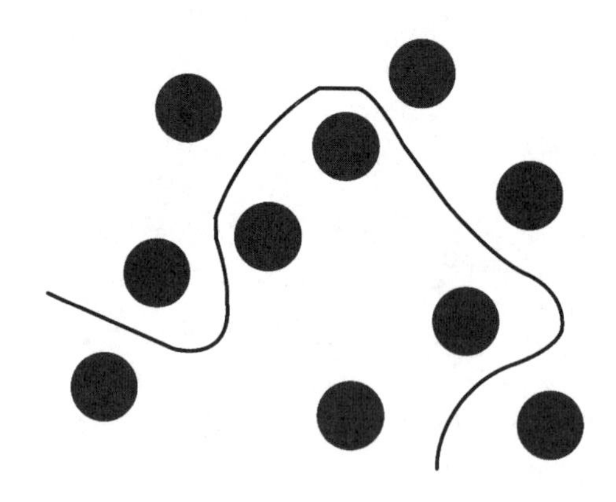

图 16-5　SVM 模拟过程

（2）为了使黑色曲线离任意的蓝球和红球距离最大化，我们需要找到一条最优的曲线，如图 16-6 所示。

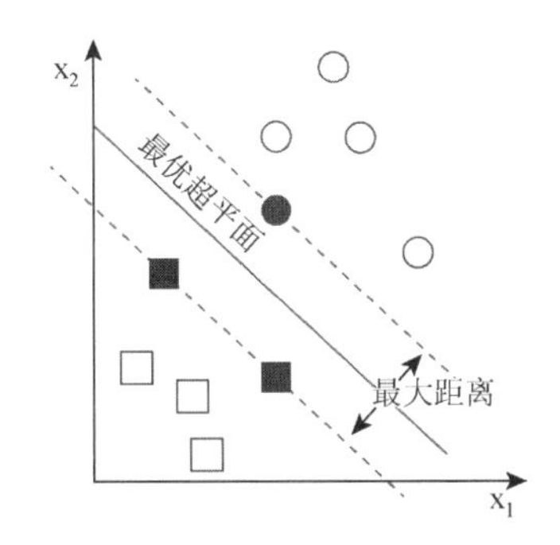

图 16-6　SVM 寻找曲线的过程

（3）假设这些球不是在球桌上，而是抛在空中，但仍然需要将红球和蓝球分开，这时就需要一个曲面，而且该曲面仍然满足所有任意红球和蓝球的间距最大化，如图 16-7 所示。离这个曲面最近的红球和蓝球就称为支持向量（support vector）。

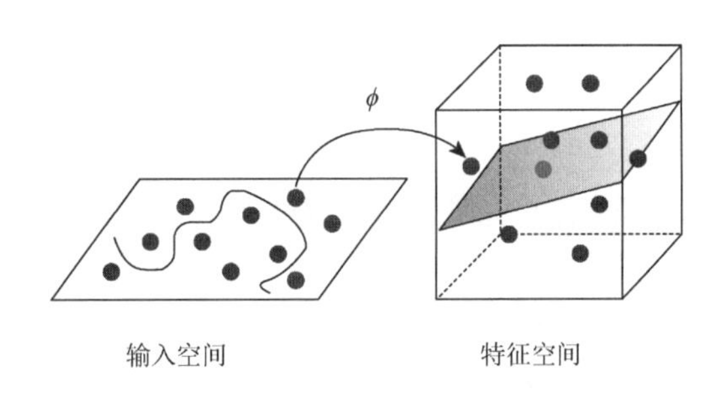

图 16-7　SVM 寻找曲面的过程

该算法的特点为：当数据集比较小时，SVM 的效果非常好。同时，SVM 分类算法较好地解决了非线性、高维数、局部极小点等问题，维数大于样本数时仍然有效。

16.2.4　随机森林分类算法

随机森林（random forest）是用随机的方式建立一个森林，在森林里有很多决策树，并且每一棵决策树之间是没有关联的。当有一个新样本出现时，通过森林中的每一棵决策树分别进行判断，看看这个样本属于哪一类，然后用投票的方式，决定哪一类被选择得多，并作为最终的分类结果。

随机森林中的每一个决策树“种植”和“生长”主要包括以下四个步骤。

（1）假设训练集中的样本个数为 N，通过有重置的重复多次抽样获取这 N 个样本，抽样结果将作为生成决策树的训练集。

（2）如果有 M 个输入变量，每个节点都将随机选择 m（$m<M$）个特定的变量，然后运用这 m 个变量来确定最佳的分裂点。在决策树的生成过程中，m 值是保持不变的。

（3）每棵决策树都最大可能地进行生长而不进行剪枝。

（4）通过对所有的决策树进行加总来预测新的数据（在分类时采用多数投票，在回归时采用平均）。

该算法的特点为：在分类和回归分析中都表现良好；对高维数据的处理能力强，可以处理成千上万的输入变量，也是一个非常不错的降维方法；能够输出特征的重要程度，能有效地处理默认值。

16.2.5　神经网络分类算法

神经网络（neural network）是对非线性可分数据的分类方法，通常包括输入层、隐藏层和输出层。其中，与输入直接相连的称为隐藏层（hidden layer），与输出直接相连的称为输出层（output layer）。神经网络算法的特点是有比较多的局部最优值，可通过多次随机设定初始值并运行梯度下降算法获得最优值。图像分类中使用最广泛的是 BP 神经网络和卷积神经网络[2]。

1. BP 神经网络

BP 神经网络是一种多层的前馈神经网络，其主要的特点为：信号是前向传播的，而误差是反向传播的。BP 神经网络的过程主要分为两个阶段，第一阶段是信号的前向传播，从输入层经过隐藏层，最后到达输出层；第二阶段是误差的反向传播，从输出层到隐藏层，最后到输入层，依次调节隐藏层到输出层的权重和偏置，输入层到隐藏层的权重和偏置，具体结构如图 16-8 所示。

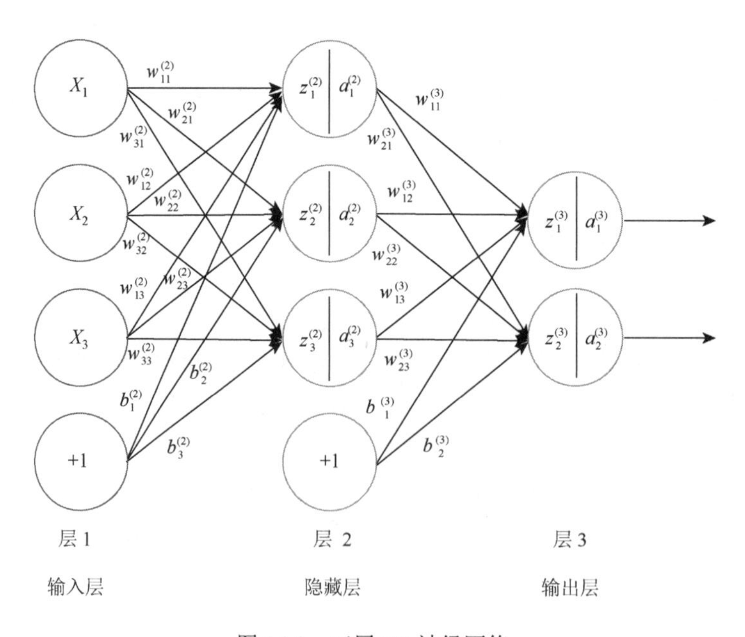

图 16-8　三层 BP 神经网络

神经网络的基本组成单元是神经元。神经元的通用模型如图 16-9 所示，其中常用的激活函数有阈值函数、Sigmoid 函数和双曲正切函数等。

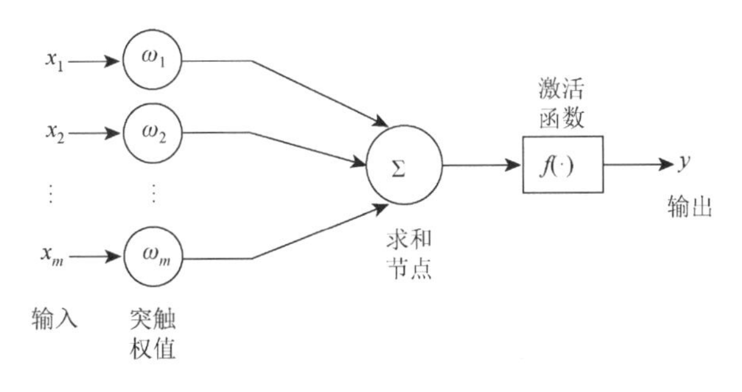

图 16-9　神经元模型

神经元的输出为

$$y = f\left(\sum_{i=1}^{m} w_i x_i\right)$$

2.卷积神经网络

卷积神经网络（convolutional neural networks，CNN）是一类包含卷积计算且具有深度结构的前馈神经网络，是深度学习的代表算法之一。卷积神经网络的研究始于 20 世纪 80～90 年代，时间延迟网络和 LeNet-5 是最早出现的卷积神经网络。在 21 世纪，随着深度学习理论的提出和数值计算设备的改进，卷积神经网络得到了快速发展，并大量应用于计算机视觉、自然语言处理等领域。

图 16-10 是一个识别的 CNN 模型。最左边的图片是输入层二维矩阵，然后是卷积层，卷积层的激活函数使用 ReLU，即 ReLU(x)=max(0,x)。在卷积层之后是池化层，它和卷积层是 CNN 特有的，池化层中没有激活函数。卷积层和池化层的组合可以在隐藏层出现很多次，图 16-10 中循环出现了两次，实际上这个次数是根据模型的需要而定的。常见的 CNN 都是若干卷积层加池化层的组合，在若干卷积层和池化层后面是全连接层，最后输出层使用了 Softmax 激活函数来做图像识别的分类。

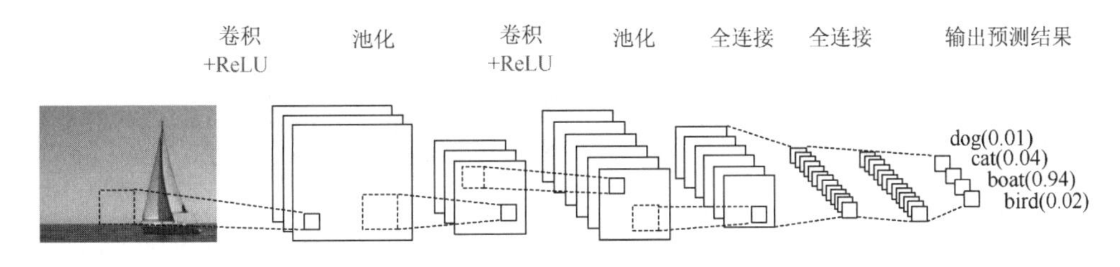

图 16-10　CNN 模型

16.3　基于朴素贝叶斯算法的图像分类

本章主要使用 Scikit-Learn 包进行 Python 图像分类处理。Scikit-Learn 扩展包是用于 Python 数据挖掘和数据分析的经典、实用扩展包，通常缩写为 Sklearn。Scikit-Learn 中的机器学习模型是非常丰富的，包括线性回归、决策树、SVM、K-Means、KNN、PCA 等，用户可以根据具体分析问题的类型选择该扩展包的合适模型，从而进行数据分析，其安装过程主要通过 pip install scikit-learn 实现。

实验所采用的数据集为 Sort_1000pics 数据集，该数据集包含了 1000 幅图像，总共分为 10 大类，分别是人（第 0 类）、沙滩（第 1 类）、建筑（第 2 类）、车（第 3 类）、恐龙（第 4 类）、大象（第 5 类）、花朵（第 6 类）、马（第 7 类）、山峰（第 8 类）和食品（第 9 类），每类 100 幅，如图 16-11 所示。

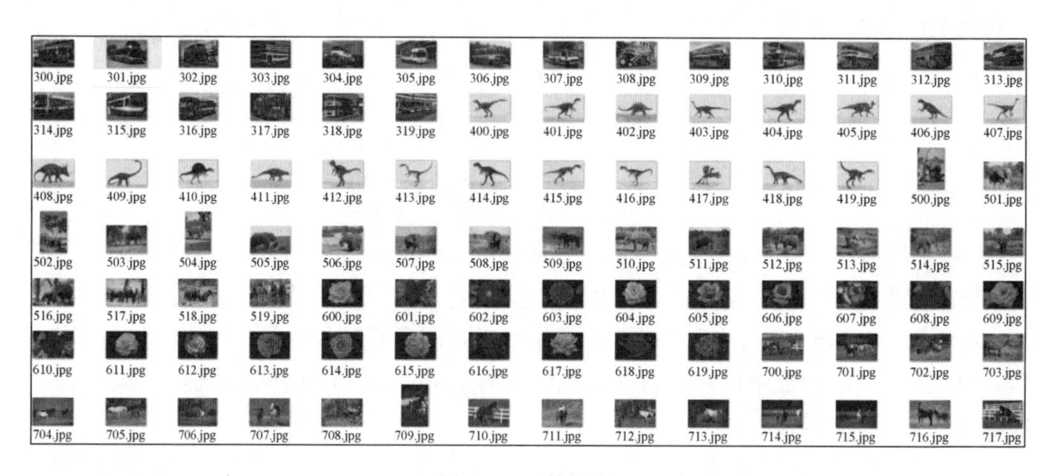

图 16-11　数据集

然后将所有各类图像按照对应的类标划分至 0～9 命名的文件夹中，如图 16-12 所示，每个文件夹中均包含了 100 幅图像，对应同一类别。

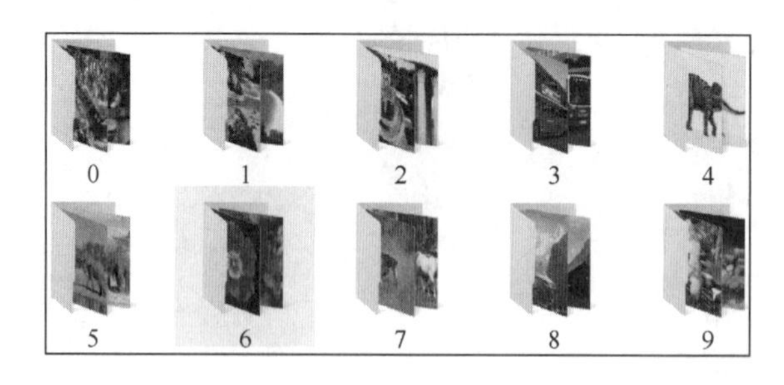

图 16-12　图像分类文件夹

例如，名称为 6 的文件夹中包含了 100 幅花朵的图像，如图 16-13 所示。

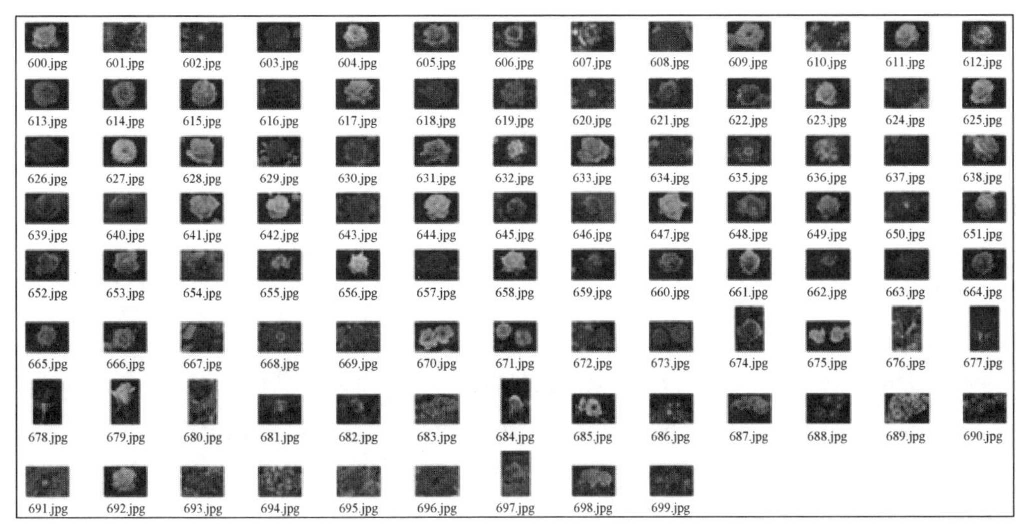

图 16-13　部分文件夹中的图像

下面是调用朴素贝叶斯算法进行图像分类的完整代码，调用 sklearn.naive_bayes 中的 BernoulliNB（）函数进行实验。它将 1000 幅图像按照训练集为 70%，测试集为 30%的比例随机划分，再获取每幅图像的像素直方图，根据像素的特征分布情况进行图像分类分析。

Image_Processing_16_01.py

```
#-*-coding:utf-8-*-
import os
import cv2
import numpy as np
from sklearn.cross_validation import train_test_split
from sklearn.metrics import confusion_matrix,classification_
report

#----------------------------------------------------------------
# 第一步 切分训练集和测试集
#----------------------------------------------------------------

X=[] #定义图像名称
Y=[] #定义图像分类类标
Z=[] #定义图像像素

for i in range(0,10):
    #遍历文件夹,读取图像
    for f in os.listdir("photo/%s"%i):
```

```
            #获取图像名称
            X.append("photo//"+str(i)+"//"+str(f))
            #获取图像类标即文件夹名称
            Y.append(i)

X=np.array(X)
Y=np.array(Y)

#随机率为 100% 选取其中的 30%作为测试集
X_train,X_test,y_train,y_test=train_test_split(X,Y,
               test_size=0.3,random_state=1)

print len(X_train),len(X_test),len(y_train),len(y_test)

#-------------------------------------------------------------
# 第二步 图像读取及转换为像素直方图
#-------------------------------------------------------------

#训练集
XX_train=[]
for i in X_train:
      #读取图像
      #print i
      image=cv2.imread(i)

      #图像像素大小一致
      img=cv2.resize(image,(256,256),
                        interpolation=cv2.INTER_CUBIC)

      #计算图像直方图并存储至 X 数组
      hist=cv2.calcHist([img],[0,1],None,
                              [256,256],[0.0,255.0,0.0,2
55.0])

      XX_train.append(((hist/255).flatten()))

#测试集
```

```
XX_test=[]
for i in X_test:
       #读取图像
       #print i
       image=cv2.imread(i)

       #图像像素大小一致
       img=cv2.resize(image,(256,256),
                            interpolation=cv2.INTER_CUBIC)

       #计算图像直方图并存储至 X 数组
       hist=cv2.calcHist([img],[0,1],None,
                               [256,256],[0.0,255.0,0.0,255.0])

       XX_test.append(((hist/255).flatten()))

#----------------------------------------------------------------
# 第三步 基于朴素贝叶斯的图像分类处理
#----------------------------------------------------------------

from sklearn.naive_bayes import BernoulliNB
clf=BernoulliNB().fit(XX_train,y_train)
predictions_labels=clf.predict(XX_test)

print u'预测结果:'
print predictions_labels

print u'算法评价:'
print(classification_report(y_test,predictions_labels))

#输出前 10 幅图像及预测结果
k=0
while k<10:
       #读取图像
       print X_test[k]
       image=cv2.imread(X_test[k])
       print predictions_labels[k]
```

```
        #显示图像
        cv2.imshow("img",image)
        cv2.waitKey(0)
        cv2.destroyAllWindows()
    k=k+1
```

代码中对预测集的前十幅图像进行了显示，其中 368.jpg 图像如图 16-14 所示，其分类预测的类标结果为 3，表示第 3 类车，预测结果正确。

图 16-14　分类预测车图像

图 16-15 展示了 452.jpg 图像，其分类预测的类标结果为 4，表示第 4 类恐龙，预测结果正确。

图 16-15　分类预测恐龙图像

图 16-16 展示了 507.jpg 图像，其分类预测的类标结果为 7，错误地预测为第 7 类马，其真实结果应该是第 5 类大象。

图 16-16　分类预测马图像

使用朴素贝叶斯算法进行图像分类实验，最后预测的结果及算法评价准确率（precision）、召回率（recall）和 F 值（f1-score）如图 16-17 所示。

```
>>>
700 300 700 300
预测结果:
[7 8 4 3 2 9 2 4 3 9 4 9 0 3 0 8 8 5 7 4 9 4 2 5 4 1 2 7 2 3 9 7 7 4 8 2 2
 5 7 4 1 6 9 2 9 2 5 2 4 3 2 0 6 0 1 4 8 6 4 9 3 2 3 7 8 5 4 8 0 2 2 8 2 9
 4 2 1 8 3 5 2 7 7 7 9 9 4 8 2 5 6 1 5 9 4 8 5 8 2 8 3 2 9 8 4 5 2 5 4 9 4
 9 9 0 1 1 7 4 1 7 2 3 9 1 4 6 7 7 4 9 7 2 6 0 9 2 7 8 8 7 2 8 9 5 6 7 9 9
 5 2 3 9 1 0 3 5 7 8 0 2 8 2 1 6 5 4 2 5 7 8 2 2 8 4 5 2 1 9 8 9 2 0 7 6 2
 8 2 4 5 0 6 1 2 1 9 4 5 5 6 2 3 7 9 0 5 7 0 0 3 6 7 3 8 4 6 8 3 1 9 9 8 8
 8 9 5 7 0 7 9 8 2 3 8 4 5 9 0 7 2 0 8 5 3 4 4 8 8 4 8 7 2 0 4 7 0 6 9 8 8
 7 8 8 1 0 7 4 3 4 4 8 4 0 8 5 9 7 8 2 6 0 7 8 3 7 5 2 8 1 4 9 6 5 5 1 8 4
 4 0 0 3]
算法评价:
             precision    recall  f1-score   support

          0       0.50      0.39      0.44        31
          1       0.67      0.39      0.49        31
          2       0.48      0.77      0.59        26
          3       0.81      0.59      0.68        29
          4       0.79      0.94      0.86        32
          5       0.57      0.47      0.52        34
          6       0.81      0.43      0.57        30
          7       0.56      0.73      0.63        26
          8       0.48      0.68      0.56        31
          9       0.66      0.77      0.71        30

avg / total       0.63      0.61      0.60       300
```

图 16-17　朴素贝叶斯算法评价结果

16.4　基于 KNN 算法的图像分类

下面是基于 KNN 算法的图像分类代码，调用 sklearn.neighbors 中的 KNeighborsClassifier（）函数进行实验。核心代码如下。

```
from sklearn.neighbors import KNeighborsClassifier
clf=KNeighborsClassifier(n_neighbors=11).fit(XX_train,y_train)
predictions_labels=clf.predict(XX_test)
```

完整代码如下。

Image_Processing_16_02.py

```
#-*-coding:utf-8-*-
import os
import cv2
import numpy as np
from sklearn.cross_validation import train_test_split
from sklearn.metrics import 
confusion_matrix,classification_report

#-----------------------------------------------------------------
# 第一步 切分训练集和测试集
#-----------------------------------------------------------------

X=[] #定义图像名称
Y=[] #定义图像分类类标
Z=[] #定义图像像素

for i in range(0,10):
    #遍历文件夹,读取图像
    for f in os.listdir("photo/%s"%i):
        #获取图像名称
        X.append("photo//"+str(i)+"//"+str(f))
        #获取图像类标即为文件夹名称
        Y.append(i)

X=np.array(X)
```

```
Y=np.array(Y)

#随机率为100%选取其中的30%作为测试集
X_train,X_test,y_train,y_test=train_test_split(X,Y,
test_size=0.3,random_state=1)

print len(X_train),len(X_test),len(y_train),len(y_test)

#----------------------------------------------------------------
# 第二步 图像读取及转换为像素直方图
#----------------------------------------------------------------

#训练集
XX_train=[]
for i in X_train:
      #读取图像
      #print i
      image=cv2.imread(i)

      #图像像素大小一致
      img=cv2.resize(image,(256,256),
                          interpolation=cv2.INTER_CUBIC)

      #计算图像直方图并存储至X数组
      hist=cv2.calcHist([img],[0,1],None,
                                    [256,256],[0.0,255.0,0.0,2
55.0])

      XX_train.append(((hist/255).flatten()))

#测试集
XX_test=[]
for i in X_test:
      #读取图像
      #print i
      image=cv2.imread(i)
```

```
        #图像像素大小一致
        img=cv2.resize(image,(256,256),
                          interpolation=cv2.INTER_CUBIC)

        #计算图像直方图并存储至X数组
        hist=cv2.calcHist([img],[0,1],None,
                         [256,256],[0.0,255.0,0.0,255.0])

        XX_test.append(((hist/255).flatten()))

#------------------------------------------------------------------
# 第三步 基于KNN的图像分类处理
#------------------------------------------------------------------

from sklearn.neighbors import KNeighborsClassifier
clf=KNeighborsClassifier(n_neighbors=11).fit(XX_train,y_train)
predictions_labels=clf.predict(XX_test)

print u'预测结果:'
print predictions_labels

print u'算法评价:'
print(classification_report(y_test,predictions_labels))

#输出前10幅图像及预测结果
k=0
while k<10:
    #读取图像
    print X_test[k]
    image=cv2.imread(X_test[k])
    print predictions_labels[k]
    #显示图像
    cv2.imshow("img",image)
    cv2.waitKey(0)
    cv2.destroyAllWindows()
    k=k+1
```

代码中对预测集的前十幅图像进行了显示，其中818.jpg图像如图16-18所示，其分类预测的类标结果为 8，表示第 8 类山峰，预测结果正确。

图 16-18　分类预测山峰图像

图 16-19 展示了 929.jpg 图像，其分类预测的类标结果为 9，正确地预测为第 9 类食品。

图 16-19　分类预测食品图像

使用 KNN 算法进行图像分类实验，最后算法评价的准确率（precision）、召回率（recall）和 F 值（f1-score）如图 16-20 所示，其中平均准确率为 0.63，平均召回率为 0.55，平均 F 值为 0.49，其结果略差于朴素贝叶斯的图像分类算法。

	precision	recall	f1-score	support
0	0.38	0.97	0.55	31
1	0.00	0.00	0.00	31
2	1.00	0.15	0.27	26
3	0.83	0.69	0.75	29
4	1.00	0.88	0.93	32
5	0.36	0.62	0.46	34
6	0.81	0.70	0.75	30
7	0.61	0.88	0.72	26
8	1.00	0.03	0.06	31
9	0.40	0.57	0.47	30
avg / total	0.63	0.55	0.49	300

图 16-20　KNN 算法评价结果

16.5　基于神经网络算法的图像分类

下面是基于神经网络算法的图像分类代码，主要通过自定义的神经网络实现图像分类。它的基本思想为：首先计算每一层的状态和激活值，直到最后一层（即信号是前向传播的）；然后计算每一层的误差，误差的计算过程是从最后一层向前推进的（反向传播）；最后更新参数（目标是误差变小），迭代前面两个步骤，直到满足停止准则，如相邻两次迭代的误差的差别很小。具体代码如下。

Image_Processing_16_03.py

```
    #-*-coding:utf-8-*-
    import os
    import cv2
    import numpy as np
    from sklearn.cross_validation import train_test_split
    from sklearn.metrics import
confusion_matrix,classification_report

    #----------------------------------------------------------------
    # 第一步 图像读取及转换为像素直方图
    #----------------------------------------------------------------
```

```
X=[]
Y=[]

for i in range(0,10):
     #遍历文件夹,读取图像
     for f in os.listdir("photo/%s"%i):
          #获取图像像素
          Images=cv2.imread("photo/%s/%s"%(i,f))

image=cv2.resize(Images,(256,256),interpolation=cv2.INTER_CUBI
C)
          hist=cv2.calcHist([image],[0,1],None,[256,256],[0.0,25
5.0,0.0,255.0])
          X.append((hist/255).flatten())
          Y.append(i)

X=np.array(X)
Y=np.array(Y)

#切分训练集和测试集
X_train,X_test,y_train,y_test=train_test_split(X,Y,
test_size=0.3,random_state=1)

#-------------------------------------------------------------
# 第二步 定义神经网络函数
#-------------------------------------------------------------

from sklearn.preprocessing import LabelBinarizer
import random

def logistic(x):
return 1/(1+np.exp(-x))

def logistic_derivative(x):
     return logistic(x)*(1-logistic(x))

class NeuralNetwork:
```

```
        def predict(self,x):
            for b,w in zip(self.biases,self.weights):
                # 计算权重相加再加上偏向的结果
                z=np.dot(x,w)+b
                # 计算输出值
                x=self.activation(z)
            return self.classes_[np.argmax(x,axis=1)]

    class BP(NeuralNetwork):

        def __init__(self,layers,batch):

            self.layers=layers
            self.batch=batch
            self.activation=logistic
            self.activation_deriv=logistic_derivative

            self.num_layers=len(layers)
            self.biases=[np.random.randn(x)for x in layers[1:]]
            self.weights=[np.random.randn(x,y)for x,y in
zip(layers[:-1],layers[1:])]

        def fit(self,X,y,learning_rate=0.1,epochs=1):

            labelbin=LabelBinarizer()
            y=labelbin.fit_transform(y)
            self.classes_=labelbin.classes_
            training_data=[(x,y)for x,y in zip(X,y)]
            n=len(training_data)
            for k in range(epochs):
            #每次迭代都循环一次训练
                #训练集乱序
                random.shuffle(training_data)
                batches=[training_data[k:k+self.batch] for k in
range(0,n,self.batch)]
                #批量梯度下降
                for mini_batch in batches:
```

```
            x=[]
            y=[]
            for a,b in mini_batch:
                x.append(a)
                y.append(b)
            activations=[np.array(x)]
            #向前一层一层地走
            for b,w in zip(self.biases,self.weights):
                #计算激活函数的参数,计算公式:权重.dot(输入)+
偏向
                z=np.dot(activations[-1],w)+b
                #计算输出值
                output=self.activation(z)
                #将本次输出放进输入列表 后面更新权重的时候
备用
                activations.append(output)
            #计算误差值
            error=activations[-1]-np.array(y)
            #计算输出层误差率
            deltas=[error *self.activation_deriv(activat
ions[-1])]

            #循环计算隐藏层的误差率 从倒数第 2 层开始
            for l in range(self.num_layers-2,0,-1):
                deltas.append(self.activation_deriv(ac
tivations[l])* np.dot(deltas[-1],self.weights[l].T))

            #将各层误差率顺序颠倒 准备逐层更新权重和偏向
            deltas.reverse()
            #更新权重和偏向
            for j in range(self.num_layers-1):
                # 权重的增长量 计算公式为:增长量=学习率×(错误
率.dot(输出值))
                delta=learning_rate/self.batch*((np.at
least_2d(activations[j].sum(axis=0)).T).dot(np.atleast_2d(deltas[j
].sum(axis=0))))
                #更新权重
```

```
                        self.weights[j]-=delta
                        #偏向增加量 计算公式为:学习率×错误率
                        delta=learning_rate/self.batch *
deltas[j].sum(axis=0)
                        #更新偏向
                        self.biases[j]-=delta
        return self

  #-----------------------------------------------------------
  # 第三步 基于神经网络的图像分类处理
  #-----------------------------------------------------------

  clf=BP([X_train.shape[1],10],10).fit(X_train,y_train,epochs=10
0)
  predictions_labels=clf.predict(X_test)
  print u'预测结果:'
  print(predictions_labels)
  print u'算法评价:'
  print(classification_report(y_test,predictions_labels))
```

使用神经网络算法进行图像分类实验，最后算法评价的准确率（precision）、召回率（recall）和 F 值（f1-score）如图 16-21 所示，其中平均准确率为 0.63，平均召回率为 0.63，平均 F 值为 0.62，整体分类结果良好。

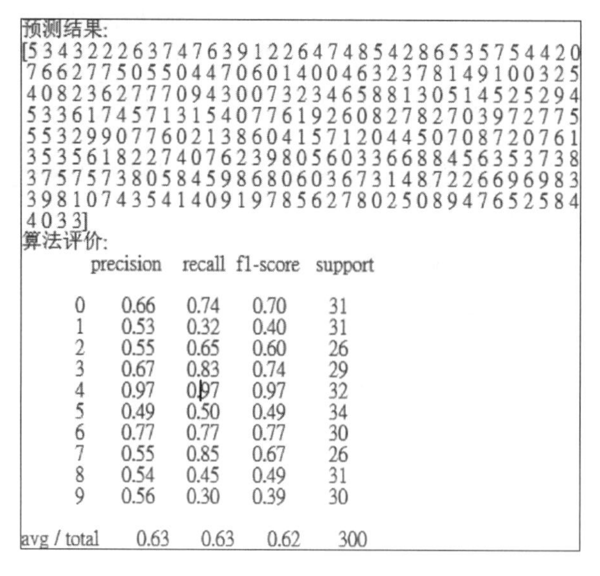

```
预测结果:
[5 3 4 3 2 2 2 6 3 7 4 7 6 3 9 1 2 2 6 4 7 4 8 5 4 2 8 6 5 3 5 7 5 4 4 2 0
 7 6 6 2 7 7 5 0 5 5 0 4 4 7 0 6 0 1 4 0 0 4 6 3 2 3 7 8 1 4 9 1 0 0 3 2 5
 4 0 8 2 3 6 2 7 7 7 0 9 4 3 0 0 7 3 2 3 4 6 5 8 8 1 3 0 5 1 4 5 2 5 2 9 4
 5 3 3 6 1 7 4 5 7 1 3 1 5 4 0 7 7 6 1 9 2 6 0 8 2 7 8 2 7 0 3 9 7 2 7 7 5
 5 5 3 2 9 9 0 7 7 6 0 2 1 3 8 6 0 4 1 5 7 1 2 0 4 4 5 0 7 0 8 7 2 0 7 6 1
 3 5 3 5 6 1 8 2 2 7 4 0 7 6 2 3 9 8 0 5 6 0 3 3 6 6 8 8 4 5 6 3 5 3 7 3 8
 3 7 5 7 5 7 3 8 0 5 8 4 5 9 8 6 8 0 6 0 3 6 7 3 1 4 8 7 2 2 6 6 9 6 9 8 3
 3 9 8 1 0 7 4 3 5 4 1 4 0 9 1 9 7 8 5 6 2 7 8 0 2 5 0 8 9 4 7 6 5 2 5 8 4
 4 0 3 3]
算法评价:
```

	precision	recall	f1-score	support
0	0.66	0.74	0.70	31
1	0.53	0.32	0.40	31
2	0.55	0.65	0.60	26
3	0.67	0.83	0.74	29
4	0.97	0.97	0.97	32
5	0.49	0.50	0.49	34
6	0.77	0.77	0.77	30
7	0.55	0.85	0.67	26
8	0.54	0.45	0.49	31
9	0.56	0.30	0.39	30
avg / total	0.63	0.63	0.62	300

图 16-21　神经网络算法评价结果

16.6　本 章 小 结

本章主要介绍了 Python 环境下的图像分类算法，首先普及了常见的分类算法，包括朴素贝叶斯、KNN、SVM、随机森林、神经网络等，然后通过朴素贝叶斯、KNN 和神经网络分别实现了 1000 幅图像的图像分类实验，对读者有一定帮助。

参 考 文 献

[1]　冈萨雷斯. 数字图像处理[M]. 3 版. 北京：电子工业出版社，2013.

[2]　杨秀璋，颜娜. Python 网络数据爬取及分析从入门到精通（分析篇）[M]. 北京：北京航天航空大学出版社，2018.